KB090451

미래 예측 및 시계열 자료 분석에 필요한 기법들을 설명

Excel 활용
미래 예측과 시계열 분석

한광종

백산출판사

본서에서 다룬 샘플 파일과 풀이 결과 파일은 백산출판사 홈페이지(www.ibaeksan.kr)에 들어오셔서 도서를 검색한 후 "기타자료"를 클릭하여 다운로드하시면 됩니다.

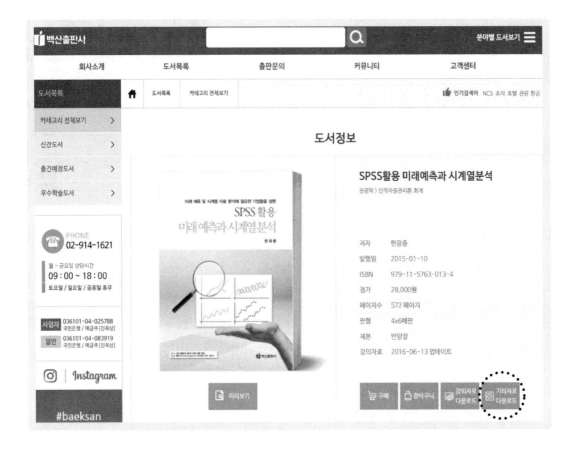

책 내용에 대해서 궁금한 점이 있으시면 저자의 E-mail(fatherofsusie@hanmail.net)로 언제든지 문의하시기 바랍니다.

머리말 Preface

    누구나 한 번쯤은 '미래를 미리 볼 수 있다면 얼마나 좋을까?'라고 상상해본 적이 있을 것이다. 앞으로 5년 후 은행의 순이익은 얼마가 될까? 내년 화장품 매출액은 얼마가 될까? 다음 분기 항공사, 호텔, 여행사 고객 수 및 순이익은 어떻게 될까? 다음 날 병원 고객 수는 몇 명이 되고 의료관광 수입은 얼마가 될까? 다음 주 자동차 판매량은 몇 대가 될까? 내일 환율, 유가는 어떻게 변할까? 기업을 보다 합리적이고 과학적으로 경영하기 위해서 항상 미래가 궁금하고 미래를 정확히 예측하고 싶어 한다.

    예측이란 과거로부터 현재까지의 상황을 기반으로 미래상황에 대한 가정이다. 예측의 결과는 미래상황에 대한 가능성이라 할 수 있다. 만약 미래에 대한 정확한 예측이 가능하다면, 이를 바탕으로 우리는 앞으로의 계획을 보다 합리적으로 수립하고, 손실을 최소화할 수 있는 대처방안을 미리 마련할 수 있다.

    미래의 수요를 정확히 예측하고, 그 수요에 맞는 생산을 해야 된다. 만약 과다한 수요 예측은 재고를 발생시키며, 이는 재고비용으로 이어지고 나중에 출혈적인 가격인하로 손실을 불러올 수 있다. 반대로 과소한 수요 예측은 제품 부족으로 기업의 판매기회를 상실하게 된다. 따라서 미래 예측은 경영활동을 합리적으로 수행하는데 있어서 불확실성을 감소시키고 위험요소를 줄여 경영 효과를 최대화하는 기본이라고 할 수 있다.

    이와 같이 미래 예측과 시계열 분석이 다양한 분야에 매우 중요하게 쓰임에도 불구하고 시계열 분석을 접근하는 데 어려움이 있다. 본서는 통계와 시계열 분석에 대한 기초 지식이 부족한 분들도 누구나 쉽게 엑셀을 활용해서 미래를 예측할 수 있도록 구성했다.

    본서는 엑셀 2010 버전을 활용해 다양한 미래 예측기법을 각 단계별로 설명하기 때문에 그대로 따르면 누구나 시계열 분석을 자신감 있게 할 수 있도록 미래 예측 및 시계열 자료 분석에 필요한 다양한 기법을 총망라해서 골고루 소개했다. 본서는 엑셀 2010 버전을 기준으로 했지만 오피스 2007, 오피스 2013 버전에서도 그대로 적용이 가능하다.

　　미래 예측방법 설명에 사용한 샘플 파일과 결과 파일은 출판사 홈페이지(www.ibaeksan.kr)에서 제공된다. 결과 파일은 같은 폴더 내에서 샘플 파일 이름 뒤에 "_결과" 이름을 붙여서 구분했다.

　　최근린법, 시나리오분석, 몬테칼로 시뮬레이션에 대해서는 백산출판사의 「엑셀 활용 마케팅 통계조사분석」을 참고하기 바란다.

　　통계분야는 독자층이 두텁지 않은 전문서적임에도 불구하고 본서의 출판을 기꺼이 맡아주신 백산출판사의 진성원 상무님께 진심으로 감사드립니다. 한 권의 책이 나오기까지 많은 분들의 도움이 필요합니다. 편집과 교정작업 그리고 포토샵과 디자인 작업에 수고해 주신 김호철 편집부장님, 오정은 실장님, 인터넷팀 김성수 팀장께도 감사의 말씀을 드립니다. 1974년 진욱상 사장님께서 백산출판사를 설립한 이래 관광, 어학, 의료관광 그리고 통계조사분석에 이르기까지 지금까지 쌓아온 사회과학분야 전문출판사로서의 명성을 토대로 꾸준히 성장·발전하기 바랍니다.

　　본서의 부족한 부분은 개선해나가도록 하겠습니다. 내용에 대해서 궁금한 점이 있으면 언제든지 저자의 E-mail(fatherofsusie@hanmail.net)로 문의하시기 바랍니다.

한 광 종

2015년 11월

Contents

미래 예측과 시계열 분석

CHAPTER 01

시계열 분석 이해

01 시계열 분석 이해

시계열 자료를 만들 때, 엑셀의 몇 가지 유용한 기능을 알아두면 매우 편리하다.

1.1.1 숫자 자동 채우기

엑셀에는 일정한 간격만큼 자동으로 숫자를 채울 수 있는 기능이 있다. 연도, Time 변수 등 일정 기간을 주기로 증가하는 데이터를 입력할 때 매우 편리하다.

🖱 A2와 A3을 동시에 선택 → 아래로 드래그

2001과 2000의 차이가 1이므로 차이(1)만큼 반복 계산해서 자동으로 연도를 채울 수 있다.

산점도를 이용한 비선형 회귀분석에서 Time 변수를 만들 때 유용하게 쓰인다. 만약 A2와 A3에 각각 1, 8로 입력해서 차이를 7로 한 후 1과 8이 있는 셀을 동시에 선택하고 아래로 드래그하면 1, 8, 15, 22, 29, 36, 43처럼 자동 채우기가 가능하다.

1.1.2 행과 열 전치

행과 열을 뒤바꾸려면 어떻게 하면 될까? 예를 들어서 열로 정리된 월별 자료를 행으로 정리하고자 한다. 어떻게 하면 쉽게 할 수 있을까?

2009년부터 2015년까지 병원 매출액을 조사했다.

🖱 파일 이름: 행과 열_전치

	A	B	C	D	E	F	G	H	I	J	K	L	M
													Month
1	Month	1월	2월	3월	4월	5월	6월	7월	8월	9월	10월	11월	12월
2	2009	4180	6950	7825	6740	2040	4750	9270	19630	7600	3630	9270	5060
3	2010	4460	8925	8256	7230	2780	12890	20150	19910	7290	3260	5780	5360
4	2011	5678	9267	7812	6892	11678	12782	9267	16782	9267	17820	8267	1567
5	2012	3686	4280	4000	6829	5880	7924	11826	18290	8680	5780	4580	7825
6	2013	4789	4890	4500	5780	5180	6580	9260	18790	8490	4950	3856	4780
7	2014	5682	5450	4500	5760	3960	6030	14420	19070	8220	4370	4825	4460
8	2015	4680	6780	4260	6892	2890	5890	9989	19350	9450	5680	4870	5680

🖱 자료 전체 선택 - 마우스 오른쪽 클릭 - 복사

	A	B	C				G	H	I	J	K	L	M
													Month
1	Month	1월	2월	맑은 고드 11 가 가 %			7월	8월	9월	10월	11월	12월	
2	2009	4180	69	가 가 등			4750	9270	19630	7600	3630	9270	5060
3	2010	4460	8925	8256	7230	2780	12890	20150	19910	7290	3260	5780	5360
4	2011	5678	92	잘라내기(T)	78		12782	9267	16782	9267	17820	8267	1567
5	2012	3686	42	복사(C)	80		7924	11826	18290	8680	5780	4580	7825
6	2013	4789	48	붙여넣기 옵션:	80		6580	9260	18790	8490	4950	3856	4780
7	2014	5682	54		60		6030	14420	19070	8220	4370	4825	4460
8	2015	4680	67	선택하여 붙여넣기(S)...	90		5890	9989	19350	9450	5680	4870	5680
9				삽입(I)...									
10				삭제(D)...									
11				내용 지우기(N)									
12				필터(E) ▸									
13				정렬(O) ▸									
14													
15				메모 삽입(M)									
16				셀 서식(F)...									
17				드롭다운 목록에서 선택(K)...									

커서를 A10에 놓는다.

선택하여 붙여넣기

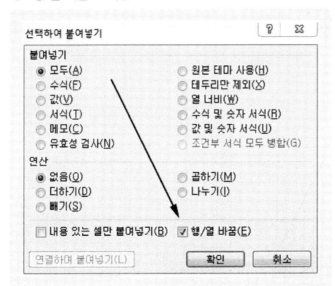

🖱 행/열 바꿈 - 확인

🔵 결과

	A	B	C	D	E	F	G	H	I	J	K	L	M
1	Month	1월	2월	3월	4월	5월	6월	7월	8월	9월	10월	11월	12월
2	2009	4180	6950	7825	6740	2040	4750	9270	19630	7600	3630	9270	5060
3	2010	4460	8925	8256	7230	2780	12890	20150	19910	7290	3260	5780	5360
4	2011	5678	9267	7812	6892	11678	12782	9267	16782	9267	17820	8267	1567
5	2012	3686	4280	4000	6829	5880	7924	11826	18290	8680	5780	4580	7825
6	2013	4789	4890	4500	5780	5180	6580	9260	18790	8490	4950	3856	4780
7	2014	5682	5450	4500	5760	3960	6030	14420	19070	8220	4370	4825	4460
8	2015	4680	6780	4260	6892	2890	5890	9989	19350	9450	5680	4870	5680
9													
10	Month	2009	2010	2011	2012	2013	2014	2015					
11	1월	4180	4460	5678	3686	4789	5682	4680					
12	2월	6950	8925	9267	4280	4890	5450	6780					
13	3월	7825	8256	7812	4000	4500	4500	4260					
14	4월	6740	7230	6892	6829	5780	5760	6892					
15	5월	2040	2780	11678	5880	5180	3960	2890					
16	6월	4750	12890	12782	7924	6580	6030	5890					
17	7월	9270	20150	9267	11826	9260	14420	9989					
18	8월	19630	19910	16782	18290	18790	19070	19350					
19	9월	7600	7290	9267	8680	8490	8220	9450					
20	10월	3630	3260	17820	5780	4950	4370	5680					
21	11월	9270	5780	8267	4580	3856	4825	4870					
22	12월	5060	5360	1567	7825	4780	4460	5680					

1.1.3 합계

① 행과 열의 일정 범위를 드래그한 후 화면 하단에서 합계를 확인하는 방법

자료의 범위를 드래그해서 선택하면 화면 하단에 합계와 평균을 확인할 수 있다.
B2부터 B17을 드래그한다. 엑셀 화면 맨 아래에 합계와 평균이 자동 계산되어 나타난다.

🔵 파일 이름: 합계

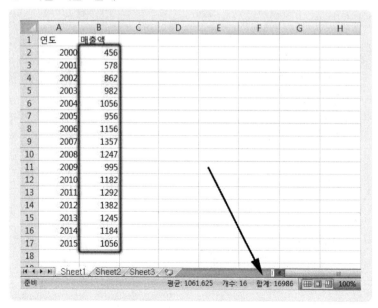

② 합계를 직접 계산하는 방법

커서를 B18에 놓는다. → B18 = SUM(범위) = SUM(B2:B17)

	A	B	C	D	E
	B18			f_x	=SUM(B2:B17)
1	연도	매출액			
2	2000	456			
3	2001	578			
4	2002	862			
5	2003	982			
6	2004	1056			
7	2005	956			
8	2006	1156			
9	2007	1357			
10	2008	1247			
11	2009	995			
12	2010	1182			
13	2011	1292			
14	2012	1382			
15	2013	1245			
16	2014	1184			
17	2015	1056			
18		16986			

범위는 커서를 드래그해서 정하거나 범위를 수식란에 직접 입력한다.

③ 메뉴 선택 방법

커서를 B18에 놓는다. → 함수 삽입을 선택하면 합계, 평균, 숫자 개수, 최대값, 최소값 중에서 자동합계를 선택한다.

범위는 커서가 있는 열 전체가 자동으로 정해지면서 합계를 구할 수 있다. 만약 특정 범위의 합계를 원하면 커서로 계산 범위를 드래그해서 선택한다.

1.1.4 평균

평균도 합계처럼 범위를 드래그하면 자동으로 확인할 수 있다. 함수를 활용해서 평균을 어떻게 계산할까?

① 함수 활용 평균 계산

커서를 B18에 놓는다. → B18 = AVERAGE(범위) = AVERAGE(B2:B17)

● 파일 이름: 평균

	B18	▾	f_x	=AVERAGE(B2:B17)	
	A	B	C	D	E	F
1	연도	매출액				
2	2000	456				
3	2001	578				
4	2002	862				
5	2003	982				
6	2004	1056				
7	2005	956				
8	2006	1156				
9	2007	1357				
10	2008	1247				
11	2009	995				
12	2010	1182				
13	2011	1292				
14	2012	1382				
15	2013	1245				
16	2014	1184				
17	2015	1056				
18		1061.625				

범위는 커서를 드래그해서 정하거나 범위를 수식란에 직접 입력한다.

② 자동합계 활용 평균 계산

커서를 B18에 놓는다.

함수 삽입에서 합계, 평균, 숫자 개수, 최대값, 최소값 중에서 평균을 선택한다.

● 자동합계 → 평균

③ 행과 열의 일정 범위를 드래그한 후 화면 하단에서 평균을 확인하는 방법

커서로 일정 범위의 열을 선택하면 자동으로 평균을 계산한다

	A	B	C	D	E	F
1	연도	매출액				
2	2000	456				
3	2001	578				
4	2002	862				
5	2003	982				
6	2004	1056				
7	2005	956				
8	2006	1156				
9	2007	1357				
10	2008	1247				
11	2009	995				
12	2010	1182				
13	2011	1292				
14	2012	1382				
15	2013	1245				
16	2014	1184				
17	2015	1056				
18						

Sheet1 / Sheet2 / Sheet3

준비   평균: 1061.625   개수: 16   합계: 16986

1.1.5 시계열 분석관련 함수와 유용한 기능

① 시계열 분석관련 함수

Excel에는 시계열 분석에 유용한 어떤 함수들이 있을까?

합계와 평균 이외에 시계열 분석에서는 매우 다양한 함수들이 쓰인다. 이들 함수들은 예측값을 바로 제시해 주거나 예측값을 계산하기 위해 쓰이기도 한다.

종류	특징
FORECAST	추세가 있는 시계열 예측
GROWTH	추세가 있는 시계열 예측
TREND	추세가 있는 시계열 예측
LN	자연로그로 변환 불규칙한 시계열을 자연로그로 변환해서 시계열 분석
EXP	자연로그를 원래 값으로 변환
RND	랜덤한 값 생성
SUMPRODUCT	배열이나 범위의 값을 곱하고 더한다.
ABS	절대값(MAE, MAPE 등 시계열 모형의 예측력을 평가할 때 활용)
SLOPE	회귀 방정식의 기울기
LINEST	SLOPE와 동일하게 회귀 방정식의 기울기
INTERCEPT	회귀 방정식의 Y 절편
CORR	변수 간의 상관관계
SUM	합계
AVERAGE	평균
COUNT	범위 셀의 수 계산
SUMXMY2	관측값과 예측값의 차이 제곱의 합계
SQRT	제곱근
DEVSQ	편차 제곱의 합
VAR	분산
COVAR	두 배열에 대한 공분산

② 엑셀에서 유용한 기능

종류	특징
Key Board의 F4	절대참조로 변경해 준다.
Control Key	여러 열을 동시에 선택할 때 유용하다.
Control Key + C	복사
Control Key + X	삭제하고 기억한다.
Control Key + V	Control Key + C 또는 Control Key + X에서 선택된 셀을 붙여넣기 한다.

1.1.6 수식 분석

① 엑셀에서 자주 쓰이는 수식

엑셀	의미
+	더하기
−	빼기
*	곱하기
/	나누기
^	제곱

② 참조하는 셀 추적

수식이 포함된 셀을 선택

예 B18 → 수식 → 참조되는 셀 추적: 현재 선택된 셀에 영향을 주는 셀을 모두 표시된다. 수식 범위와 결과를 화살표 방향으로 보여준다.

🖱 파일 이름: 참조되는 셀 추적

범위와 수식 흐름이 제대로 되어 있는지 확인할 때 유용하다. 만약 시계열 분석 과정에서 제대로 되지 않으면, 어디서 문제가 있는지 확인하고자 할 때 셀 추적을 사용한다.

③ 연결선 제거

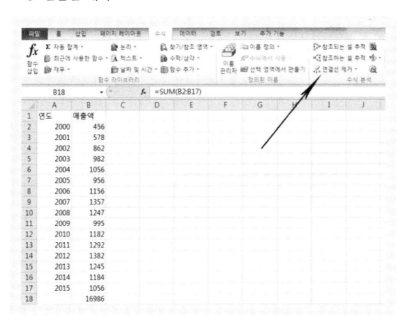

연결선을 제거하면 셀 위치들이 모두 원위치된다. 파일을 저장한 후 다시 열 때, 그 전의 모든 수식 분석은 자동으로 지워진다.

1.2 시계열 분석 이해

1.2.1 시계열 자료의 선도표

선도표로 그렸을 때 시계열 자료는 어떤 모습일까?

● 증가하는 경우

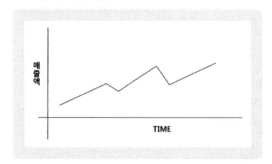

● 감소하는 경우

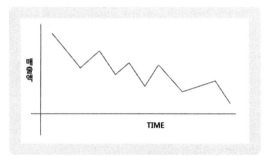

● 계절성은 있지만 추세는 없는 경우

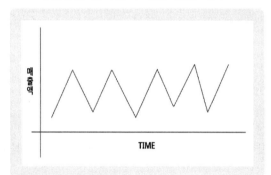

● 계절성도 있고 추세도 있는 경우

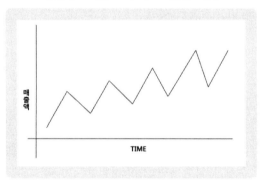

● 불규칙적인 경우

● 이상값이 있는 경우

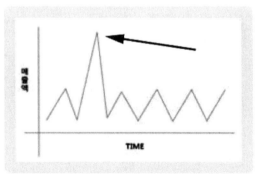

시계열 분석이란 분석하고자 하는 조사대상의 자료값을 일정한 시간간격으로 표시된 자료의 특성(추세변동, 계절변동, 순환변동, 불규칙 변동)을 파악해서 이의 연장선상에서 미래를 예측하는 분석방법을 말한다. 즉, 과거의 흐름으로부터 미래를 투영하는 방법인 셈이다.

병원, 항공사, 호텔, 여행사의 매출액, 순이익, 환율 변동, 실업률 변화 등 일정기간 내에 연속된 시점들을 통하여 관측되고 측정된 일련의 과거 사건들이 미래에도 계속적으로 발생할 것이라는 가정을 포함한다.

따라서, 시계열 분석은 실제 시계열을 형성하는 요인에 대한 분석을 수반하며 시계열 자료의 이용기간이 또한 매우 중요하다. 시계열 자료를 형성하는 요인에 대한 성급한 판단이나 적절하지 못한 시간대를 가지고 분석하는 경우에는 결과 해석에 오류를 초래할 수 있다.

1.2.2 시계열 분석의 순서

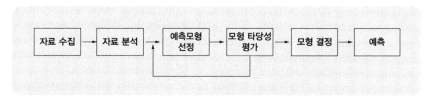

시계열 분석 방법에는 평활모형(Smoothing Methods), 추세모형, 회귀모형 등이 있다. 평활모형에는 평균이동(Moving Average)과 지수평활(Exponential Smoothing)이 있다.

추세모형에는 선형(Linear), 2차 방정식(Quadratic), 지수 모형(Exponential), 자기회귀 모형(Autoregressive Model)이 있다.

예측기간은 장기예측, 중기예측, 단기예측으로 분류될 수 있다. 예측기법에는 인과형 예측기법(회귀분석)과 시계열 예측기법으로 분류된다. 인과형 예측기법(회귀분석)은 종속변수와 종속변수에 영향을 주는 독립변수를 변수로 인과관계를 통계적으로 파악하는 것이다.

1.2.3 시계열 분석 적용 분야

시계열 분석은 어떤 분야에 적용할 수 있을까?
시계열 자료의 분석은 거의 모든 산업분야에서 매우 다양하게 쓰이고 있다.

- 내년 의료관광객은 몇 명이 될까?

- 내년 병원의 매출액은 어느 정도가 될까?

- 내년 TV 판매량은 어느 정도가 될까?

- 지진의 강도 변화를 예측할 수 있을까?

- 내년 전기 수요는 어느 정도가 될까?

- 다음 달 항공기 이용 승객은 몇 명이 될까?

- 여름 성수기에 관광상품 구매객 수는 몇 명이 될까?

- 앞으로 4개월 동안 항공화물은 몇 톤이 될까?

- 다음 달 선박화물은 몇 톤이 될까?

- 앞으로 6개월 동안 주가는 어떻게 변할까?

- 앞으로 3개월 동안 유가는 어떻게 될까?

- 앞으로 6개월 동안 환율 변화는 어떻게 될까?

- 앞으로 3개월 동안 호텔 투숙률은 몇 퍼센트가 될까?

- 다음 달 범죄발생은 몇 건이 될까?

- 다음 분기 화인 판매량은 몇 병이 될까?

- 다음 분기 제빵제과 수요량은 몇 개일까?

- 다음 분기 택배 물량은 몇 개가 될까?

- 다음 주 커피 판매량을 몇 개일까?

- 다음 주 아이스크림 판매량은 몇 개일까?

1.2.4 회귀분석과 시계열 분석의 차이점

회귀분석과 시계열 분석의 차이점은 무엇일까? 회귀분석은 종속변수와 독립변수 사이의 관계에서 모형을 설정하며, 시계열 분석은 변수 자체의 시간의 흐름에 따른 특성을 토대로 모형을 설정한다.

시계열 분석의 장점은 예측치 추정에 유용하다. 시계열 분석의 단점은 변수 자체의 시간의 흐름에 따른 특성만을 토대로 모형을 설정하므로 변수 사이의 이론적인 관계를 고려하지 못한다는 한계점이 있다.

구분	내용
회귀분석	• 종속변수와 독립변수 사이의 관계에서 모형 설정 • 선형 회귀분석, 더미변수 회귀분석, 로버스트 회귀분석, 곡선추정 회귀분석 등
시계열 분석	• 변수 자체의 시간의 흐름에 따른 특성을 토대로 모형 설정 　시계열 분석의 장점은 단기 예측에 유용하다. 　시계열 분석의 단점은 변수 자체의 시간의 흐름에 따른 특성만을 토대로 모형을 설정하므로 변수 사이의 이론적인 관계를 고려하지 못한다는 한계점이 있다. • 이동평균법(단순 이동평균법, 중심화 이동평균법), 지수평활법(단순, 윈터스 가법, 윈터스 승법, 홀트 모형), ARIMA모형 등

1.2.5 시계열 분석에 의한 예측 문제점

시계열 분석은 만능일까? 시계열 분석에는 여러 장애요인과 한계가 있다.

① 천재지변에 의한 영향
② 최고 의사결정권자의 지시(의사결정)
③ 예측값과의 오차가 크면 예측자는 책임을 져야만 하는가?
④ 객관적이어야 한다. 분석자의 편견과 개인적 이슈가 개입되면 안 된다.

시계열 패턴은 정치·경제·사회·문화의 변화에 함께 달라질 수 있다.
너무나 많은 외생 변수가 발생할 수 있다.
예 졸업과 입학시즌, 지역 대규모 행사 등 따라서 예측모형은 지속적인 관리가 필요하다.

예측 종류	예측 기간	초점
장기예측	2년 이상	추세요인, 순환요인
중기예측	2년	계절요인, 순환요인
단기예측	1~2개월	불규칙 요인

예 안정적 시계열(Stationary Series)

예 비안정적 시계열(Non-stationary Series)   예 비안정적 시계열

비안정적 시계열 자료는 자연로그와 차분으로 안정적 시계열로 만들 수 있다.

1.2.6 인플레이션 조정

화폐로 된 자료는 시계열 분석을 할 때, 인플레이션 조정(디플레이션)을 고려할 수 있다. 인플레이션을 조정하기 위해서 현재 시점의 소비자 물가지수를 1로 설정한 후 소비자 물가지수로 관측값을 나눈다.

2003년부터 2017년까지 백화점 매출액을 조사했다.

🖱 파일 이름: 인플레이션 조정

	A	B
1	연도	매출액
2	2003	368
3	2004	467
4	2005	582
5	2006	682
6	2007	456
7	2008	578
8	2009	682
9	2010	892
10	2011	924
11	2012	1168
12	2013	1056
13	2014	1543
14	2015	1492
15	2016	1925
16	2017	2178

인플레이션 조정 = 매출액 / CPI(소비자 물가지수)

D2 = B2/C2

	D2	▼	f_x	=B2/C2	
	A	B	C		D
1		매출액	CPI(소비자물가지수)		인플레이션 조정
2	2003	368	0.59		623.73
3	2004	467	0.61		765.57
4	2005	582	0.65		895.38
5	2006	682	0.65		1049.23
6	2007	456	0.68		670.59
7	2008	578	0.71		814.08
8	2009	682	0.72		947.22
9	2010	892	0.81		1101.23
10	2011	924	0.82		1126.83
11	2012	1168	0.89		1312.36
12	2013	1056	0.91		1160.44
13	2014	1543	0.93		1659.14
14	2015	1492	0.95		1570.53
15	2016	1925	0.98		1964.29
16	2017	2178	1		2178.00

A1:B16 선택 → Control Key를 누른 상태에서 D1:D16 선택 → 삽입 → 꺾은선형 → 첫 번째 꺾은선형

원자료와 인플레이션 조정을 비교한 막대 그래프

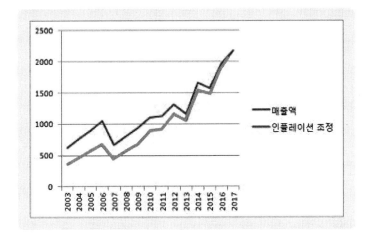

1.3 자료 안정화 방법

1.3.1 자연로그

① 자연로그 변환

1980년부터 2015년까지 주택 거래량을 조사했다.

	A	B
1	연도	매출액
2	1980	7
3	1981	5
4	1982	8
5	1983	10
6	1984	12
7	1985	16
8	1986	8
9	1987	13
10	1988	12
11	1989	3
12	1990	8
13	1991	10
14	1992	12
15	1993	15
16	1994	24
17	1995	16
18	1996	15
19	1997	11
20	1998	8

⌘ 자연로그로 바꾸는 방법

C1에 자연로그라고 제목을 입력한다. → 커서를 C2에 놓는다. → C2 = LN(B2) → 아래로 드래그해서 자동으로 자연로그로 변환한다.

C2			f_x	=LN(B2)

	A	B	C	D
1	연도	매출액	자연로그	
2	1980	7	1.94591	
3	1981	5		
4	1982	8		
5	1983	10		
6	1984	12		
7	1985	16		
8	1986	8		
9	1987	13		
10	1988	12		

	C37		▼	f_x	=LN(B37)
	A	B	C	D	
1	연도	매출액	자연로그		
26	2004	17	2.833213		
27	2005	19	2.944439		
28	2006	21	3.044522		
29	2007	17	2.833213		
30	2008	15	2.70805		
31	2009	11	2.397895		
32	2010	10	2.302585		
33	2011	15	2.70805		
34	2012	15	2.70805		
35	2013	17	2.833213		
36	2014	26	3.258097		
37	2015	23	3.135494		

② 자연로그 값을 다시 원래 값으로 변경시키는 방법

⌘ EXP 함수 활용

D2 = EXP(자연로그 값) = EXP(C2)

	D2		▼	f_x	=EXP(C2)	
	A	B	C	D	E	
1	연도	매출액	자연로그	원래값		
2	1980	7	1.94591	7		
3	1981	5	1.609438			
4	1982	8	2.079442			
5	1983	10	2.302585			
6	1984	12	2.484907			
7	1985	16	2.772589			
8	1986	8	2.079442			
9	1987	13	2.564949			
10	1988	12	2.484907			

아래로 드래그해서 자동으로 계산한다.

	A	B	C	D	E
	D37		f_x =EXP(C37)		
1	연도	매출액	자연로그	원래값	
26	2004	17	2.833213	17	
27	2005	19	2.944439	19	
28	2006	21	3.044522	21	
29	2007	17	2.833213	17	
30	2008	15	2.70805	15	
31	2009	11	2.397895	11	
32	2010	10	2.302585	10	
33	2011	15	2.70805	15	
34	2012	15	2.70805	15	
35	2013	17	2.833213	17	
36	2014	26	3.258097	26	
37	2015	23	3.135494	23	

┃참고┃ 자연로그로 변환 후 회귀분석을 실시하는 사례는 Chapter 7 계절지수의 7.3 LOG함수와 이동평균 활용 계절지수(불규칙적인 경우)에서 설명하는 내용을 참고한다. 불규칙적인 시계열 자료는 자연로그로 변환 후 회귀분석, 더미변수 회귀분석, 자기회귀 모형, 로버스트 회귀분석, 이동평균법, 지수평활법 등의 다양한 시계열 분석을 할 수 있다.

1.3.2 차분

1.3.2.1 차분 1

차분이란 무엇인가? 차분은 뒤 자료와 앞 자료의 값의 차이를 의미한다. 차분 1은 원자료에서 뒤 케이스와 앞 케이스의 차이이며, 차분 2는 차분 1 결과를 기준으로 뒤 케이스와 앞 케이스의 차이를 의미한다.

커서를 F3에 놓는다. → F3 = C3 − C2 = 118 − 112 = 6: 원 자료에서 뒤 케이스와 앞 케이스의 차이를 계산 → 아래로 드래그해서 자동으로 계산한다.

파일 이름: 시계열 시차_차분

	F3		f_x	=C3-C2	
	A	B	C	D	E	F
1	연도	월	매출액	시차_1	시차_2	차분_1
2	2008	1	112			
3		2	118	112		6
4		3	132	118	112	
5		4	129	132	118	
6		5	121	129	132	
7		6	135	121	129	
8		7	148	135	121	
9		8	148	148	135	
10		9	136	148	148	

	F3		f_x	=C3-C2	
	A	B	C	D	E	F
1	연도	월	매출액	시차_1	시차_2	차분_1
2	2008	1	112			
3		2	118	112		6
4		3	132	118	112	14
5		4	129	132	118	-3
6		5	121	129	132	-8
7		6	135	121	129	14
8		7	148	135	121	13
9		8	148	148	135	0
10		9	136	148	148	-12
11		10	119	136	148	-17
12		11	104	119	136	-15
13		12	118	104	119	14
14	2009	1	115	118	104	-3
15		2	126	115	118	11

A1의 연도 인덱스를 삭제 → A1부터 A97까지 선택 → Control Key를 누른 상태에서 C1부터 C97까지 선택 → 삽입 → 꺾은선형 → 첫 번째 꺾은선형

	A1		f_x		
	A	B	C	D	E	F
1		월	매출액	시차_1	시차_2	차분_1
2	2008	1	112			
3		2	118	112		6
4		3	132	118	112	14
5		4	129	132	118	-3
6		5	121	129	132	-8
7		6	135	121	129	14
8		7	148	135	121	13
9		8	148	148	135	0
10		9	136	148	148	-12
11		10	119	136	148	-17
12		11	104	119	136	-15
13		12	118	104	119	14
14	2009	1	115	118	104	-3
15		2	126	115	118	11

▌참고▌ 엑셀에는 왼쪽에 있는 변수가 X축으로 오른쪽에 있는 변수가 Y축으로 산점도를 만든다.

	A	B	C
1	Index(삭제)	X 축	Y 축
2			
3			
4			
5			

결과

보조축 만들기

보조축을 만들어 시계열이 안정화되었는지 확인한 보조축 만드는 방법은 Chapter 2 시계열 자료 그래프 만들기의 2.3 이중축 그래프를 참고한다.

차분 1로 안정적으로 변한 시계열을 확인할 수 있다.

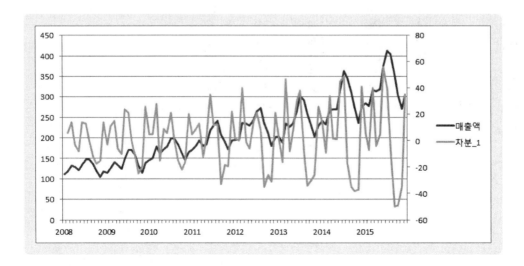

1.3.2.2 차분 2

차분 1의 결과에서 차분 2를 계산한다.

커서를 G4에 놓는다. → 차분 1의 뒤 케이스에서 앞 케이스의 차이 계산 →
G4 = F4 − F3 = 14 − 6 = 8 → 아래로 드래그해서 자동으로 계산한다.

📁 파일 이름: 시계열 시차_차분

	G4		▾	fx	=F4-F3	
	A	B	C	D	E	F	G
1	연도	월	매출액	시차_1	시차_2	차분_1	차분_2
2	2008	1	112				
3		2	118	112		6	
4		3	132	118	112	14	8
5		4	129	132	118	-3	
6		5	121	129	132	-8	
7		6	135	121	129	14	
8		7	148	135	121	13	
9		8	148	148	135	0	
10		9	136	148	148	-12	

	G4		▾	fx	=F4-F3	
	A	B	C	D	E	F	G
1	연도	월	매출액	시차_1	시차_2	차분_1	차분_2
2	2008	1	112				
3		2	118	112		6	
4		3	132	118	112	14	8
5		4	129	132	118	-3	-17
6		5	121	129	132	-8	-5
7		6	135	121	129	14	22
8		7	148	135	121	13	-1
9		8	148	148	135	0	-13
10		9	136	148	148	-12	-12
11		10	119	136	148	-17	-5
12		11	104	119	136	-15	2
13		12	118	104	119	14	29
14	2009	1	115	118	104	-3	-17
15		2	126	115	118	11	14

1.3.3 계절차분

계절차분이란 무엇일까? 계절(월·분기)의 차이를 의미한다. 즉, 다음 해 1월에서 전년도 1월의
차이를 계산한다.

커서를 H14에 놓는다.

계절차분: 2009년 1월 – 2008년 1월

H14 = C14 − C2 = 115 − 112 = 3 → 아래로 드래그해서 자동으로 계산한다.

파일 이름: 시계열_시차_차분

H14	▼	f_x	=C14-C2				
	A	B	C	D	E	F	G	H
1		월	매출액	시차_1	시차_2	차분_1	차분_2	계절차분
2	2008	1	112					
3		2	118	112		6		
4		3	132	118	112	14	8	
5		4	129	132	118	-3	-17	
6		5	121	129	132	-8	-5	
7		6	135	121	129	14	22	
8		7	148	135	121	13	-1	
9		8	148	148	135	0	-13	
10		9	136	148	148	-12	-12	
11		10	119	136	148	-17	-5	
12		11	104	119	136	-15	2	
13		12	118	104	119	14	29	
14	2009	1	115	118	104	-3	-17	3
15		2	126	115	118	11	14	
16		3	141	126	115	15	4	
17		4	135	141	126	-6	-21	
18		5	125	135	141	-10	-4	
19		6	149	125	135	24	34	
20		7	170	149	125	21	-3	

H14	▼	f_x	=C14-C2				
	A	B	C	D	E	F	G	H
1		월	매출액	시차_1	시차_2	차분_1	차분_2	계절차분
2	2008	1	112					
3		2	118	112		6		
4		3	132	118	112	14	8	
5		4	129	132	118	-3	-17	
6		5	121	129	132	-8	-5	
7		6	135	121	129	14	22	
8		7	148	135	121	13	-1	
9		8	148	148	135	0	-13	
10		9	136	148	148	-12	-12	
11		10	119	136	148	-17	-5	
12		11	104	119	136	-15	2	
13		12	118	104	119	14	29	
14	2009	1	115	118	104	-3	-17	3
15		2	126	115	118	11	14	8
16		3	141	126	115	15	4	9
17		4	135	141	126	-6	-21	6
18		5	125	135	141	-10	-4	4
19		6	149	125	135	24	34	14
20		7	170	149	125	21	-3	22

주의 시계열 분석에서 결과 해석의 어려움 때문에 차분과 계절차분을 동시에 하지 않으며 차분과 계절차분이 모두 필요하다면 계절차분만을 한다.

시계열 자료를 시차, 차분, 계절차분을 한 뒤에 실시하는 시계열 분석의 설명은 자기회귀 모형을 참고한다.

⭐주의 자연로그와 차분, 계절차분을 모두 해야 할 경우는 어떤 것을 먼저 해야 할까?

차분을 먼저 할 경우, 차분하면서 값이 0이 나올 수 있으므로 자연로그를 먼저 한다. 차분에서 값이 0이 나오지 않는다면 자연로그를 먼저 해도 상관없다.

D1에 차분 1 제목을 입력 → D3에 커서를 놓는다. → D3 = C3 − C2

	D3		f_x	=C3-C2
	A	B	C	D
1		매출액	자연로그	차분_1
2	1980	7	1.94591	
3	1981	5	1.609438	-0.336472237
4	1982	8	2.079442	0.470003629
5	1983	10	2.302585	0.223143551
6	1984	12	2.484907	0.182321557
7	1985	16	2.772589	0.287682072
8	1986	8	2.079442	-0.693147181
9	1987	13	2.564949	0.485507816
10	1988	12	2.484907	-0.080042708

A1에 Index(연도)가 있으면 삭제 → A1:D37 선택

삽입 → 꺾은선형 → 첫 번째 꺾은선형

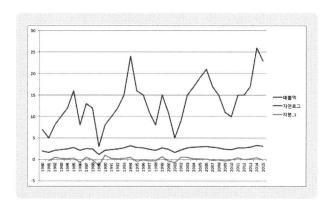

결과는 자연로그_차분_결과에서 확인이 가능하다.

1.4 | 자기회귀

1.4.1 시차

1.4.1.1 시차 1

시차란 무엇인가? 시차는 시간의 차이를 의미한다. 시차 1은 자료의 시간이 한 칸씩 뒤로 밀리는 것을 의미한다. 시차는 자기회귀 모형을 만들 때 유용하게 쓰인다.

시차 1은 AR(1) 모형을 만들 때, 변수로 사용되며 시차 1과 시차 2는 AR(2) 모형을 만들 때 변수로 사용된다.

2008년 1월부터 2015년 12월까지 호텔 매출액을 조사했다.

🔘 파일 이름: 시계열 시차

	A	B	C
1	연도	월	매출액
2	2008	1	112
3		2	118
4		3	132
5		4	129
6		5	121
7		6	135
8		7	148
9		8	148
10		9	136
11		10	119
12		11	104
13		12	118
14	2009	1	115
15		2	126
16		3	141
17		4	135
18		5	125
19		6	149
20		7	170

커서를 D3에 놓는다. → D3 = C2 → 아래로 드래그해서 자동으로 계산한다.
또는 원자료를 복사한 후 D3에 커서를 놓고 붙여넣기하는 방법도 있다.

	D3	▼	f_x	=C2
	A	B	C	D
1	연도	월	매출액	시차_1
2	2008	1	112	
3		2	118	112
4		3	132	
5		4	129	
6		5	121	
7		6	135	
8		7	148	
9		8	148	
10		9	136	

	A	B	C	D
1	연도	월	매출액	시차_1
2	2008	1	112	
3		2	118	112
4		3	132	118
5		4	129	132
6		5	121	129
7		6	135	121
8		7	148	135
9		8	148	148
10		9	136	148
11		10	119	136
12		11	104	119
13		12	118	104
14	2009	1	115	118
15		2	126	115

1.4.1.2 시차 2

시차 2는 원자료에서 시간의 차이가 2개씩 밀리는 것이다.
커서를 E4에 놓는다. → E4 = C2 → 아래로 드래그해서 자동으로 계산한다.
또는 원자료를 복사한 후 커서를 E4에 놓고 붙여넣기하는 방법도 가능하다.

🖱 파일 이름: 시계열 시차

	E4	▼	f_x	=C2	
	A	B	C	D	E
1	연도	월	매출액	시차_1	시차_2
2	2008	1	112		
3		2	118	112	
4		3	132	118	112
5		4	129	132	
6		5	121	129	
7		6	135	121	
8		7	148	135	
9		8	148	148	
10		9	136	148	

	E4	▼	f_x	=C2	
	A	B	C	D	E
1	연도	월	매출액	시차_1	시차_2
2	2008	1	112		
3		2	118	112	
4		3	132	118	112
5		4	129	132	118
6		5	121	129	132
7		6	135	121	129
8		7	148	135	121
9		8	148	148	135
10		9	136	148	148
11		10	119	136	148
12		11	104	119	136
13		12	118	104	119
14	2009	1	115	118	104
15		2	126	115	118

시차 1을 변수로 하는 AR(1) 시계열 분석 사례와 시차 1과 시차 2를 변수로 하는 AR(2) 시계열 분석 사례는 Chapter 4를 참고한다.

1.4.2 자기상관함수(ACF) 계산

1.4.2.1 CORREL함수 이용 자기상관 계산

시차별 자기상관함수(ACF)을 어떻게 구할 수 있을까? 시차 1을 만든 변수로 CORREL함수를 이용해서 상관관계를 구하면 비슷한 값을 구할 수 있지만 정확하지 못하다.

🖰 파일 이름: 자기상관 계산_CORREL함수

	A	B	C	D	E
1	TIME	연도	분기	매출액	T_1
2	1	2011	1	125	
3	2	2011	2	153	125
4	3	2011	3	106	153
5	4	2011	4	88	106
6	5	2012	1	118	88
7	6	2012	2	161	118
8	7	2012	3	133	161
9	8	2012	4	102	133
10	9	2013	1	138	102
11	10	2013	2	144	138
12	11	2013	3	113	144
13	12	2013	4	80	113
14	13	2014	1	109	80
15	14	2014	2	137	109
16	15	2014	3	125	137
17	16	2014	4	109	125
18	17	2015	1	130	109
19	18	2015	2	165	130
20	19	2015	3	128	165
21	20	2015	4	96	128

수식 → 함수 삽입 → CORREL → 검색 → 확인
ARRAY1: D3:D21   ARRAY2: E3:E21

ARRAY1과 ARRAY2의 범위가 동일해야 한다.

	A	B	C	D	E	F	G
	TIME	연도	분기	매출액	T_1	시차	자기상관
1							
2	1	2011	1	125		1	0.122323
3	2	2011	2	153	125	2	
4	3	2011	3	106	153	3	
5	4	2011	4	88	106	4	
6	5	2012	1	118	88	5	
7	6	2012	2	161	118	6	
8	7	2012	3	133	161	7	
9	8	2012	4	102	133	8	
10	9	2013	1	138	102	9	
11	10	2013	2	144	138	10	
12	11	2013	3	113	144	11	
13	12	2013	4	80	113	12	
14	13	2014	1	109	80		
15	14	2014	2	137	109		
16	15	2014	3	125	137		
17	16	2014	4	109	125		
18	17	2015	1	130	109		
19	18	2015	2	165	130		
20	19	2015	3	128	165		
21	20	2015	4	96	128		

(셀 G2 = =CORREL(D3:D21,E3:E21))

1.4.2.2 자기상관함수(ACF) 계산

자기상관함수(ACF)는 SUMPRODUCT와 DEVSQ 함수를 이용해서 구할 수 있다.

E1~I1에 각각 시차, 편차, SUMPRODUCT, DEVSQ, ACF란 제목을 입력 → E2부터 E13까지 시차를 입력

파일 이름: 자기상관함수_SUMPRODUCT_DEVSQ

	A	B	C	D	E	F	G	H	I
1	TIME	연도	분기	매출액	시차	편차	SUMPRODUCT	DEVSQ	ACF
2	1	2011	1	125	1				
3	2	2011	2	153	2				
4	3	2011	3	106	3				
5	4	2011	4	88	4				
6	5	2012	1	118	5				
7	6	2012	2	161	6				
8	7	2012	3	133	7				
9	8	2012	4	102	8				
10	9	2013	1	138	9				
11	10	2013	2	144	10				
12	11	2013	3	113	11				
13	12	2013	4	80	12				
14	13	2014	1	109					
15	14	2014	2	137					
16	15	2014	3	125					
17	16	2014	4	109					
18	17	2015	1	130					
19	18	2015	2	165					
20	19	2015	3	128					
21	20	2015	4	96					

커서를 F2에 놓는다. F2 = D2−AVERAGE(D2:D21) → 평균 범위(D2:D21)를 선택 → Key Board의 F4를 클릭해서 절대참조로 변경

| F2 | | fx | =D2-AVERAGE(D2:D21) |

	A	B	C	D	E	F
1	TIME	연도	분기	매출액	시차	편차
2	1	2011	1	125	1	2
3	2	2011	2	153	2	
4	3	2011	3	106	3	
5	4	2011	4	88	4	
6	5	2012	1	118	5	
7	6	2012	2	161	6	
8	7	2012	3	133	7	
9	8	2012	4	102	8	
10	9	2013	1	138	9	
11	10	2013	2	144	10	
12	11	2013	3	113	11	
13	12	2013	4	80	12	

| F2 | | fx | =D2-AVERAGE($D$2:$D$21) |

	A	B	C	D	E	F
1	TIME	연도	분기	매출액	시차	편차
2	1	2011	1	125	1	2
3	2	2011	2	153	2	
4	3	2011	3	106	3	
5	4	2011	4	88	4	
6	5	2012	1	118	5	
7	6	2012	2	161	6	
8	7	2012	3	133	7	
9	8	2012	4	102	8	
10	9	2013	1	138	9	
11	10	2013	2	144	10	
12	11	2013	3	113	11	
13	12	2013	4	80	12	

아래로 드래그해서 자동으로 계산한다.

| F21 | | fx | =D21-AVERAGE($D$2:$D$21) |

	A	B	C	D	E	F
1	TIME	연도	분기	매출액	시차	편차
2	1	2011	1	125	1	2
3	2	2011	2	153	2	30
4	3	2011	3	106	3	-17
5	4	2011	4	88	4	-35
6	5	2012	1	118	5	-5
7	6	2012	2	161	6	38
8	7	2012	3	133	7	10
9	8	2012	4	102	8	-21
10	9	2013	1	138	9	15
11	10	2013	2	144	10	21
12	11	2013	3	113	11	-10
13	12	2013	4	80	12	-43
14	13	2014	1	109		-14
15	14	2014	2	137		14
16	15	2014	3	125		2
17	16	2014	4	109		-14
18	17	2015	1	130		7
19	18	2015	2	165		42
20	19	2015	3	128		5
21	20	2015	4	96		-27

커서를 G2에 놓는다. G2 = SUMPRODUCT(맨 아래 케이스를 제외, 맨 위 케이스 제외)

	G2	▼		f_x	=SUMPRODUCT(F2:F20,F3:F21)	
	A	B	C	D	E	F	G
1	TIME	연도	분기	매출액	시차	편차	SUMPRODUCT
2	1	2011	1	125	1	2	1197
3	2	2011	2	153	2	30	
4	3	2011	3	106	3	-17	
5	4	2011	4	88	4	-35	
6	5	2012	1	118	5	-5	
7	6	2012	2	161	6	38	
8	7	2012	3	133	7	10	
9	8	2012	4	102	8	-21	
10	9	2013	1	138	9	15	
11	10	2013	2	144	10	21	
12	11	2013	3	113	11	-10	
13	12	2013	4	80	12	-43	
14	13	2014	1	109		-14	
15	14	2014	2	137		14	
16	15	2014	3	125		2	
17	16	2014	4	109		-14	
18	17	2015	1	130		7	
19	18	2015	2	165		42	
20	19	2015	3	128		5	
21	20	2015	4	96		-27	

G2 = SUMPRODUCT(F2:F20,F3:F21) → ARRAY1의 F2를 선택 Key Board의 F4를 클릭해서 절대참조로 변경 → ARRAY2의 F3은 F 앞에 $, F21은 F 뒤에 $(혼합 참조)

	G2	▼		f_x	=SUMPRODUCT($F$2:F20,$F3:F$21)	
	A	B	C	D	E	F	G
1	TIME	연도	분기	매출액	시차	편차	SUMPRODUCT
2	1	2011	1	125	1	2	1197
3	2	2011	2	153	2	30	
4	3	2011	3	106	3	-17	
5	4	2011	4	88	4	-35	
6	5	2012	1	118	5	-5	
7	6	2012	2	161	6	38	
8	7	2012	3	133	7	10	
9	8	2012	4	102	8	-21	
10	9	2013	1	138	9	15	
11	10	2013	2	144	10	21	
12	11	2013	3	113	11	-10	
13	12	2013	4	80	12	-43	

H2 = DEVSQ(F2:F21) → 범위(F2:F21)를 선택한 후 Key Board의 F4를 클릭해서 절대참조로 변경

	H2	▼	f_x	=DEVSQ($F$2:$F$21)				
	A	B	C	D	E	F	G	H
1	TIME	연도	분기	매출액	시차	편차	SUMPRODUCT	DEVSQ
2	1	2011	1	125	1	2	1197	10202
3	2	2011	2	153	2	30		
4	3	2011	3	106	3	-17		
5	4	2011	4	88	4	-35		
6	5	2012	1	118	5	-5		
7	6	2012	2	161	6	38		
8	7	2012	3	133	7	10		
9	8	2012	4	102	8	-21		
10	9	2013	1	138	9	15		
11	10	2013	2	144	10	21		
12	11	2013	3	113	11	-10		
13	12	2013	4	80	12	-43		

ACF = SUMPRODUCT/DEVSQ

I2 = G2/H2

	I2	▼	f_x	=G2/H2					
	A	B	C	D	E	F	G	H	I
1	TIME	연도	분기	매출액	시차	편차	SUMPRODUCT	DEVSQ	ACF
2	1	2011	1	125	1	2	1197	10202	0.11733
3	2	2011	2	153	2	30			
4	3	2011	3	106	3	-17			
5	4	2011	4	88	4	-35			
6	5	2012	1	118	5	-5			
7	6	2012	2	161	6	38			
8	7	2012	3	133	7	10			
9	8	2012	4	102	8	-21			
10	9	2013	1	138	9	15			
11	10	2013	2	144	10	21			
12	11	2013	3	113	11	-10			
13	12	2013	4	80	12	-43			

G2, H2, I2를 모두 선택한 후 아래로 드래그 → SUMPRODUCT ARRAY1의 범위를 하나씩 줄인다.

	A	B	C	D	E	F	G	H	I
1	TIME	연도	분기	매출액	시차	편차	SUMPRODUCT	DEVSQ	ACF
2	1	2011	1	125	1	2	1197	10202	0.11733
3	2	2011	2	153	2	30	#VALUE!	10202	#VALUE!
4	3	2011	3	106	3	-17	#VALUE!	10202	#VALUE!
5	4	2011	4	88	4	-35	#VALUE!	10202	#VALUE!
6	5	2012	1	118	5	-5	#VALUE!	10202	#VALUE!
7	6	2012	2	161	6	38	#VALUE!	10202	#VALUE!
8	7	2012	3	133	7	10	#VALUE!	10202	#VALUE!
9	8	2012	4	102	8	-21	#VALUE!	10202	#VALUE!
10	9	2013	1	138	9	15	#VALUE!	10202	#VALUE!
11	10	2013	2	144	10	21	#VALUE!	10202	#VALUE!
12	11	2013	3	113	11	-10	#VALUE!	10202	#VALUE!
13	12	2013	4	80	12	-43	#VALUE!	10202	#VALUE!

아래로 내려갈 때마다 F열 SUMPRODUCT 수식에서 ARRAY1의 범위를 한 행씩 줄인다.

시차	SUMPRODUCT	
	ARRAY1	ARRAY2
1	F2:F20	F3:F21
2	F2:F19	F4:F21
3	F2:F18	F5:F21
4	F2:F17	F6:F21
5	F2:F16	F7:F21

	G13			f_x	=SUMPRODUCT($F$2:F9,$F$14:F$21)			
	A	B	C	D	E	F	G	H	I
1	TIME	연도	분기	매출액	시차	편차	SUMPRODUCT	DEVSQ	ACF
2	1	2011	1	125	1	2	1197	10202	0.11733
3	2	2011	2	153	2	30	-6880	10202	-0.67438
4	3	2011	3	106	3	-17	-1167	10202	-0.11439
5	4	2011	4	88	4	-35	4765	10202	0.467065
6	5	2012	1	118	5	-5	-894	10202	-0.08763
7	6	2012	2	161	6	38	-6206	10202	-0.60831
8	7	2012	3	133	7	10	-138	10202	-0.01353
9	8	2012	4	102	8	-21	5349	10202	0.524309
10	9	2013	1	138	9	15	1687	10202	0.16536
11	10	2013	2	144	10	21	-3408	10202	-0.33405
12	11	2013	3	113	11	-10	-568	10202	-0.05568
13	12	2013	4	80	12	-43	3026	10202	0.296609

샘플로 분기별 자료를 다루었으나 연도별, 월별, 주별로 모두 동일한 방법으로 하면 된다.

자기상관의 개념을 쉽게 이해할 때는 CORREL함수가 좋지만 정확한 자기상관함수(ACF)는 SUMPRODUCT 및 DEVSQ 함수를 이용해서 직접 계산해야 된다.

CORREL함수를 이용한 시차 1부터 시차 6까지의 결과는 자기상관 계산_CORREL함수_결과 파일을 참고한다.

자기상관함수(ACF)를 COVAR함수와 VAR함수로 계산하는 경우도 있으나 SUMPRODUCT함수와 DEVSQ함수로 ACF(자기상관함수) 계산을 권장한다. COVAR함수와 VAR함수를 이용한 ACF 계산 방법은 자기상관 계산_COVAR_VAR_결과에서 확인이 가능하다.

결과 비교

시차	CORREL함수 이용 결과(상관관계)	SUMPRODUCT 및 DEVSQ함수 이용 결과 (ACF: 자기상관함수)	COVAR 및 VAR함수 이용 결과 (ACF: 자기상관함수)
1	0.12232	0.11733	−0.11761
2	−0.73316	−0.67438	−0.7078
3	−0.14271	−0.11439	−0.12978
4	0.62535	0.467065	0.55857
5	−0.11522	−0.08763	−0.10831
6	−0.90959	−0.60831	−0.82742

1.5 이상값 처리

1.5.1 이상값 삭제

이상값은 어떻게 하면 좋을까?

연도별 자료의 경우, 회귀분석에서 이상값은 삭제할 수 있다.

그러나 분기별, 월별, 주별 자료의 경우 이상값을 삭제하면 결측값이 생기므로 삭제보다는 가까운 값의 평균으로 대체하거나 ARIMA모형에서 이상값을 체크해서 탐색하거나 이상값을 더미변수로 만들어서 모형을 탐색한다.

2000년부터 2015년까지 자동차 매출액을 조사했다.

◉ 파일 이름: 이상값

	A	B
1	연도	매출액
2	2000	320
3	2001	600
4	2002	1080
5	2003	1800
6	2004	2040
7	2005	8160
8	2006	2520
9	2007	2040
10	2008	1800
11	2009	2040
12	2010	2760
13	2011	1800
14	2012	2640
15	2013	2760
16	2014	3000
17	2015	3840

연도 인덱스 삭제 → A1부터 B17까지 선택 → 삽입 → 꺾은선형 → 첫 번째 꺾은선형

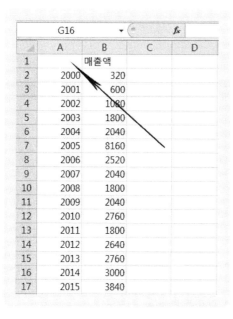

 결과

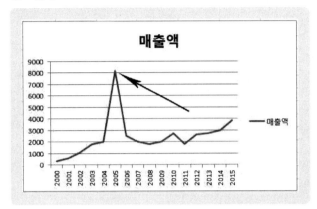

2005년도 값이 이상값(이상치)으로 판단된다. 이상값은 삭제하거나 평균으로 대체한다. 삭제할 경우 연도와 함께 행 자체를 삭제한다.

이상값은 이와 같이 시각적으로 찾아내는 방법도 있고, 선형 회귀분석에서 표준잔차가 2.5~3 이상이면 이상값으로 판단한다.

이상값을 삭제하는 사례는 Chapter 3의 3.1.1 연 단위 시계열 자료의 회귀분석을 참고한다.

1.5.2 이상값 평균으로 대체

가까운 값의 평균으로 대체
B25 = (2004년도 값 + 2006년도
값)/2 = (B24+B26)/2 =
(2040+2520)/2 = 2280

8160을 2280으로 대체

B25		▼	f_x	=(B24+B26)/2	
	A	B	C	D	E
19		매출액			
20	2000	320			
21	2001	600			
22	2002	1080			
23	2003	1800			
24	2004	2040			
25	2005	2280			
26	2006	2520			
27	2007	2040			
28	2008	1800			
29	2009	2040			
30	2010	2760			
31	2011	1800			
32	2012	2640			
33	2013	2760			
34	2014	3000			
35	2015	3840			

🖱 평균으로 대체한 후의 꺾은선형

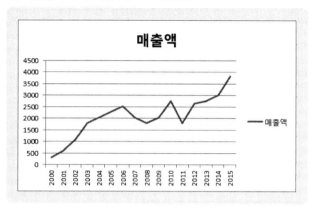

연도가 아닌 분기와 월별 자료에서 이상값을 평균으로 대체하는 방법

⌘ 분기별 자료의 경우

예 2012년 1분기가 이상값이면 2011년 1분기와 2013년 1분기의 평균으로 대체

⌘ 월별 자료의 경우

예 2012년 1월이 이상값이면 2011년 1월과 2013년 1월의 평균으로 대체

1.5.3 이상값 더미변수로 처리(개입 모형)

분기별, 월별, 주별로 정리된 경우, 이상값은 더미변수로 만들어 더미변수 회귀분석(개입 모형)을 실시한다.

개입 종류	그래프 모양	비고
펄스		1~2개의 이상값 처리에 주로 사용
계단		기술혁신 등으로 Before와 After의 차이가 현저하게 구분될 때 사용
계절		이상값이 계절 주기를 갖는 경우 사용

변수 값 표기 방법

	변수 값 표시	
이상값	0: 이상값 없음	1: 이상값 있음
혁신	0: 혁신 전	1: 혁신 후
변화	0: 변화 없음	1: 변화 발생 예 신설 도로 개통, 신설 노선 개통, 신규 해외 영업망 개설, 인력 채용방식 변화, 마케팅 방식 변화, 영업망 운영방식 변화 등

연도	분기	펄스 개입 (Pulse)	계절 개입 (Seasonal Pulse)	계단 개입 (Level)
2015	1	0	0	0
	2	0	0	0
	3	0	0	0
	4	0	0	0
2016	1	0	0	0
	2	1	0	0
	3	0	1	0
	4	0	0	0
2017	1	0	0	1
	2	0	0	1
	3	0	1	1
	4	0	0	1
2018	1	0	0	1
	2	0	0	1
	3	0	1	1
	4	0	0	1

계절 개입은 시계열 자료에서 첫 해의 자료에는 포함하지 않는다.

더미변수 회귀분석(개입 모형)은 Chapter 6에서 자세히 다루기로 한다.

1.6 데이터분석 및 해 찾기 추가 설치 방법

1.6.1 오피스 2007

맨 상단 왼쪽의 MS 아이콘을 클릭 → 하단의 Excel 옵션 클릭

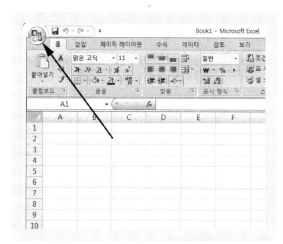 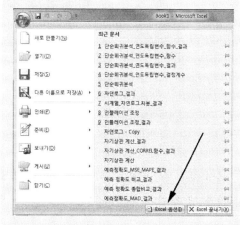

구성 진행률

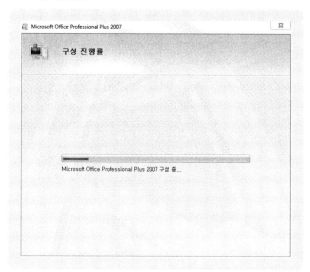

추가 기능 → 이동 → 확인

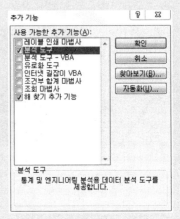

분석 도구 및 해 찾기 추가 기능 선택 → 확인: 데이터를 선택했을 때, 맨 오른쪽 상단에 데이터 분석과 해 찾기가 추가된 것을 확인할 수 있다.

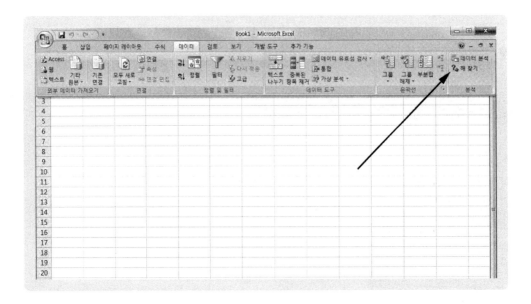

1.6.2 오피스 2010 및 오피스 2013

오피스 2013을 기준으로 데이터분석 및 해 찾기 추가하는 방법을 설명한다.

파일 → 옵션

추가 기능 → 이동 → 확인 → 분석 도구와 해 찾기 추가 기능 선택 → 확인

결과: 데이터를 클릭하면 데이터분석과 해 찾기에 추가된 것을 확인할 수 있다.

데이터분석 안에는 매우 다양한 통계 도구가 있다.

- 분산분석: 일원배치법
- 분산분석: 반복없는 이원배치법
- 공분산분석
- 지수평활법(시계열 분석)
- 푸리에 분석
- 이동평균법(시계열 분석)
- 순위와 백분율
- 표본추출
- T검정: 등분산 가정 두 집단
- Z검정: 평균에 대한 두 집단

- 분산분석: 반복있는 이원배치법
- 상관분석
- 기술통계법(T검정: 단일표본, 기술통계)
- F검정: 분산에 대한 두 집단
- 히스토그램(빈도분석)
- 난수생성
- 회귀분석(단순회귀와 중다회귀)
- T검정: 쌍체비교
- T검정: 이분산 가정 두 집단

02

CHAPTER

시계열 자료 그래프 만들기

02 \ 시계열 자료 그래프 만들기

2.1 막대 그래프

시계열 자료들은 일반적으로 꺾은선 그래프 또는 막대 그래프로 표현한다.

1995년부터 2015년까지 항공사 고객수, 항공사 매출액에 대해서 조사했다.

파일 이름: 그래프 만들기

	A	B	C
1	연도	항공사 고객수	항공사 매출액
2	1995	51000	1356
3	1996	52000	1517
4	1997	57000	1570
5	1998	59000	1623
6	1999	61000	1676
7	2000	63000	1729
8	2001	65000	1782
9	2002	67000	1835
10	2003	69000	2258
11	2004	72000	2498
12	2005	78000	2745
13	2006	79000	2934
14	2007	82000	3298
15	2008	84000	3578
16	2009	89000	3784
17	2010	92000	3892
18	2011	98000	4289
19	2012	95000	4893
20	2013	102000	4902
21	2014	106000	5278
22	2015	109000	5589

변수의 위치와 그래프

열의 위치에 따라 X축과 Y축이 결정된다.

열 위치	축 위치
왼쪽 열	X축
오른쪽 열	Y축

왼쪽 열	오른쪽 열

막대 그래프

연도 인덱스를 삭제한다. → A1부터 B22까지 선택 → 삽입 → 세로 막대형 → 첫 번째 세로 막대형 클릭

	A	B	C
1		항공사 고객수	항공사 매출액
2	1995	51000	1356
3	1996	52000	1517
4	1997	57000	1570
5	1998	59000	1623
6	1999	61000	1676
7	2000	63000	1729
8	2001	65000	1782
9	2002	67000	1835
10	2003	69000	2258
11	2004	72000	2498
12	2005	78000	2745
13	2006	79000	2934
14	2007	82000	3298
15	2008	84000	3578
16	2009	89000	3784
17	2010	92000	3892
18	2011	98000	4289
19	2012	95000	4893
20	2013	102000	4902
21	2014	106000	5278
22	2015	109000	5589

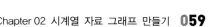

 결과

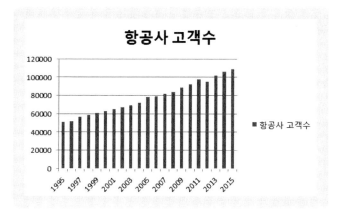

2.2 꺾은선형 그래프

꺾은선 그래프라고도 한다. 꺾은선 그래프를 만들기 위해서 A1 셀에 연도 인덱스가 있으면 삭제한다. → A1부터 B22까지 선택 → 삽입 → 꺾은선형 → 첫 번째 꺾은선형

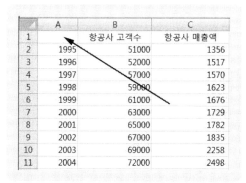 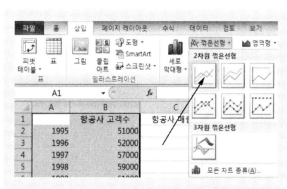

차트 레이아웃에서 다양한 선택이 가능하고 차트 스타일에서는 선의 색상에 변화를 줄 수 있다.

◉ 표의 테두리를 선택 → 데이터 선택

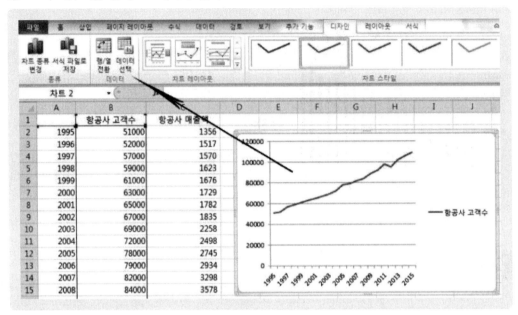

또는 데이터 테두리 선택 → 마우스 오른쪽 클릭 → 데이터 선택

◉ 차트 레이아웃

예 다양한 차트 레이아웃

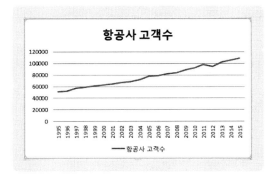
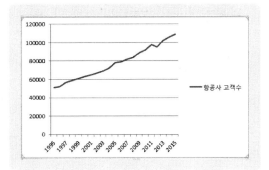

Index의 단위가 길 경우, 옆으로 늘린다.

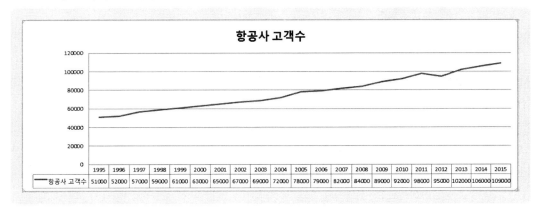

범례를 제거할 경우

결과 표에서 범례를 직접 선택한 후 마우스 오른쪽 클릭해서 삭제한다.

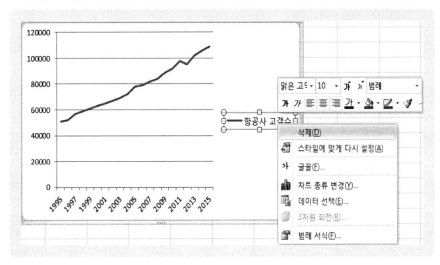

 범례 서식의 위치 변경

범례 선택 → 마우스 오른쪽 클릭 → 범례 서식

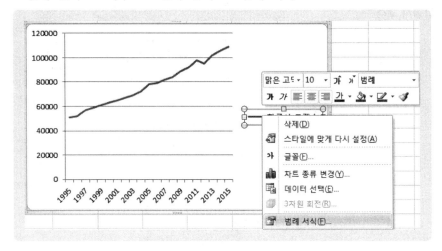

범례 옵션에서 위치 선택(위, 아래, 왼쪽, 오른쪽, 오른쪽 위)

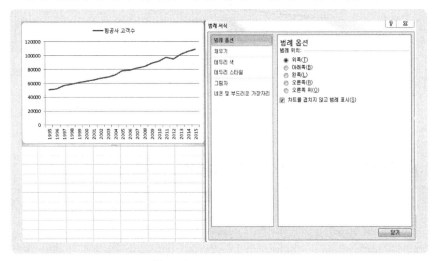

2.3 이중축 그래프

예를 들어서 한 변수는 단위가 100만이고 다른 변수의 단위가 100일 경우, 두 개의 꺾은선 그래프 간에 값의 범위 차이가 크게 난다. 이럴 경우 이중축을 만든다.

A1에 연도 Index가 있으면 삭제 → A1부터 C22까지 선택 → 삽입 → 꺾은선형 → 첫 번째 꺾은선형

파일 이름: 이중축 그래프

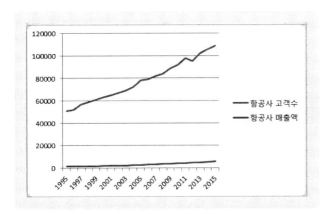

두 꺽은선형 그래프의 값이 너무 많이 차이가 난다.

따라서 항공사 매출액은 거의 바닥에 깔려 있는 선처럼 보인다.

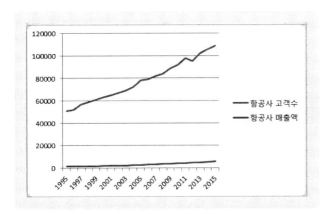

항공사 매출액 선을 클릭해서 선택 → 선에 눈송이 모양이 나타난다. → 마우스 오른쪽 클릭
→ 데이터 계열 서식

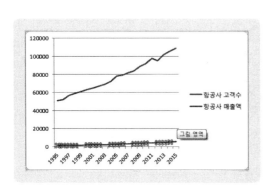

계열 옵션 → 데이터 계열 지정 → 보조축 클릭 → 닫기 → 오른쪽에 항공사 매출액의 보조축
이 새롭게 생성된다.

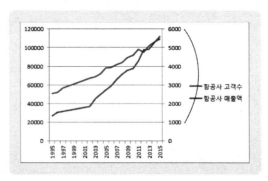

차트 레이아웃 → 범례 아래 방향을 선택

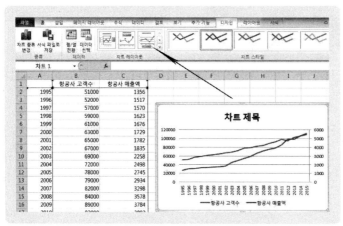

2.4 그래프 시각화

2.4.1 그라데이션 적용

미래 예측 및 시계열 분석 결과를 일목요연하게 시각적으로 표현하는 것도 중요하다.

1993년부터 2015년까지 호텔 매출액을 조사했다.

🖱 파일 이름: 그라데이션

	A	B	C
1	연도	순이익	매출액
2	1993	8400	122276
3	1994	8232	113400
4	1995	8964	114524
5	1996	18896	325648
6	1997	9228	116772
7	1998	9560	117896
8	1999	9892	119020
9	2000	12620	167827
10	2001	11252	248900
11	2002	13782	224568
12	2003	10023	230000
13	2004	21678	408934
14	2005	12450	345678
15	2006	26724	620303
16	2007	28924	823457
17	2008	35907	936454
18	2009	22568	523456
19	2010	50023	930000
20	2011	44568	892560
21	2012	79113	1555120
22	2013	83658	2256780
23	2014	95678	2880240
24	2015	131789	3456768

연도 인덱스 삭제 → A1에서 B24를 선택 → 삽입 → 꺾은선형 → 첫 번째 꺾은선형

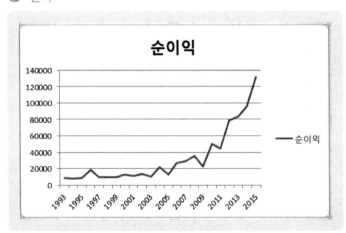

🖱 결과

🖱 차트 종류 변경 → 세로 막대형

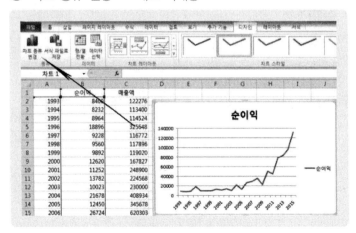

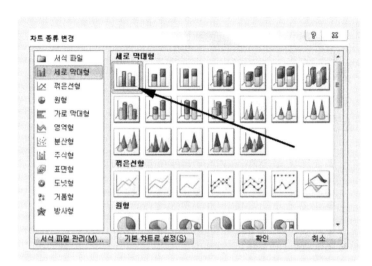

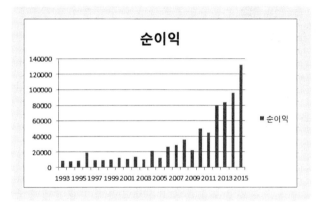

막대 그래프 중 임의의 한 개 선택 → 마우스 오른쪽 → 데이터 계열 서식

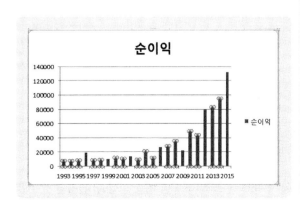

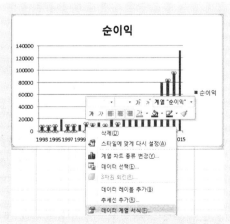

 채우기 → 그라데이션 채우기

기본 설정 색 → 그라데이션 종류 선택

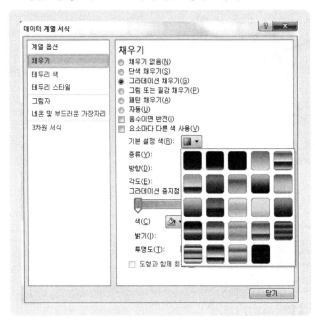

그라데이션 중지점을 이동시키거나 색상을 변경할 수 있다.

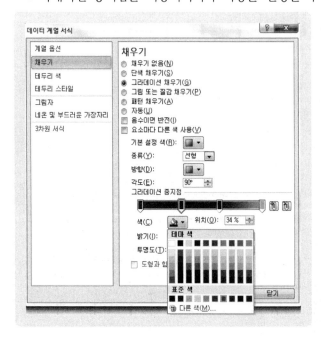

그라데이션 중지점을 먼저 선택한 후 색상을 선택하면 그라데이션 적용 색상을 변경할 수 있다.

🖱 닫기

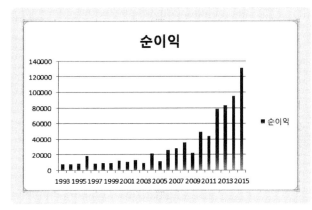

2.4.2 클립아트 적용

그래프를 클립아트로 표현할 수 있다.

클립아트로 변경할 때는 막대 그래프의 숫자를 줄여서 단순하게 표현하는 것이 일반적이다.

1993년부터 2015년까지 화장품 제조회사의 순이익과 매출액을 조사했다.

🖱 파일 이름: 클립아트

	A	B	C
1	연도	순이익	매출액
2	1993	8400	122276
3	1994	8232	113400
4	1995	8964	114524
5	1996	18896	325648
6	1997	9228	116772
7	1998	9560	117896
8	1999	9892	119020
9	2000	12620	167827
10	2001	11252	248900
11	2002	13782	224568
12	2003	10023	230000
13	2004	21678	408934
14	2005	12450	345678
15	2006	26724	620303
16	2007	28924	823457
17	2008	35907	936454
18	2009	22568	523456
19	2010	50023	930000
20	2011	44568	892560
21	2012	79113	1555120
22	2013	83658	2256780
23	2014	95678	2880240
24	2015	131789	3456768

막대 그래프 선택 → 마우스 오른쪽 → 데이터 계열 서식 → 그림 또는 질감 채우기 →
클립아트 → 쌓기

┃참고┃ 늘이기: 하나의 클립아트를 길게 늘여서 나타낸다.

클립아트 → 그림 선택 → 달러 → 이동 → 클립아트 선택 → 확인

 닫기

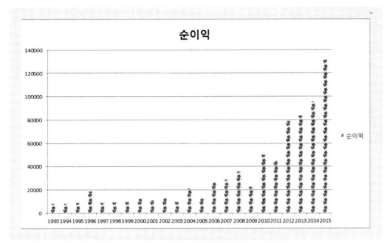

만약 늘이기를 선택하면 어떤 모습일까? 클립아트가 각각 길게 늘어난 모습으로 보여진다.

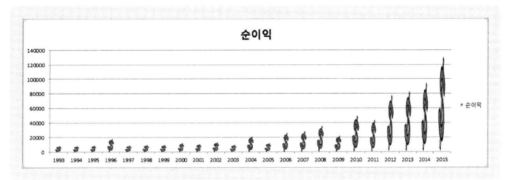

클립아트를 이용해서 표현할 경우는 자료를 단순화하는 것이 더 좋다.

예 1995년부터 2015년까지의 시계열 자료가 있다면 1995, 2000, 2005, 2010, 2015만을 선택해서 단순화시킨다.

1993년부터 2015년까지 23개 케이스가 있다. 삭제할 케이스를 선택한 후 삭제해서 케이스 수를 줄인다. 여기서는 23개 케이스를 8개 케이스로 줄인다.

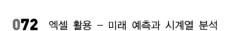 파일 이름: 클립아트_케이스 축소

	A	B	C
1		순이익	매출액
2	1993	8400	122276
3	1997	9228	116772
4	2001	11252	248900
5	2005	12450	345678
6	2009	22568	523456
7	2013	83658	2256780
8	2014	95678	2880240
9	2015	131789	3456768

● 늘이기

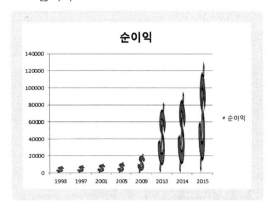

● 쌓기

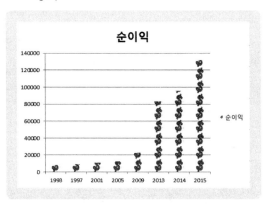

2.5 분산형 그래프 추세선 활용 선형 및 비선형 회귀분석

분산형 그래프를 만든 후 추세선을 추가해서 단순 회귀분석을 실시할 수 있다.

주의 꺾은선 그래프를 이용해서 추세선을 만들지 않는다. 꺾은선형으로 회귀 방정식을 구하면 틀리기 때문에 반드시 분산형에서 추세선을 그려서 회귀 방정식을 구한다.

1996년부터 2015년까지 자동차 판매량과 순이익을 조사했다.

🖱 파일 이름: 분산형 그래프 활용 단순 회귀분석

	A	B	C
1	연도	자동차 판매량	순이익
2	1996	1256	102
3	1997	1562	152
4	1998	1762	139
5	1999	1821	173
6	2000	2235	192
7	2001	2580	201
8	2002	2720	313
9	2003	3870	405
10	2004	3850	300
11	2005	4830	495
12	2006	5810	510
13	2007	6790	405
14	2008	7770	600
15	2009	8750	695
16	2010	9730	896
17	2011	11892	1017
18	2012	12925	1038
19	2013	21156	1059
20	2014	22156	1280
21	2015	23567	1301

연도 인덱스 삭제 → A1부터 A21까지 선택 → Control Key를 누른 상태에서 C1부터 C21까지 선택 → 삽입 → 차트 → 분산형 → 표식만 있는 분산형(첫 번째 분산형)

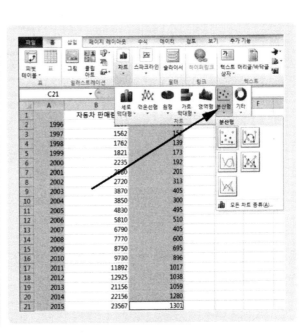

분산형 그래프가 출력된다.

| 파일 | 홈 | 삽입 | 페이지 레이아웃 | 수식 | 데이터 | 검토 | 보기 | 추가 기능 | 디자인 | 레이아웃 | 서식 |

차트 종류 변경 | 서식 파일로 저장 | 종류 | 행/열 전환 | 데이터 선택 | 데이터 | 차트 레이아웃 | 차트 스타일

차트 1

	A	B	C
1		자동차 판매량	순이익
2	1996	1256	102
3	1997	1562	152
4	1998	1762	139
5	1999	1821	173
6	2000	2235	192
7	2001	2580	201
8	2002	2720	313
9	2003	3870	405
10	2004	3850	300
11	2005	4830	495
12	2006	5810	510
13	2007	6790	405
14	2008	7770	600
15	2009	8750	695
16	2010	9730	896
17	2011	11892	1017
18	2012	12925	1038
19	2013	21156	1059
20	2014	22156	1280
21	2015	23567	1301

분산형 그래프에서 임의의 관측치를 하나 클릭하면 전체가 눈송이 모양으로 바뀐다. → 마우스 오른쪽 클릭 → 추세선 추가

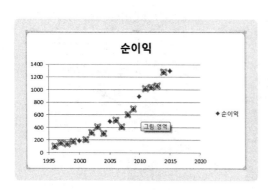

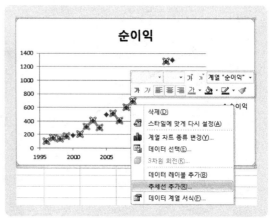

예측:

⌘ 앞으로: 5(5년 후를 예측할 경우)

⌘ 수식을 차트에 표시

⌘ R 제곱 값을 차트에 표시

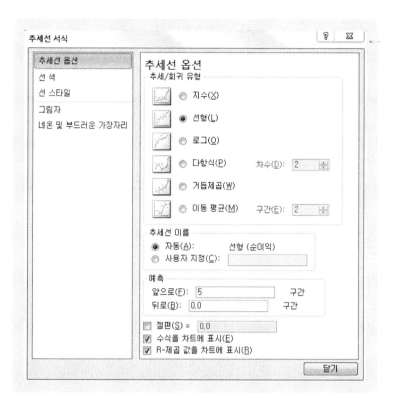

 닫기 → 수식이 잘 보이도록 범례 위로 드래그해서 이동

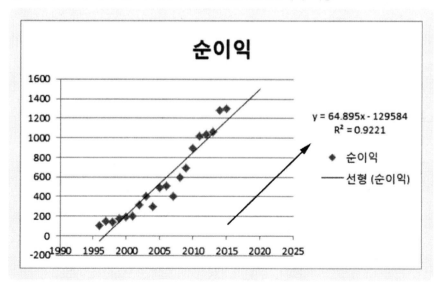

회귀 방정식

종속변수 = a(기울기: 계수) X 독립변수 + Y 절편

a가 플러스값이면 우상향이고 a가 마이너스값이면 우하향이 된다.

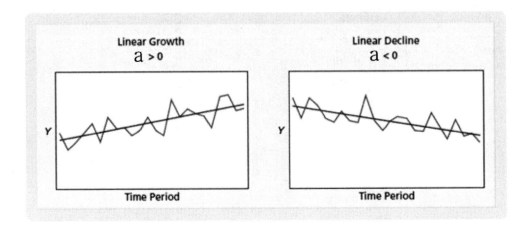

순이익 = 64.895 X 연도 + (−129584)
R 제곱(결정계수): 0.9221

엑셀의 데이터분석 기능을 이용한 회귀분석 결과(기울기와 Y 절편)는 데이터분석_결과 파일에서 확인이 가능하다.
분석 결과가 동일하므로 편한 방법을 선택한다.

데이터분석 기능을 이용한 회귀분석 방법은 Chapter 3 회귀분석의 3.1.1 연 단위 시계열 자료의 설명을 참고한다.

회귀 방정식으로 미래 예측도 가능하다.

예 2016년 순이익 = 64.895 X 2016 + (−129584)
예 2017년 순이익 = 64.895 X 2017 + (−129584)

추세선 옵션에서 지수, 로그, 다항식, 거듭제곱 등을 선택해서 비선형 회귀분석도 가능하다.
비선형 회귀분석에 대해서는 Chapter 8에서 다룬다.

03

CHAPTER

회귀분석

03 회귀분석

3.1 TIME 변수를 독립변수로 설정한 회귀분석

3.1.1 연 단위 시계열 자료의 회귀분석

단순 회귀분석은 인과관계를 수학적으로 설명하는 통계방법이다. 단순 회귀분석은 선형 회귀분석이라고도 하며, 매우 다양한 분야에 활용이 가능하다.

독립변수와 종속변수에 미치는 영향을 규명하고 선형 방정식으로 표현하는 것이 회귀분석의 목표이다.

- 내년 항공사 매출액은 얼마일까?

- 내년 호텔 매출액은 얼마가 될까?

- 다음 분기 여행사 순이익은 얼마일까?

- 다음 분기 유가는 어떻게 될까?

- 다음 분기 병원 순이익은 얼마가 될까?

- 다음 달 자동차 판매량을 몇 대일까?

- 다음 달 공항 이용객 수는 몇 명일까?

- 다음 달 핸드폰 판매량은 몇 개일까?

- 다음 주 고속철도 이용객은 몇 명일까?

- 다음 주 화장품 판매량을 몇 개일까?

⌘ 회귀분석 순서

시계열 자료 입력 → 선도표(분산형/꺾은선형) → 이상값, 계절성, 주기성 확인 → 상관관계 분석 → 회귀분석 → 이상값 유무 확인 → 이상값 삭제 → 회귀분석 재실시 → 잔치의 자기상관 확인(더빈왓슨 값 해석)

단순 회귀분석으로 독립변수와 종속변수의 인과관계도 분석이 가능하다. 즉, 외국인 관광객과 의료관광객 증가, 흡연과 폐암의 발생, 광고비와 매출액 증가 등 변수들 사이의 관련 정도와 인과 관계를 함수적으로 표현할 수 있다.

1999년부터 2015년까지 자동차 제조회사의 광고 홍보비와 자동차 판매량을 조사했다. 2016년 부터 2020년까지 자동차 판매량의 변화를 예측할 수 있을까?

📂 파일 이름: 단순 회귀분석_연도 독립변수

	A	B	C
1	연도	광고.홍보비	자동차 판매량
2	1999	512	10456
3	2000	565	12682
4	2001	551	13800
5	2002	663	17200
6	2003	810	18700
7	2004	850	18500
8	2005	845	18300
9	2006	960	18100
10	2007	1055	17900
11	2008	1250	17700
12	2009	1875	26200
13	2010	2146	17300
14	2011	2567	18920
15	2012	2888	19250
16	2013	3109	21560
17	2014	3830	21890
18	2015	4281	22670

① 회귀분석 실시

삽입 → 꺾은선형 → 첫 번째 꺾은선형

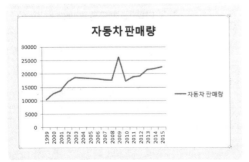

▐참고▐ 엑셀에는 왼쪽에 있는 변수가 X축(독립변수)으로 오른쪽에 있는 변수가 Y축(종속변수)으로 산점도를 만든다.

	A	B	C
1	Index(삭제)	X 축	Y 축
2			
3			
4			
5			

🖰 데이터 → 데이터분석 → 회귀분석

🖰 통계 데이터분석 → 회귀분석 선택 → 확인

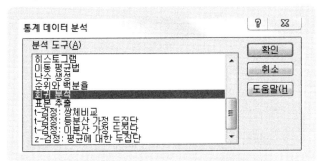

⌘ Y축 입력범위 선택: 종속변수(C1:C19)

⌘ X축 입력범위 선택: 독립변수(A1:A19)

⌘ 종속변수: 자동차 판매량

⌘ 독립변수: 연도

	A	B	C	D	E	F	G	H	I
1	연도	광고.홍보비	자동차 판매량						
2	1999	512	10456						
3	2000	565	12682						
4	2001	551	13800						
5	2002	663	17200						
6	2003	810	18700						
7	2004	850	18500						
8	2005	845	18300						
9	2006	960	18100						
10	2007	1055	17900						
11	2008	1250	17700						
12	2009	1875	26200						
13	2010	2146	17300						
14	2011	2567	18920						
15	2012	2888	19250						
16	2013	3109	21560						
17	2014	3830	21890						
18	2015	4281	22670						

회귀 분석

입력
Y축 입력 범위(Y): $C$1:$C$18
X축 입력 범위(X): $A$1:$A$18
☑ 이름표(L)   ☐ 상수에 0을 사용(Z)
☐ 신뢰 수준(F) 95 %

출력 옵션
◉ 출력 범위(O): $E$1
○ 새로운 워크시트(P):
○ 새로운 통합 문서(W)
잔차
☑ 잔차(R)   ☑ 잔차도(D)
☑ 표준 잔차(T) ☑ 선적합도(I)
정규 확률
☑ 정규 확률도(N)

확인   취소   도움말(H)

⌘ 이름표 체크: 변수 이름도 포함할 경우 체크

　　　　　　입력 데이터의 상단 첫 행이나 열에 이름표가 있을 경우 선택

⌘ 상수에 0을 사용: 회귀선이 원점을 지나도록 지정

⌘ 신뢰수준: 95% 체크

⌘ 출력옵션: 새로운 워크시트 또는 같은 Sheet의 특정 셀을 선택(E1)

⌘ 잔차: 잔차, 잔차도, 표준잔차, 선적합도, 정규확률, 정규확률도

확인 → 결과(출력 옵션에서 E1을 선택)

	A	B	C	D	E	F	G	H	I	J	K	L	M
1	연도	광고.홍보비	자동차 판매량		요약 출력								
2	1999	512	10456										
3	2000	565	12682			회귀분석 통계량							
4	2001	551	13800		다중 상관계수	0.768662							
5	2002	663	17200		결정계수	0.590841							
6	2003	810	18700		조정된 결정계수	0.563564							
7	2004	850	18500		표준 오차	2464.235							
8	2005	845	18300		관측수	17							
9	2006	960	18100										
10	2007	1055	17900		분산 분석								
11	2008	1250	17700				자유도	제곱합	제곱 평균	F 비	유의한 F		
12	2009	1875	26200		회귀		1	1.32E+08	1.32E+08	21.66059	0.000312		
13	2010	2146	17300		잔차		15	91086800	6072453				
14	2011	2567	18920		계		16	2.23E+08					
15	2012	2888	19250										
16	2013	3109	21560				계수	표준 오차	t 통계량	P-값	하위 95%	상위 95%	하위 95.0%	상위 95.0%
17	2014	3830	21890		Y 절편		-1121251	244850.3	-4.57933	0.000362	-1643137	-599365	-1643137	-599365
18	2015	4281	22670		연도		567.7892	121.9978	4.654094	0.000312	307.7571	827.8214	307.7571	827.8214

② 결정 계수

결정계수 (R 제곱): 0.590841

회귀분석 통계량의 결정계수는 SPSS의 R 제곱과 같다. 회귀 방정식의 적합도를 결정계수로 설명할 수 있다. 결정계수가 0.590841이므로 추정된 회귀 방정식은 자료의 59.0841%를 설명하고 있다.

③ 분산분석

분산분석의 유의한 F 값이 0.000312로 유의수준 0.05보다 작으므로 방정식이 곡선이라는 귀무가설을 기각한다. 즉, 회귀 방정식은 직선이며 통계적으로 유의미하다.

Y절편과 연도변수에 대한 회귀 방정식의 P-값이 유의수준 0.05 이하이므로 회귀 방정식은 통계적으로 유의미하다.

④ 회귀 방정식

Y = aX + b (a: 계수, b: 절편)
Y: 자동차 판매량
X: 연도

a가 플러스값이면 우상향이고 a가 마이너스값이면 우하향이 된다.

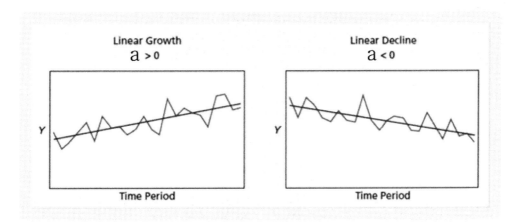

자동차 판매량 = 567.7892 X 연도 + (−1121251)
2020년 자동차 판매량 = 567.7892 X 2020 + (−1121251)

3.1.2 이상값(이상치) 삭제

① 이상값 삭제의 의미

이상값(이상치)이 회귀 방정식에 왜곡된 정보를 주기 때문에 이상값을 삭제하면 보다 정확한 회귀 방정식을 구할 수 있다.

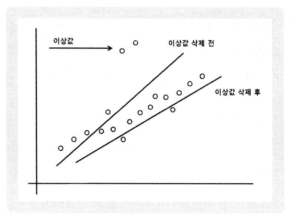

② 이상값 찾는 방법

이상값(이상치)은 어떻게 찾을 수 있을까? 산점도(분산형 그래프)에서 시각적으로 이상값을 찾을 수도 있고 표준잔차가 2.5~3 이상이면 이상값이라고 볼 수 있다. 이상값이 있을 경우, 케이스가 있는 열을 삭제하고 회귀분석을 다시 한다. (1.5 이상값 처리 참고)

🖱 자료파일: 단순 회귀분석_연도독립변수_결과

	E	F	G	H
22	잔차 출력			
23				
24	관측수	예측치 자동차 판매량	잔차	표준 잔차
25	1	13759.33333	-3303.33	-1.38447
26	2	14327.12255	-1645.12	-0.68949
27	3	14894.91176	-1094.91	-0.45889
28	4	15462.70098	1737.299	0.728127
29	5	16030.4902	2669.51	1.118829
30	6	16598.27941	1901.721	0.797038
31	7	17166.06863	1133.931	0.475247
32	8	17733.85784	366.1422	0.153455
33	9	18301.64706	-401.647	-0.16834
34	10	18869.43627	-1169.44	-0.49013
35	11	19437.22549	6762.775	2.834374
36	12	20005.01471	-2705.01	-1.13371
37	13	20572.80392	-1652.8	-0.69271
38	14	21140.59314	-1890.59	-0.79237
39	15	21708.38235	-148.382	-0.06219
40	16	22276.17157	-386.172	-0.16185
41	17	22843.96078	-173.961	-0.07291

11번째 관측치(2009년도)의 표준 잔차 2.834374가 이상값(이상치)이다. 11번째 관측치를 삭제하고 회귀분석을 다시 실시한다.

	A	B	C	D
	A12		f_x 2009	
1	연도	광고.홍보비	자동차 판매량	
2	1999	512	10456	
3	2000	565	12682	
4	2001	551	13800	
5	2002	663	17200	
6	2003	810	18700	
7	2004	850	18500	
8	2005	845	18300	
9	2006	960	18100	
10			17900	
11			17700	
12	2009	1875	26200	
13	잘라내기(T)	2146	17300	
14	복사(C)	2567	18920	
15	붙여넣기 옵션:	2888	19250	
16		3109	21560	
17	선택하여 붙여넣기(S)...	3830	21890	
18	삽입(I)	4281	22670	
19	삭제(D)			
20	내용 지우기(N)			
21				

3.1.3 회귀분석 재실시

① 이상값 삭제

이상값(2009년 값)을 삭제한 후 회귀분석을 다시 실시한다.

파일 이름: 단순 회귀분석_연도독립변수_이상값 삭제

연도	광고.홍보비	자동차 판매량
1999	512	10456
2000	565	12682
2001	551	13800
2002	663	17200
2003	810	18700
2004	850	18500
2005	845	18300
2006	960	18100
2007	1055	17900
2008	1250	17700
2010	2146	17300
2011	2567	18920
2012	2888	19250
2013	3109	21560
2014	3830	21890
2015	4281	22670

② 회귀분석 재실시

회귀분석 방법은 위에서 설명한 것과 동일하게 한다.

결정계수: 0.731466

결정계수가 0.731466이므로 회귀 방정식이 전체 관측치의 73.1466%를 설명하고 있다.

이상값을 삭제하기 전의 결정계수 0.590841에 비해서 매우 설명력이 높은 회귀 방정식이 되었다.

🖱 파일 이름: 단순 회귀분석_연도독립변수_이상값 삭제

	E	F	G	H	I	J	K	L	M
1	요약 출력								
2									
3	회귀분석 통계량								
4	다중 상관계수	0.855258							
5	결정계수	0.731466							
6	조정된 결정계수	0.712285							
7	표준 오차	1731.674							
8	관측수	16							
9									
10	분산 분석								
11		자유도	제곱합	제곱 평균	F 비	유의한 F			
12	회귀	1	1.14E+08	1.14E+08	38.13493	2.41E-05			
13	잔차	14	41981725	2998695					
14	계	15	1.56E+08						
15									
16		계수	표준 오차	t 통계량	P-값	하위 95%	상위 95%	하위 95.0%	상위 95.0%
17	Y 절편	-1050242	172954.4	-6.07237	2.88E-05	-1421192	-679292	-1421192	-679292
18	연도	532.1957	86.18067	6.175349	2.41E-05	347.3565	717.0348	347.3565	717.0348

더빈왓슨 검정은 어떤 용도로 사용될까?

더빈왓슨 검정으로 선형 회귀모형의 적합도를 판단할 수 있다.

- 선형 회귀분석 → 잔차 계산(잔차 = 관측값 − 예측값) → 잔차의 더빈왓슨 계산 →
  해석 → 잔차(오차항)에 자기 상관이 있으면 다른 모형(자기회귀 모형 등)을 탐색해야
  한다.

3.1.4 더빈왓슨 검정

① 더빈왓슨 계산 방법

이상값을 삭제하고 단순 회귀분석을 재실시한 결과에 이어서 설명한다.

회귀분석에서 관측된 독립변수들은 서로 독립적이라고 가정되나 이 가정을 위반하고 서로 상관되어 있는 현상을 자기회귀라고 한다.

📗 파일 이름: 단순 회귀분석_연도 독립변수_이상값 삭제 결과

	E	F	G	H
22	잔차 출력			
23				
24	관측수	예측치 자동차 판매량	잔차	표준 잔차
25	1	13616.95913	-3160.959133	-1.88945
26	2	14149.1548	-1467.154799	-0.87698
27	3	14681.35046	-881.3504644	-0.52682
28	4	15213.54613	1986.45387	1.187392
29	5	15745.7418	2954.258204	1.765891
30	6	16277.93746	2222.062539	1.328225
31	7	16810.13313	1489.866873	0.89056
32	8	17342.32879	757.6712074	0.452894
33	9	17874.52446	25.4755418	0.015228
34	10	18406.72012	-706.7201238	-0.42244
35	11	19471.11146	-2171.111455	-1.29777
36	12	20003.30712	-1083.307121	-0.64754
37	13	20535.50279	-1285.502786	-0.7684
38	14	21067.69845	492.301548	0.29427
39	15	21599.89412	290.1058824	0.173409
40	16	22132.08978	537.9102167	0.321533

스크롤 바를 내려서 잔차출력을 찾는다 →

E42에서 E44까지 SUMXMY2, SUMSQ, DURBIN WATSON이란 제목을 입력한다.

SUMXMY2(잔차 첫 번째를 제외하고 잔차 전체 범위, 잔차 맨 마지막 번째를 제외하고 잔차 전체 범위) = SUMXMY2(G26:G40, G25:G39)

F42		f_x	=SUMXMY2(G26:G40,G25:G39)	
	E	F	G	H	I
22	잔차 출력				
23					
24	관측수	예측치 자동차 판매량	잔차	표준 잔차	
25	1	13616.95913	-3160.96	-1.88945	
26	2	14149.1548	-1467.15	-0.87698	
27	3	14681.35046	-881.35	-0.52682	
28	4	15213.54613	1986.454	1.187392	
29	5	15745.7418	2954.258	1.765891	
30	6	16277.93746	2222.063	1.328225	
31	7	16810.13313	1489.867	0.89056	
32	8	17342.32879	757.6712	0.452894	
33	9	17874.52446	25.47554	0.015228	
34	10	18406.72012	-706.72	-0.42244	
35	11	19471.11146	-2171.11	-1.29777	
36	12	20003.30712	-1083.31	-0.64754	
37	13	20535.50279	-1285.5	-0.7684	
38	14	21067.69845	492.3015	0.29427	
39	15	21599.89412	290.1059	0.173409	
40	16	22132.08978	537.9102	0.321533	
41					
42	SUMXMY2	21685160.89			
43	SUMSQ				
44	DURBIN WATSON				

SUMSQ(잔차 전체 범위) = SUMSQ(G25:G40)

	F43	▾	f_x =SUMSQ(G25:G40)	
	E	F	G	H	I
22	잔차 출력				
23					
24	관측수	예측치 자동차 판매량	잔차	표준 잔차	
25	1	13616.95913	-3160.96	-1.88945	
26	2	14149.1548	-1467.15	-0.87698	
27	3	14681.35046	-881.35	-0.52682	
28	4	15213.54613	1986.454	1.187392	
29	5	15745.7418	2954.258	1.765891	
30	6	16277.93746	2222.063	1.328225	
31	7	16810.13313	1489.867	0.89056	
32	8	17342.32879	757.6712	0.452894	
33	9	17874.52446	25.47554	0.015228	
34	10	18406.72012	-706.72	-0.42244	
35	11	19471.11146	-2171.11	-1.29777	
36	12	20003.30712	-1083.31	-0.64754	
37	13	20535.50279	-1285.5	-0.7684	
38	14	21067.69845	492.3015	0.29427	
39	15	21599.89412	290.1059	0.173409	
40	16	22132.08978	537.9102	0.321533	
41					
42	SUMXMY2	21685160.89			
43	SUMSQ	41981724.54			
44	DURBIN WATSON				

DURBIN WATSON = SUMXMY2/SUMSQ

F44 = F42/F43

더빈왓슨 값: 0.516538116

	F44	▾	f_x =F42/F43	
	E	F	G	H	I
22	잔차 출력				
23					
24	관측수	예측치 자동차 판매량	잔차	표준 잔차	
25	1	13616.95913	-3160.96	-1.88945	
26	2	14149.1548	-1467.15	-0.87698	
27	3	14681.35046	-881.35	-0.52682	
28	4	15213.54613	1986.454	1.187392	
29	5	15745.7418	2954.258	1.765891	
30	6	16277.93746	2222.063	1.328225	
31	7	16810.13313	1489.867	0.89056	
32	8	17342.32879	757.6712	0.452894	
33	9	17874.52446	25.47554	0.015228	
34	10	18406.72012	-706.72	-0.42244	
35	11	19471.11146	-2171.11	-1.29777	
36	12	20003.30712	-1083.31	-0.64754	
37	13	20535.50279	-1285.5	-0.7684	
38	14	21067.69845	492.3015	0.29427	
39	15	21599.89412	290.1059	0.173409	
40	16	22132.08978	537.9102	0.321533	
41					
42	SUMXMY2	21685160.89			
43	SUMSQ	41981724.54			
44	DURBIN WATSON	0.516538116			

② 샘플 크기별 더빈왓슨 표

더빈왓슨 값의 해석은 샘플 크기에 따라서 독립변수의 수에 따라서 더빈왓슨 값 기준으로 해석할 수 있다.

☞ 샘플 수가 25개이고 독립 변수가 1개이면 유의수준 0.05를 기준으로 더빈왓슨 값이 1.29보다 작으면 오차항의 자기상관이 없다는 귀무가설을 기각한다. 즉, 오차항에 양의 자기상관이 있다.

☞ 더빈왓슨 값이 dL과 dU 사이이면 오차항에 자기상관이 있다 없다 결론 내릴 수 없다.

☞ 4 − dU(4 − 1.45 = 2.55)보다 크면 오차항의 자기상관이 없다는 귀무가설을 기각한다. 즉, 오차항에 음의 자기상관이 있다.

Critical Values of the Durbin-Watson Statistic

Sample Size	Probability in Lower Tail (Significance Level= α)	k = Number of Regressors (Excluding the Intercept)									
		1		2		3		4		5	
		d_L	d_U	d_L	d_U	d_L	d_U	d_L	d_U	d_L	d_U
15	.01	.81	1.07	.70	1.25	.59	1.46	.49	1.70	.39	1.96
	.025	.95	1.23	.83	1.40	.71	1.61	.59	1.84	.48	2.09
	.05	1.08	1.36	.95	1.54	.82	1.75	.69	1.97	.56	2.21
20	.01	.95	1.15	.86	1.27	.77	1.41	.63	1.57	.60	1.74
	.025	1.08	1.28	.99	1.41	.89	1.55	.79	1.70	.70	1.87
	.05	1.20	1.41	1.10	1.54	1.00	1.68	.90	1.83	.79	1.99
25	.01	1.05	1.21	.98	1.30	.90	1.41	.83	1.52	.75	1.65
	.025	1.13	1.34	1.10	1.43	1.02	1.54	.94	1.65	.86	1.77
	.05	1.29	1.45	1.21	1.55	1.12	1.66	1.04	1.77	.95	1.89
30	.01	1.13	1.26	1.07	1.34	1.01	1.42	.94	1.51	.88	1.61
	.025	1.25	1.38	1.18	1.46	1.12	1.54	1.05	1.63	.98	1.73
	.05	1.35	1.49	1.28	1.57	1.21	1.65	1.14	1.74	1.07	1.83
40	.01	1.25	1.34	1.20	1.40	1.15	1.46	1.10	1.52	1.05	1.58
	.025	1.35	1.45	1.30	1.51	1.25	1.57	1.20	1.63	1.15	1.69
	.05	1.44	1.54	1.39	1.60	1.34	1.66	1.29	1.72	1.23	1.79
50	.01	1.32	1.40	1.28	1.45	1.24	1.49	1.20	1.54	1.16	1.59
	.025	1.42	1.50	1.38	1.54	1.34	1.59	1.30	1.64	1.26	1.69
	.05	1.50	1.59	1.46	1.63	1.42	1.67	1.38	1.72	1.34	1.77
60	.01	1.38	1.45	1.35	1.48	1.32	1.52	1.28	1.56	1.25	1.60
	.025	1.47	1.54	1.44	1.57	1.40	1.61	1.37	1.65	1.33	1.69
	.05	1.55	1.62	1.51	1.65	1.48	1.69	1.44	1.73	1.41	1.77
80	.01	1.47	1.52	1.44	1.54	1.42	1.57	1.39	1.60	1.36	1.62
	.025	1.54	1.59	1.52	1.62	1.49	1.65	1.47	1.67	1.44	1.70
	.05	1.61	1.66	1.59	1.69	1.56	1.72	1.53	1.74	1.51	1.77
100	.01	1.52	1.56	1.50	1.58	1.48	1.60	1.45	1.63	1.44	1.65
	.025	1.59	1.63	1.57	1.65	1.55	1.67	1.53	1.70	1.51	1.72
	.05	1.65	1.69	1.63	1.72	1.61	1.74	1.59	1.76	1.57	1.78

③ Durbin-Watson의 값 해석

샘플 사이즈가 16개이고 독립변수가 1개이므로 유의수준 0.05를 기준으로 볼 때, 1.08보다 작으면 양의 자기상관이 있다고 볼 수 있다.

더빈왓슨 값이 0.516538116로 1.08보다 작으므로 양의 자기상관이 있다. 오차항에 자기상관이 존재할 경우, 이전 시간의 오차항이 미래의 오차항을 예측하는 데 도움을 준다는 의미가 된다. 이런 경우 선형 회귀분석보다는 자기회귀 모형을 실시한다. 자기회귀 모형은 Chapter 4에서 자세히 다룬다.

3.1.5 월·주·일 단위 시계열 자료의 회귀분석

① 추세

만약 연도별 자료가 아니라 분기별, 월별, 주별, 일별 자료는 어떻게 해야 할까? 계절성이 없고 추세만 있다면 앞에서 설명한 것과 동일한 방법으로 Time 변수를 독립변수로 설정해서 단순 회귀분석을 하면 된다.

⌘ 독립변수: TIME 변수
⌘ 종속변수: 자동차 판매량

🖱 파일 이름: 주별

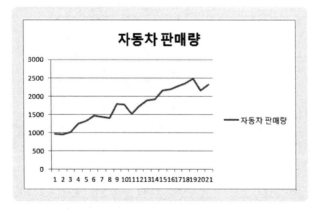

	A	B	C
1	TIME	주별	자동차 판매량
2	1	1	975
3	2	2	945
4	3	3	1023
5	4	4	1245
6	5	5	1324
7	6	6	1467
8	7	7	1430
9	8	8	1410
10	9	9	1790
11	10	10	1770
12	11	11	1520
13	12	12	1730
14	13	13	1892
15	14	14	1925
16	15	15	2156
17	16	16	2189
18	17	17	2267
19	18	18	2345
20	19	19	2478
21	20	20	2154
22	21	21	2320

Chapter 8 곡선추정 회귀분석(비선형 회귀분석)과 Chapter 10 지수평활법의 10.2 홀트 선형 지수평활법도 함께 실시한 후 MAE(MAD), MSE, MAPE, RMSE를 비교해서 결과 값이 적은 모형을 채택한다.

② 계절성

추세는 없고 계절성만 있는 경우는 어떻게 해야 할까?

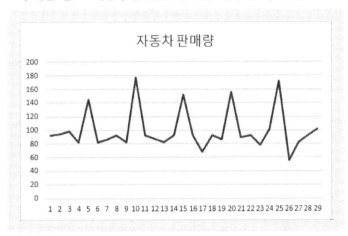

계절성만 있다면 더미변수를 만들어 더미변수 회귀분석을 실시한다. 더미변수 회귀분석은 Chapter 5의 5.1 계절성이 있지만 추세가 없는 경우의 설명을 참고한다.

🔖 파일 이름: 일별

	A	B	C	D	E	F	G
1	TIME	일별	자동차 판매량	월요일	화요일	수요일	목요일
2	1	1	92	1	0	0	0
3	2	2	94	0	1	0	0
4	3	3	98	0	0	1	0
5	4	4	82	0	0	0	1
6	5	5	145	0	0	0	0
7	6	6	82	1	0	0	0
8	7	7	86	0	1	0	0
9	8	8	92	0	0	1	0
10	9	9	82	0	0	0	1
11	10	10	177	0	0	0	0
12	11	11	92	1	0	0	0
13	12	12	87	0	1	0	0
14	13	13	82	0	0	1	0
15	14	14	92	0	0	0	1

⌘ 독립변수: 월요일, 화요일, 수요일, 목요일

⌘ 종속변수: 자동차 판매량

Chapter 10 지수평활법의 10.3 윈터스 가법도 함께 실시한 후 MAE(MAD), MSE, MAPE, RMSE를 비교해서 결과 값이 적은 모형을 채택한다.

③ 추세와 계절성

추세도 있고 계절성도 있다면 Time 변수와 더미변수를 만든 후 더미변수 회귀분석을 실시한다. Time 변수와 더미변수를 이용한 더미변수 회귀분석은 Chapter 5의 5.2 계절성도 있고 추세도 있는 경우의 설명을 참고한다.

🖲 파일 이름: 분기별

	A	B	C	D	E	F	G	H
1	TIME	연도	분기	자동차 판매량	분기1	분기2	분기3	TIME
2	1	2012	1	10456	1	0	0	1
3	2	2012	2	12682	0	1	0	2
4	3	2012	3	13800	0	0	1	3
5	4	2012	4	21478	0	0	0	4
6	5	2013	1	18700	1	0	0	5
7	6	2013	2	18500	0	1	0	6
8	7	2013	3	18300	0	0	1	7
9	8	2013	4	28345	0	0	0	8
10	9	2014	1	17900	1	0	0	9
11	10	2014	2	17700	0	1	0	10
12	11	2014	3	26200	0	0	1	11
13	12	2014	4	32825	0	0	0	12
14	13	2015	1	18920	1	0	0	13
15	14	2015	2	19250	0	1	0	14
16	15	2015	3	21560	0	0	1	15
17	16	2015	4	39672	0	0	0	16
18	17	2016	1	22670	1	0	0	17
19	18	2016	2	29345	0	1	0	18

⌘ 독립변수: 분기1, 분기2, 분기3, TIME

⌘ 종속변수: 자동차 판매량

Chapter 10 지수평활법의 10.4 윈터스 승법도 함께 실시한 후 MAE(MAD), MSE, MAPE, RMSE를 비교해서 결과 값이 적은 모형을 채택한다.

3.2 단순 회귀분석

3.2.1 회귀 방정식

앞에서는 독립변수가 연도인 경우로 단순 회귀분석을 실시했다. 만약 독립변수가 연도가 아니라 광고비 등이고 종속변수가 순이익 등인 경우는 어떻게 해야 할까? 분석 방법, 이상값 처리, 분석 결과 해석 모두 동일하다.

호텔 순이익과 매출액을 조사했다.

 파일 이름: 단순 회귀분석

	A	B	C
1	연도	순이익	매출액
2	2004	125	2300
3	2005	185	2550
4	2006		2600
5	2007	190	3200
6	2008	240	3400
7	2009	260	3450
8	2010	352	3640
9	2011	344	3720
10	2012	290	3190
11	2013	340	4170
12	2014	360	4250
13	2015	300	4640

주의 엑셀에서는 왼쪽에 있는 변수가 X축(종속변수)으로 오른쪽에 있는 변수가 Y축(종속변수)으로 산점도를 만든다. 따라서 산점도를 만들 경우 변수 위치를 바꾼다.

	A	B	C
1	Index(삭제)	X 축	Y 축
2			
3			
4			
5			

① 회귀분석 실시

데이터 → 데이터분석 → 회귀분석 → 확인

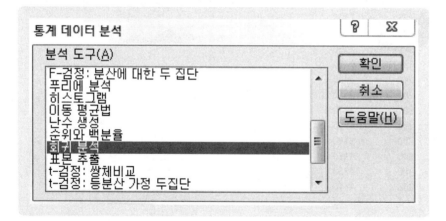

❏ Y축 입력 범위: B1:B18(순이익)

❏ X축 입력 범위: C1:C13(매출액)

❏ 이름표

❏ 출력 옵션: D1

❏ 잔차, 표준잔차

	A	B	C	D	E	F	G	H	I
1	연도	순이익	매출액						
2	2004	125	2300						
3	2005	185	2550						
4	2006	163	2600						
5	2007	190	3200						
6	2008	240	3400						
7	2009	260	3450						
8	2010	352	3640						
9	2011	344	3720						
10	2012	290	3190						
11	2013	340	4170						
12	2014	360	4250						
13	2015	300	4640						
14									
15									
16									
17									

회귀 분석

입력
- Y축 입력 범위(Y): $B$1:$B$13
- X축 입력 범위(X): $C$1:$C$13
- ☑ 이름표(L)　　☐ 상수에 0을 사용(Z)
- ☐ 신뢰 수준(F)　　95　%

출력 옵션
- ◉ 출력 범위(O): $D$1
- ○ 새로운 워크시트(P):
- ○ 새로운 통합 문서(W)

잔차
- ☑ 잔차(R)　　☐ 잔차도(D)
- ☑ 표준 잔차(T)　　☐ 선적합도(I)

정규 확률
- ☐ 정규 확률도(N)

[확인] [취소] [도움말(H)]

🖱 확인

	D	E	F	G	H	I	J	K	L
1	요약 출력								
2									
3	회귀분석 통계량								
4	다중 상관z	0.843359							
5	결정계수	0.711254							
6	조정된 결z	0.68238							
7	표준 오차	45.88261							
8	관측수	12							
9									
10	분산 분석								
11		자유도	제곱합	제곱 평균	F 비	유의한 F			
12	회귀	1	51856.78	51856.78	24.63255	0.000567			
13	잔차	10	21052.14	2105.214					
14	계	11	72908.92						
15									
16		계수	표준 오차	t 통계량	P-값	하위 95%	상위 95%	하위 95.0%	상위 95.0%
17	Y 절편	-65.3795	67.36143	-0.97058	0.354649	-215.47	84.71113	-215.47	84.71113
18	매출액	0.095684	0.019279	4.963119	0.000567	0.052727	0.13864	0.052727	0.13864

② 결정계수 및 분산분석 해석

⌘ 결정계수: 0.711254

회귀 방정식이 전체 자료의 71.1254%를 설명하고 있다.

⌘ 분산분석 유의한 F: 0.000567

유의확률이 0.000567로 유의수준 0.05보다 작기 때문에 회귀 방정식이 곡선이라는 귀무가설을 기각한다. 즉, 회귀 방정식은 직선이며, 통계적으로 유의미하다.

종속변수 = 기울기(계수) X 독립변수 + Y 절편(상수)

순이익 = 0.095684 X 매출액 + (−65.3795)

③ 이상값 확인

• 표준 잔차

▲	D	E	F	G
22	잔차 출력			
23				
24	관측수	예측치 순이익	잔차	표준 잔차
25	1	154.6928501	-29.6929	-0.678734804
26	2	178.6137568	6.386243	0.145980109
27	3	183.3979382	-20.3979	-0.466266812
28	4	240.8081143	-50.8081	-1.16139863
29	5	259.9448396	-19.9448	-0.455909647
30	6	264.729021	-4.72902	-0.108098452
31	7	282.9089101	69.09109	1.579320515
32	8	290.5636002	53.4364	1.221477364
33	9	239.851278	50.14872	1.146325894
34	10	333.6212323	6.378768	0.145809231
35	11	341.2759224	18.72408	0.428004824
36	12	378.5925369	-78.5925	-1.796509593

표준 잔차 2.5~3 이상인 관측치가 없다. 표준 잔차가 2.5~3 이상이면 이상값(이상치)이다. 이상값은 삭제하거나 가까운 값의 평균, 가까운 월별 평균 등으로 대체한 후 회귀분석을 다시 실시한다.

④ 더빈왓슨 검정

커서를 E38에 놓는다.

SUMXMY2(맨 앞 잔차 제외, 맨 뒤 잔차 제외)

E38 = SUMXMY2(F26:F36:F25:F35)

🖱 파일 이름: 단순 회귀분석_ 결과

	E38		f_x	=SUMXMY2(F26:F36,F25:F35)
	D	E	F	G
22	잔차 출력			
23				
24	관측수	예측치 순이익	잔차	표준 잔차
25	1	154.6928501	-29.6929	-0.678734804
26	2	178.6137568	6.386243	0.145980109
27	3	183.3979382	-20.3979	-0.466266812
28	4	240.8081143	-50.8081	-1.16139863
29	5	259.9448396	-19.9448	-0.455909647
30	6	264.729021	-4.72902	-0.108098452
31	7	282.9089101	69.09109	1.579320515
32	8	290.5636002	53.4364	1.221477364
33	9	239.851278	50.14872	1.146325894
34	10	333.6212323	6.378768	0.145809231
35	11	341.2759224	18.72408	0.428004824
36	12	378.5925369	-78.5925	-1.796509593
37				
38	SUMXMY2	21371.96096		
39	SUMSQ			
40	DURBIN WATSON			

커서를 E39에 놓는다.

SUMSQ(잔차 전체)

E39 = SUMSQ(F25:F36)

	E39		f_x	=SUMSQ(F25:F36)
	D	E	F	G
22	잔차 출력			
23				
24	관측수	예측치 순이익	잔차	표준 잔차
25	1	154.6928501	-29.6929	-0.678734804
26	2	178.6137568	6.386243	0.145980109
27	3	183.3979382	-20.3979	-0.466266812
28	4	240.8081143	-50.8081	-1.16139863
29	5	259.9448396	-19.9448	-0.455909647
30	6	264.729021	-4.72902	-0.108098452
31	7	282.9089101	69.09109	1.579320515
32	8	290.5636002	53.4364	1.221477364
33	9	239.851278	50.14872	1.146325894
34	10	333.6212323	6.378768	0.145809231
35	11	341.2759224	18.72408	0.428004824
36	12	378.5925369	-78.5925	-1.796509593
37				
38	SUMXMY2	21371.96096		
39	SUMSQ	21052.13854		
40	DURBIN WATSON			

커서를 E40에 놓는다.

더빈왓슨 = SUMXMY2/SUMSQ)

E40 = E38/E39

	E40		f_x	=E38/E39
	D	E	F	G
22	잔차 출력			
23				
24	관측수	예측치 순이익	잔차	표준 잔차
25	1	154.6928501	-29.6929	-0.678734804
26	2	178.6137568	6.386243	0.145980109
27	3	183.3979382	-20.3979	-0.466266812
28	4	240.8081143	-50.8081	-1.16139863
29	5	259.9448396	-19.9448	-0.455909647
30	6	264.729021	-4.72902	-0.108098452
31	7	282.9089101	69.09109	1.579320515
32	8	290.5636002	53.4364	1.221477364
33	9	239.851278	50.14872	1.146325894
34	10	333.6212323	6.378768	0.145809231
35	11	341.2759224	18.72408	0.428004824
36	12	378.5925369	-78.5925	-1.796509593
37				
38	SUMXMY2	21371.96096		
39	SUMSQ	21052.13854		
40	DURBIN WATSON	1.015191921		

더빈왓슨 값: 1.015191921

관측 수가 12개이며 독립변수가 하나이면서 유의확률 0.05 기준으로 dL(1.08)보다 작기 때문에 잔차(오차창)에 자기상관이 없다는 귀무가설을 기각한다. 즉 양의 자기상관이 있다. 따라서 선형 회귀분석보다는 자기회귀 모형을 실시해야 한다. 그러나 여기서는 계속해서 선형 회귀분석을 이용한 미래 예측까지 연이어서 설명하고자 한다.

더빈왓슨 값 해석은 Chapter 3 회귀분석의 3.1.3 더빈왓슨 검정과 Chapter 15의 15.2 잔차의 자기상관을 참고한다.

Critical Values of the Durbin-Watson Statistic

Sample Size	Probability in Lower Tail (Significance Level= α)	k = Number of Regressors (Excluding the Intercept)									
		1		2		3		4		5	
		d_L	d_U	d_L	d_U	d_L	d_U	d_L	d_U	d_L	d_U
15	.01	.81	1.07	.70	1.25	.59	1.46	.49	1.70	.39	1.96
	.025	.95	1.23	.83	1.40	.71	1.61	.59	1.84	.48	2.09
	.05	1.08	1.36	.95	1.54	.82	1.75	.69	1.97	.56	2.21
20	.01	.95	1.15	.86	1.27	.77	1.41	.63	1.57	.60	1.74
	.025	1.08	1.28	.99	1.41	.89	1.55	.79	1.70	.70	1.87
	.05	1.20	1.41	1.10	1.54	1.00	1.68	.90	1.83	.79	1.99
25	.01	1.05	1.21	.98	1.30	.90	1.41	.83	1.52	.75	1.65
	.025	1.13	1.34	1.10	1.43	1.02	1.54	.94	1.65	.86	1.77
	.05	1.29	1.45	1.21	1.55	1.12	1.66	1.04	1.77	.95	1.89
30	.01	1.13	1.26	1.07	1.34	1.01	1.42	.94	1.51	.88	1.61
	.025	1.25	1.38	1.18	1.46	1.12	1.54	1.05	1.63	.98	1.73
	.05	1.35	1.49	1.28	1.57	1.21	1.65	1.14	1.74	1.07	1.83

3.2.2 미래 예측

2016년 매출액이 25% 증가하면 2016년 순이익은 얼마가 될까?
커서를 C14에 놓는다. → C14 = C13*1.25 (25% 증가)

 파일 이름: 단순 회귀분석_결과

	C14		f_x	=C13*1.25	
	A	B	C	D	E
1	연도	순이익	매출액	요약 출력	
2	2004	125	2300		
3	2005	185	2550	회귀분석 통계량	
4	2006	163	2600	다중 상관계수	0.84335892
5	2007	190	3200	결정계수	0.711254268
6	2008	240	3400	조정된 결정계수	0.682379694
7	2009	260	3450	표준 오차	45.88260949
8	2010	352	3640	관측수	12
9	2011	344	3720		
10	2012	290	3190	분산 분석	
11	2013	340	4170		자유도
12	2014	360	4250	회귀	1
13	2015	300	4640	잔차	10
14	2016		5800	계	11

커서를 B14에 놓는다.
2016년 매출액 = 계수 X 매출액 25% 증가 + 절편
= 0.095684 X C14 + (−65.3795) = 489.59

정확한 계산을 위해서 셀 주소를 입력한다.
B14 = E18*C14 + E17
2016년 순이익은 489.59이다.

	B14		f_x	=0.095684*C14+ (-65.3795)	
	A	B	C	D	E
1	연도	순이익	매출액	요약 출력	
2	2004	125	2300		
3	2005	185	2550	회귀분석 통계량	
4	2006	163	2600	다중 상관계수	0.84335892
5	2007	190	3200	결정계수	0.711254268
6	2008	240	3400	조정된 결정계수	0.682379694
7	2009	260	3450	표준 오차	45.88260949
8	2010	352	3640	관측수	12
9	2011	344	3720		
10	2012	290	3190	분산 분석	
11	2013	340	4170		자유도
12	2014	360	4250	회귀	1
13	2015	300	4640	잔차	10
14	2016	489.588	5800	계	11

3.3 함수로 회귀 방정식 찾기

지금까지 메뉴를 선택해서 회귀 방정식을 찾았다. 엑셀에서는 Slope, Linest, Intercept 함수를 이용해서도 회귀 방정식을 찾을 수 있다.

1996년부터 2015년까지 자동차 판매량과 순이익을 조사했다.

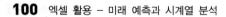 파일 이름: 단순 회귀분석_연도독립변수_함수

	A	B	C
1	연도	광고.홍보비	자동차 판매량
2	1999	512	10456
3	2000	565	12682
4	2001	551	13800
5	2002	663	17200
6	2003	810	18700
7	2004	850	18500
8	2005	845	18300
9	2006	960	18100
10	2007	1055	17900
11	2008	1250	17700
12	2009	1875	26200
13	2010	2146	17300
14	2011	2567	18920
15	2012	2888	19250
16	2013	3109	21560
17	2014	3830	21890
18	2015	4281	22670

커서를 E1에 놓고 SLOPE(기울기)라고 입력한다.
커서를 E2에 놓고 INTERCEPT(Y 절편)라고 입력한다.

🖱 파일 이름: 단순 회귀분석_연도 독립변수_함수

	A	B	C	D	E
1	연도	광고.홍보비	자동차 판매량		SLOPE(기울기)
2	1999	512	10456		INTERCEPT(Y 절편)
3	2000	565	12682		
4	2001	551	13800		
5	2002	663	17200		
6	2003	810	18700		
7	2004	850	18500		
8	2005	845	18300		
9	2006	960	18100		
10	2007	1055	17900		
11	2008	1250	17700		
12	2009	1875	26200		
13	2010	2146	17300		
14	2011	2567	18920		
15	2012	2888	19250		
16	2013	3109	21560		
17	2014	3830	21890		
18	2015	4281	22670		

3.3.1 SLOPE(회귀계수)

F1에 커서를 놓는다.

함수 삽입 → SLOPE → 검색

함수 마법사

함수 검색(S):

SLOPE   검색(G)

범주 선택(C): 권장

함수 선택(N):

SLOPE
LINEST
INTERCEPT

SLOPE(known_y's,known_x's)
선형 회귀선의 기울기를 구합니다.

도움말   확인   취소

👆 확인

⌘ Known Y's: 자동차 판매량(C2:C18)

⌘ Known X's: 연도(A2:A18)

확인 → 결과

	A	B	C	D	E	F
F1			f_x	=SLOPE(C2:C18,A2:A18)		
1	연도	광고.홍보비	자동차 판매량		SLOPE(기울기)	567.7892
2	1999	512	10456		INTERCEPT(Y 절편)	
3	2000	565	12682			
4	2001	551	13800			
5	2002	663	17200			
6	2003	810	18700			
7	2004	850	18500			
8	2005	845	18300			
9	2006	960	18100			
10	2007	1055	17900			
11	2008	1250	17700			
12	2009	1875	26200			
13	2010	2146	17300			
14	2011	2567	18920			
15	2012	2888	19250			
16	2013	3109	21560			
17	2014	3830	21890			
18	2015	4281	22670			

3.3.2 LINEST(회귀계수)

LINEST 함수로 SLOPE와 동일한 결과를 얻을 수 있다.

커서를 G1에 놓는다. → 함수 삽입 → LINEST 검색 → 확인

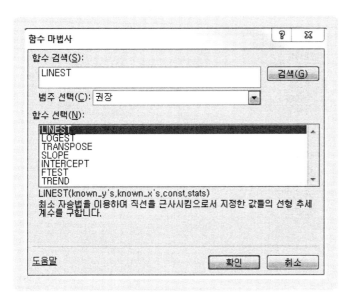

⌘ Known Y's: C2:C18(자동차 판매량)

⌘ Known X's: A2:A18(연도)

함수 인수

LINEST

Known_y's	C2:C18	=	{10456;12682;13800;17200;18700;1...
Known_x's	A2:A18	=	{1999;2000;2001;2002;2003;2004;20...
Const		=	논리
Stats		=	논리

= {567,789215686274,–1121251,30882,...

최소 자승법을 이용하여 직선을 근사시킴으로서 지정한 값들의 선형 추세 계수를 구합니다.

Known_y's 은(는) y = mx + b 식에서 이미 알고 있는 y 값의 집합입니다.

수식 결과= 567.7892157

도움말(H)   확인   취소

확인 → 결과

	G1	▼	*f*ₓ	=LINEST(C2:C18,A2:A18)		
	A	B	C	D	E	F	G
1	연도	광고.홍보비	자동차 판매량		SLOPE(기울기)	567.7892	567.7892
2	1999	512	10456		INTERCEPT(Y 절편)	-1121251	
3	2000	565	12682				
4	2001	551	13800				
5	2002	663	17200				
6	2003	810	18700				
7	2004	850	18500				
8	2005	845	18300				
9	2006	960	18100				
10	2007	1055	17900				
11	2008	1250	17700				
12	2009	1875	26200				
13	2010	2146	17300				
14	2011	2567	18920				
15	2012	2888	19250				
16	2013	3109	21560				
17	2014	3830	21890				
18	2015	4281	22670				

3.3.3 INTERCEPT(Y 절편)

커서를 F2에 놓는다. → 함수 삽입 → INTERCEPT → 검색

```
함수 마법사                                    ?  ☒

함수 검색(S):

INTERCEPT                              검색(G)

범주 선택(C): 권장                          ▼

함수 선택(N):

INTERCEPT
LINEST
SLOPE
LOGEST


INTERCEPT(known_y's,known_x's)
주어진 x와 y 값에 의거한 선형 회귀선의 y 절편을 구합니다.



도움말                            확인      취소
```

🖱 확인

```
함수 인수                                    ?  ☒

INTERCEPT
        Known_y's  C2:C18          = {10456;12682;13800;17200;18700;1...
        Known_x's  A2:A18          = {1999;2000;2001;2002;2003;2004;20...
                                    = -1121251.309
주어진 x와 y 값에 의거한 선형 회귀선의 y 절편을 구합니다.
            Known_y's 은(는) 관측의 종속 데이터 배열 또는 범위입니다. 범위는 숫자, 이름,
                       숫자가 들어 있는 배열이나 참조가 될 수 있습니다.


수식 결과= -1121251.309
도움말(H)                           확인      취소
```

Y 절편: -1121251

⌘ Known_Y's: C2:C18(자동차 판매량)
⌘ Known_X's: A2:A18(연도)

	A	B	C	D	E	F
	F2	▼	f_x	=INTERCEPT(C2:C18,A2:A18)		
1	연도	광고.홍보비	자동차 판매량		SLOPE(기울기)	567.7892
2	1999	512	10456		INTERCEPT(Y 절편)	-1121251
3	2000	565	12682			
4	2001	551	13800			
5	2002	663	17200			
6	2003	810	18700			
7	2004	850	18500			
8	2005	845	18300			
9	2006	960	18100			
10	2007	1055	17900			
11	2008	1250	17700			
12	2009	1875	26200			
13	2010	2146	17300			
14	2011	2567	18920			
15	2012	2888	19250			
16	2013	3109	21560			
17	2014	3830	21890			
18	2015	4281	22670			

⌘ 회귀 방정식

종속변수 = 기울기(계수) X 독립변수 + Y 절편(상수)

자동차 판매량 = 기울기 X 연도 + Y 절편

자동차 판매량 = 567.7892 X 연도 + (−1121251)

예 2020년 자동차 판매량 = 567.7892 X 2020 + (−1121251)

결정계수(R 제곱)를 구하는 방법은 Chapter 15의 예측 정확도 및 최적 모형 선택의 15.3 R SQUARE(결정계수) 내용을 참고한다.

3.4 중다 회귀분석

중다 회귀분석은 다중회귀분석이라고도 한다. 독립변수가 2개 이상일 경우 중다 회귀분석을 실시한다. 즉, 단순 회귀분석은 종속변수를 설명하기 위해서 하나의 독립변수를 고려하였다면, 중다 회귀분석은 독립변수를 여러 개 고려하는 경우다.

중다 회귀분석은 매우 다양하게 쓰이고 있다.

- 은행 고객수, 신규 계좌 개설 수가 은행 순이익에 미치는 영향

- 전자제품 제조회사의 광고비, 판매촉진비, 직원 교육비가 매출액에 미치는 영향

- 핸드폰 광고.홍보비, 제품 개발비, 지점 수, 마케팅 교육비가 핸드폰 판매량에 미치는 영향

- 공항 이용객 수, 외국인관광객 수가 호텔 매출에 미치는 영향

- 호텔 객실요금, 환율, 국제회의 개최건수가 컨벤션 기획업체 순이익에 미치는 영향

- 유가, 환율, 공항 이용객 수가 항공사 순이익에 미치는 영향

- 외국인관광객 수, 항공 노선 수, 의료기관 수가 의료관광객 수 증가에 미치는 영향

3.4.1 회귀 방정식

① 중다 회귀분석 순서

변수 위치 정리(독립변수끼리 정리) → 상관관계분석 → 중다 회귀분석 → 이상값 유무 확인 → 이상값 제거 → 중다 회귀분석 → 분산분석의 유의한 F값 해석 → 독립변수별 P-값 해석 → 잔차의 자기상관 확인

② 변수들의 나열 방법

⭐주의 독립변수가 중간에 끊어짐 없이 나열하도록 배열한다. 중간에 종속변수가 있다면 종속변수의 위치를 맨 왼쪽 또는 맨 오른쪽으로 이동시킨다.

- 잘못 배치한 경우

Index	독립변수	종속변수	독립변수	독립변수	독립변수

- 분석 가능한 배치(맨 왼쪽)

Index	종속변수	독립변수	독립변수	독립변수	독립변수

- 분석 가능한 배치(맨 오른쪽)

Index	독립변수	독립변수	독립변수	독립변수	종속변수

2004년부터 2015년까지 호텔 순이익, 매출액, 투숙객 수, 항공노선수, 외국인 입국자수를 조사했다.

🖱 파일 이름: 중다 회귀분석

	A	B	C	D	E	F
1	연도	순이익	매출액	투숙객 수	항공노선수	외국인 입국자수
2	2004	125	2300	250	45	1650
3	2005	185	2550	260	54	1750
4	2006	163	2600	270	58	1520
5	2007	190	3200	250	62	1770
6	2008	240	3400	235	58	2100
7	2009	260	3450	285	54	2230
8	2010	352	3640	285	68	2890
9	2011	344	3720	295	69	2490
10	2012	290	3190	310	72	2212
11	2013	340	4170	300	78	2890
12	2014	360	4250	360	89	2800
13	2015	300	4640	410	92	2980

③ 상관분석

데이터 → 데이터분석 → 상관분석 → 확인

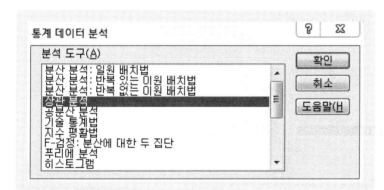

⌘ 입력범위: B1:F13(연도 변수는 제외)

⌘ 데이터 방향: 열

⌘ 첫째 열 이름표 사용

⌘ 출력 옵션: G1

확인 → 결과

▲	G	H	I	J	K	L
1		순이익	매출액	투숙객 수	항공노선수	외국인 입국자수
2	순이익	1				
3	매출액	0.843359	1			
4	투숙객 수	0.595448	0.774447	1		
5	항공노선수	0.766182	0.890705	0.886547444	1	
6	외국인 입국자수	0.921937	0.920838	0.721797811	0.819301029	1

순이익과 상관관계가 가장 높은 변수는 외국인 입국자수(0.921937)이다.

상관관계 해석은 Chapter 15의 15.3 결정계수에 있는 설명을 참고한다.

④ 회귀분석 실시

데이터 → 데이터분석 → 회귀분석 → 확인

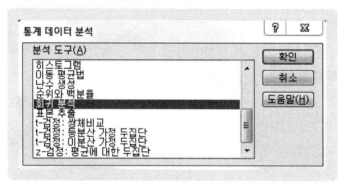

⌘ Y축 입력: 종속변수 (B1:B13)

⌘ X축 입력: 독립변수 모두 선택 (C1:F13)

독립변수가 여러 개이므로, 결과에서 구분하기 쉽도록 변수 이름까지 모두 선택하고 "이름표" 체크

⌘ 이름표

⌘ 출력 옵션: G8

⌘ 잔차, 표준잔차

회귀 분석

입력
Y축 입력 범위(Y): $B$1:$B$13
X축 입력 범위(X): $C$1:$F$13
☑ 이름표(L) ☐ 상수에 0을 사용(Z)
☐ 신뢰 수준(F) 95 %

출력 옵션
◉ 출력 범위(O): $G$8
○ 새로운 워크시트(P):
○ 새로운 통합 문서(W)
잔차
☑ 잔차(R) ☐ 잔차도(D)
☑ 표준 잔차(T) ☐ 선적합도(I)
정규 확률
☐ 정규 확률도(N)

확인
취소
도움말(H)

확인 → 결과

	G	H	I	J	K	L	M	N	O
8	요약 출력								
9									
10	회귀분석 통계량								
11	다중 상관계수	0.939329							
12	결정계수	0.882339							
13	조정된 결정계수	0.815103							
14	표준 오차	35.00729							
15	관측수	12							
16									
17	분산 분석								
18		자유도	제곱합	제곱 평균	F 비	유의한 F			
19	회귀	4	64330.35	16082.58664	13.12317844	0.002284286			
20	잔차	7	8578.57	1225.510017					
21	계	11	72908.92						
22									
23		계수	표준 오차	t 통계량	P-값	하위 95%	상위 95%	하위 95.0%	상위 95.0%
24	Y 절편	-2.47466	66.72785	-0.03708579	0.971452052	-160.2609486	155.3116	-160.261	155.3116
25	매출액	-0.01767	0.047763	-0.36987449	0.722412703	-0.13060829	0.095276	-0.13061	0.095276
26	투숙객 수	-0.62364	0.459603	-1.35690168	0.21694043	-1.710423881	0.463152	-1.71042	0.463152
27	항공노선수	2.497071	2.219353	1.125134819	0.297625857	-2.750864572	7.745007	-2.75086	7.745007
28	외국인 입국자수	0.150237	0.051034	2.943853717	0.021594639	0.029560444	0.270913	0.02956	0.270913

⑤ 중다 회귀분석 해석 방법

⌘ 분산분석

분산분석의 유의한 F 값이 0.002284286이므로 유의수준 0.05보다 작기 때문에 회귀 방정식이 곡선이라는 귀무가설을 기각한다. 즉, 회귀 방정식은 직선이며, 통계적으로 유의미하다.

만약 분산분석의 유의한 값이 유의수준 0.05보다 크면 비선형 회귀분석, 윈터스 승법 등 시계열 분석을 실시한다.

⌘ 결정계수(R SQUARE)

결정계수는 회귀 방정식의 자료 설명력을 의미한다. 독립변수가 여러 개이므로 조정된 결정계수로 모형의 설명력을 판단할 수 있다. 결정계수가 0.882338533이므로 회귀 방정식은 전체 자료의 88.2338533%를 설명하고 있다.

⌘ 회귀 방정식

종속변수 = 계수 X 독립변수 1 + 계수 X 독립변수 2 + 계수 X 독립변수 3 + 계수 X 독립변수 4 + Y 절편

호텔 순이익 = (-0.01767) X 매출액 + (-0.62364) X 투숙객 수 + 2.497071 X 항공노선수 + 0.150237 X 외국인 입국자수 + (-2.47466)

⌘ 이상값 확인

표준잔차가 2.5~3 이상이면 이상값으로 분류한다.

	G	H	I	J
32	잔차 출력			
33				
34	관측수	예측치 순이익	잔차	표준 잔차
35	1	161.2427698	-36.2428	-1.29780747
36	2	188.0871471	-3.08715	-0.11054681
37	3	156.4012743	6.598726	0.236291971
38	4	205.8216712	-15.8217	-0.56655392
39	5	251.2328173	-11.2328	-0.40223289
40	6	228.7102136	31.28979	1.120447441
41	7	359.4689372	-7.46894	-0.26745314
42	8	294.2215909	49.77841	1.782501494
43	9	259.955594	30.04441	1.075851951
44	10	365.7219346	-25.7219	-0.92106975
45	11	340.8369389	19.16306	0.686204836
46	12	337.2991112	-37.2991	-1.33563371

표준잔차 중에 2.5 이상이 없다. 즉, 이상값(이상치)이 없다. 만약 이상값이 있으면 가까운 값들의 평균으로 대체하거나 삭제하고 회귀분석을 다시 실시한다. 이상값을 삭제하거나 평균으로 대체하고 회귀분석을 다시 실시하는 방법은 Chapter 3의 3.1.1 연 단위 시계열 자료의 회귀분석에서 설명한 자료를 참고한다.

3.4.2 미래 예측

3.4.2.1 미래의 조건

만약 2016년의 매출액과 투숙객 수가 2015년보다 15% 증가하고, 항공노선수는 그대로, 외국인 입국자수는 10% 증가시키면 2016년의 순이익은 얼마가 될까?

커서를 C14에 놓는다.
2016년 매출액 = 2015년 매출액 X 1.15 (15% 증가)
C14 = C13*1.15 (15% 증가)

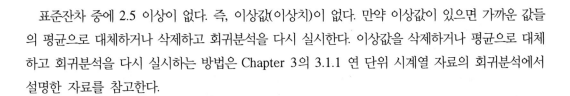

	C14	▼	f_x	=C13*1.15	
▲	A	B	C	D	E	F
1	연도	순이익	매출액	투숙객 수	항공노선수	외국인 입국자수
2	2004	125	2300	250	45	1650
3	2005	185	2550	260	54	1750
4	2006	163	2600	270	58	1520
5	2007	190	3200	250	62	1770
6	2008	240	3400	235	58	2100
7	2009	260	3450	285	54	2230
8	2010	352	3640	285	68	2890
9	2011	344	3720	295	69	2490
10	2012	290	3190	310	72	2212
11	2013	340	4170	300	78	2890
12	2014	360	4250	360	89	2800
13	2015	300	4640	410	92	2980
14	2016		5336			

커서를 E14에 놓는다. → 항공노선수는 2015년과 변화가 없으므로 값을 그대로 옮긴다.
E14 = E13

	E14		▼	f_x	=E13	
◢	A	B	C	D	E	F
1	연도	순이익	매출액	투숙객 수	항공노선수	외국인 입국자수
2	2004	125	2300	250	45	1650
3	2005	185	2550	260	54	1750
4	2006	163	2600	270	58	1520
5	2007	190	3200	250	62	1770
6	2008	240	3400	235	58	2100
7	2009	260	3450	285	54	2230
8	2010	352	3640	285	68	2890
9	2011	344	3720	295	69	2490
10	2012	290	3190	310	72	2212
11	2013	340	4170	300	78	2890
12	2014	360	4250	360	89	2800
13	2015	300	4640	410	92	2980
14	2016		5336	471.5	92	

커서를 F14에 놓는다. → 2016년 외국인 입국자수 = 2015년 외국인 입국자수 X 1.1 (10% 증가)

F14 = F13*1.1 (10% 증가)

	F14		▼	f_x	=F13*1.1	
◢	A	B	C	D	E	F
1	연도	순이익	매출액	투숙객 수	항공노선수	외국인 입국자수
2	2004	125	2300	250	45	1650
3	2005	185	2550	260	54	1750
4	2006	163	2600	270	58	1520
5	2007	190	3200	250	62	1770
6	2008	240	3400	235	58	2100
7	2009	260	3450	285	54	2230
8	2010	352	3640	285	68	2890
9	2011	344	3720	295	69	2490
10	2012	290	3190	310	72	2212
11	2013	340	4170	300	78	2890
12	2014	360	4250	360	89	2800
13	2015	300	4640	410	92	2980
14	2016		5336	471.5	92	3278

3.4.2.2 미래 예측

커서를 B14에 놓는다.

⌘ 2015년보다 매출액과 투숙객 수가 각각 15% 증가하고, 항공노선수는 변화가 없고, 외국인 입국자수가 10% 증가할 것으로 가정한 2016년 순이익 예측

B14 = (−0.01767)*C14+(−0.62364)*D14+2.497071*E14+0.150237*F14+(−2.47466)

⌘ 계수 값을 직접 입력해서 계산한 2016년 순이익: 331.399

소수점 7 이하도 포함한 정확한 계산을 위해서 셀 주소를 입력한다.

B14 = H25*C14+H26*D14+H27*E14+H28*F14+H24

셀 주소로 계산한 2016년 순이익은 331.420이다.

	B14	▼	fx	=(-0.01767)*C14+(-0.62364)*D14+2.497071*E14+0.150237*F14+(-2.47466)							
	A	B	C	D	E	F	G	H	I	J	K	L
1	연도	순이익	매출액	투숙객 수	항공노선 수	외국인 입국자수		순이익	매출액	투숙객 수	항공노선수	외국인 입국자수
2	2004	125	2300	250	45	1650	순이익	1				
3	2005	185	2550	260	54	1750	매출액	0.84335892	1			
4	2006	163	2600	270	58	1520	투숙객 수	0.595447833	0.774447	1		
5	2007	190	3200	250	62	1770	항공노선수	0.766181752	0.890705	0.886547444	1	
6	2008	240	3400	235	58	2100	외국인 입국자수	0.921937389	0.920838	0.721797811	0.819301029	1
7	2009	260	3450	285	54	2230						
8	2010	352	3640	285	68	2890	요약 출력					
9	2011	344	3720	295	69	2490						
10	2012	290	3190	310	72	2212	회귀분석 통계량					
11	2013	340	4170	300	78	2890	다중 상관계수	0.939328767				
12	2014	360	4250	360	89	2800	결정계수	0.882338533				
13	2015	300	4640	410	92	2980	조정된 결정계수	0.815103408				
14	2016	331.399	5336	471.5	92	3278	표준 오차	35.0072852				
15							관측수	12				
16												
17							분산 분석					
18								자유도	제곱합	제곱 평균	F 비	유의한 F
19							회귀	4	64330.35	16082.58664	13.12317844	0.002284286
20							잔차	7	8578.57	1225.510017		
21							계	11	72908.92			
22												
23								계수	표준 오차	t 통계량	P-값	하위 95%
24							Y 절편	-2.474655234	66.72785	-0.03708579	0.971452052	-160.2609486
25							매출액	-0.017666373	0.047763	-0.36987449	0.722412703	-0.13060829
26							투숙객 수	-0.623635865	0.459603	-1.35690168	0.21694043	-1.710423881
27							항공노선수	2.497071321	2.219353	1.125134819	0.297625857	-2.750864572
28							외국인 입국자수	0.150236873	0.051034	2.943853717	0.021594639	0.029560444

미래 예측과 시계열 분석

04

CHAPTER

자기회귀 모형

04 자기회귀 모형

꾸준히 증가하는 자료라면 선형 회귀분석이 적합하다. 자기회귀 모형은 증가와 감소를 반복하는 시계열 자료의 분석에 적합하다.

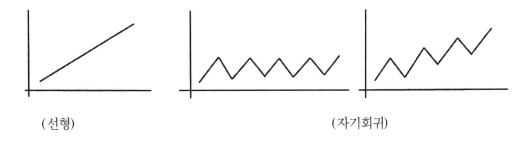

(선형)　　　　　　　　　　　　　　　　　(자기회귀)

추세는 없고 계절성만 있으면 First Order Autoregressive Model, 윈터스 가법 등을 고려하며 증감을 반복하면서 추세가 있으면 Second Order Autoregressive Model, 윈터스 승법 등을 고려해 본다.

자기회귀 모형이 적합한 기업은 어떤 종류가 있을까?

- 성수기와 비수기가 반복되는 호텔

- 요일마다 관람객 수요 증감이 반복되는 극장

- 요일마다 판매액 증감이 반복되는 대형 할인점

- 성수기와 비수기가 반복되면서 수요가 증가하는 항공사

- 성수기와 비수기가 반복되는 여행사

- 성수기와 비수기가 반복되는 성형외과

4.1 FIRST ORDER AUTOREGRESSIVE MODEL

First Order Autoregressive Model은 AR(1) 모델이라고도 한다.
2011년 1분기부터 2015년 4분기까지 호텔 매출액을 조사했다.

🖱 파일 이름: First Order Autoregressive Model

	A	B	C
1	연도	분기	매출액
2	2011	1	125
3	2011	2	153
4	2011	3	106
5	2011	4	88
6	2012	1	118
7	2012	2	161
8	2012	3	133
9	2012	4	102
10	2013	1	138
11	2013	2	144
12	2013	3	113
13	2013	4	80
14	2014	1	109
15	2014	2	137
16	2014	3	125
17	2014	4	109
18	2015	1	130
19	2015	2	165
20	2015	3	128
21	2015	4	96

삽입 → 꺾은선형

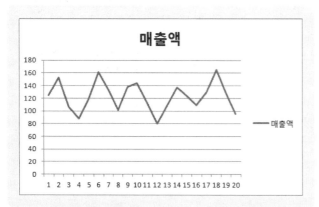

그래프를 볼 때, 직선에 가깝게 변화하지 않는 것을 알 수 있다.

A열에 TIME 변수를 만든다. → A2와 A3에 1, 2를 입력 → 1, 2를 동시에 선택한 후 아래로 드래그한다. → E, F, G, H열에 매출액, T−1, 예측값, 잔차란 제목을 입력한다.

T−1: 시차 1를 의미한다. 시차에 대한 이해는 Chapter 1의 1.4.1 시차에서 설명한 내용을 참고한다.

E2			f_x	매출액			
	A	B	C	D	E	F	G	H
1		연도	분기	매출액				
2	1	2011	1	125	매출액	T-1	예측값	잔차
3	2	2011	2	153				
4	3	2011	3	106				
5	4	2011	4	88				
6	5	2012	1	118				
7	6	2012	2	161				
8	7	2012	3	133				
9	8	2012	4	102				
10	9	2013	1	138				
11	10	2013	2	144				
12	11	2013	3	113				
13	12	2013	4	80				
14	13	2014	1	109				
15	14	2014	2	137				
16	15	2014	3	125				
17	16	2014	4	109				
18	17	2015	1	130				
19	18	2015	2	165				
20	19	2015	3	128				
21	20	2015	4	96				

E열에는 앞의 1 케이스를 제외하고 D열을 그대로 복사해서 붙여넣기를 한다.

	A	B	C	D	E	F	G
1		연도	분기	매출액			
2	1	2011	1	125	매출액	T-1	예측값
3	2	2011	2	153	153		
4	3	2011	3	106	106		
5	4	2011	4	88	88		
6	5	2012	1	118	118		
7	6	2012	2	161	161		
8	7	2012	3	133	133		
9	8	2012	4	102	102		
10	9	2013	1	138	138		
11	10	2013	2	144	144		
12	11	2013	3	113	113		
13	12	2013	4	80	80		
14	13	2014	1	109	109		
15	14	2014	2	137	137		
16	15	2014	3	125	125		
17	16	2014	4	109	109		
18	17	2015	1	130	130		
19	18	2015	2	165	165		
20	19	2015	3	128	128		
21	20	2015	4	96	96		

T-1은 D3부터 D21을 복사해서 붙여넣기를 한다.

즉, T-1은 한 시차 뒤부터 복사해서 붙여넣기를 한다.

	A	B	C	D	E	F	G	H
1		연도	분기	매출액				
2	1	2011	1	125	매출액	T-1	예측값	잔차
3	2	2011	2	153	153	125		
4	3	2011	3	106	106	153		
5	4	2011	4	88	88	106		
6	5	2012	1	118	118	88		
7	6	2012	2	161	161	118		
8	7	2012	3	133	133	161		
9	8	2012	4	102	102	133		
10	9	2013	1	138	138	102		
11	10	2013	2	144	144	138		
12	11	2013	3	113	113	144		
13	12	2013	4	80	80	113		
14	13	2014	1	109	109	80		
15	14	2014	2	137	137	109		
16	15	2014	3	125	125	137		
17	16	2014	4	109	109	125		
18	17	2015	1	130	130	109		
19	18	2015	2	165	165	130		
20	19	2015	3	128	128	165		
21	20	2015	4	96	96	128		
22						96		

데이터 → 데이터분석 → 회귀분석 → 확인

	A	B	C	D	E	F	G	H	I	J
1		연도	분기	매출액						
2	1	2011	1	125	매출액	T-1	예측값	잔차		
3	2	2011	2	153	153	125				
4	3	2011	3	106	106	153				
5	4	2011	4	88	88	106				
6	5	2012	1	118	118	88				
7	6	2012	2	161	161	118				
8	7	2012	3	133	133	161				
9	8	2012	4	102	102	133				
10	9	2013	1	138	138	102				
11	10	2013	2	144	144	138				

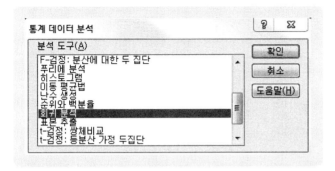

⌘ Y축 입력 범위: E2:E21

⌘ X축 입력 범위: F2:F21

⌘ 이름표

⌘ 출력 범위: J1

확인 → 결과

	I	J	K	L	M	N	O	P	Q
1	요약 출력								
2									
3	회귀분석 통계량								
4	다중 상관계수	0.122323							
5	결정계수	0.014963							
6	조정된 결정계수	-0.04298							
7	표준 오차	24.30831							
8	관측수	19							
9									
10	분산 분석								
11		자유도	제곱합	제곱 평균	F 비	유의한 F			
12	회귀	1	152.589	152.589	0.258234	0.617866			
13	잔차	17	10045.2	590.8941					
14	계	18	10197.79						
15									
16		계수	표준 오차	t 통계량	P-값	하위 95%	상위 95%	하위 95.0%	상위 95.0%
17	Y 절편	107.0716	31.63313	3.384793	0.003522	40.33152	173.8116	40.33152	173.8116
18	T-1	0.127174	0.250261	0.508167	0.617866	-0.40083	0.655178	-0.40083	0.655178

⌘ 결정계수: 0.014963

회귀 방정식이 전체 자료의 1.4963%를 설명하고 있다.

⌘ 분산분석 유의한 F: 0.617866

분산분석 유의한 F 값이 0.05보다 크기 때문에 회귀 방정식은 곡선이라는 귀무가설을 채택한다. 즉, 회귀 방정식은 직선이 아니다.

계수의 P-값이 0.05보다 작아야만 계수가 통계적으로 유의미하다.

⌘ 회귀 방정식: 0.127174 X T-1 + 107.0716

자기회귀 모형은 직선이 아니고 올라갔다 내려갔다를 반복한다.

● 증가하는 경우

● 감소하는 경우

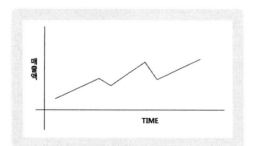

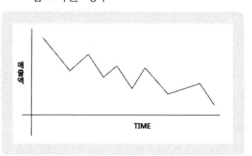

- 계절성은 있지만 추세는 없는 경우

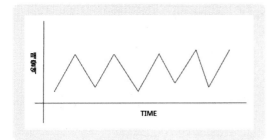

- 계절성도 있고 추세도 있는 경우

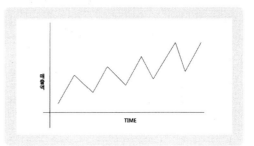

⌘ 예측값

G2에 예측값, H2에 잔차라고 입력한다. → 커서를 G3에 놓는다. →

예측값 = 계수 X T-1 + Y 절편

G3 = J18*F3+J17

		G3	▼	f_x	=J18*F3+J17				
▲	A	B	C	D	E	F	G	H	I	J
1		연도	분기	매출액					요약 출력	
2	1	2011	1	125	매출액	T-1	예측값	잔차		
3	2	2011	2	153	153	125	122.9684		회귀분석 통계량	
4	3	2011	3	106	106	153			다중 상관계수	0.122323
5	4	2011	4	88	88	106			결정계수	0.014963
6	5	2012	1	118	118	88			조정된 결정계수	-0.04298
7	6	2012	2	161	161	118			표준 오차	24.30831
8	7	2012	3	133	133	161			관측수	19
9	8	2012	4	102	102	133				
10	9	2013	1	138	138	102			분산 분석	
11	10	2013	2	144	144	138				자유도
12	11	2013	3	113	113	144			회귀	1
13	12	2013	4	80	80	113			잔차	17
14	13	2014	1	109	109	80			계	18
15	14	2014	2	137	137	109				
16	15	2014	3	125	125	137				계수
17	16	2014	4	109	109	125			Y 절편	107.0716
18	17	2015	1	130	130	109			T-1	0.127174
19	18	2015	2	165	165	130				
20	19	2015	3	128	128	165				
21	20	2015	4	96	96	128				
22						96				

계수(J18)와 절편(J17)을 선택한 후 Key Board의 F4를 클릭해서 절대참조로 변경한다.

G3		fx	=$J$18*F3+$J$17						
	A	B	C	D	E	F	G	H	I	J
1		연도	분기	매출액					요약 출력	
2	1	2011	1	125	매출액	T-1	예측값	잔차		
3	2	2011	2	153	153	125	122.9684		회귀분석 통계량	
4	3	2011	3	106	106	153			다중 상관계수	0.122323
5	4	2011	4	88	88	106			결정계수	0.014963
6	5	2012	1	118	118	88			조정된 결정계수	-0.04298
7	6	2012	2	161	161	118			표준 오차	24.30831
8	7	2012	3	133	133	161			관측수	19
9	8	2012	4	102	102	133				
10	9	2013	1	138	138	102			분산 분석	
11	10	2013	2	144	144	138				자유도
12	11	2013	3	113	113	144			회귀	1
13	12	2013	4	80	80	113			잔차	17
14	13	2014	1	109	109	80			계	18
15	14	2014	2	137	137	109				
16	15	2014	3	125	125	137				계수
17	16	2014	4	109	109	125			Y 절편	107.0716
18	17	2015	1	130	130	109			T-1	0.127174
19	18	2015	2	165	165	130				
20	19	2015	3	128	128	165				
21	20	2015	4	96	96	128				
22						96				

아래로 드래그해서 자동으로 계산한다.

G21		fx	=$J$18*F21+$J$17						
	A	B	C	D	E	F	G	H	I	J
1		연도	분기	매출액					요약 출력	
2	1	2011	1	125	매출액	T-1	예측값	잔차		
3	2	2011	2	153	153	125	122.9684		회귀분석 통계량	
4	3	2011	3	106	106	153	126.5292		다중 상관계수	0.122323
5	4	2011	4	88	88	106	120.5521		결정계수	0.014963
6	5	2012	1	118	118	88	118.2629		조정된 결정계수	-0.04298
7	6	2012	2	161	161	118	122.0781		표준 오차	24.30831
8	7	2012	3	133	133	161	127.5466		관측수	19
9	8	2012	4	102	102	133	123.9858			
10	9	2013	1	138	138	102	120.0434		분산 분석	
11	10	2013	2	144	144	138	124.6216			자유도
12	11	2013	3	113	113	144	125.3847		회귀	1
13	12	2013	4	80	80	113	121.4423		잔차	17
14	13	2014	1	109	109	80	117.2455		계	18
15	14	2014	2	137	137	109	120.9336			
16	15	2014	3	125	125	137	124.4945			계수
17	16	2014	4	109	109	125	122.9684		Y 절편	107.0716
18	17	2015	1	130	130	109	120.9336		T-1	0.127174
19	18	2015	2	165	165	130	123.6042			
20	19	2015	3	128	128	165	128.0553			
21	20	2015	4	96	96	128	123.3499			
22						96				

⌘ 잔차

커서를 I4에 놓는다. → 잔차 = 관측값 − 예측값

H3 = E3 − G3 = 30.03164

	H3				=E3-G3		
	A	B	C	D	E	F	G	H
1		연도	분기	매출액				
2	1	2011	1	125	매출액	T-1	예측값	잔차
3	2	2011	2	153	153	125	122.9684	30.03164
4	3	2011	3	106	106	153	126.5292	
5	4	2011	4	88	88	106	120.5521	
6	5	2012	1	118	118	88	118.2629	
7	6	2012	2	161	161	118	122.0781	
8	7	2012	3	133	133	161	127.5466	
9	8	2012	4	102	102	133	123.9858	
10	9	2013	1	138	138	102	120.0434	
11	10	2013	2	144	144	138	124.6216	
12	11	2013	3	113	113	144	125.3847	
13	12	2013	4	80	80	113	121.4423	
14	13	2014	1	109	109	80	117.2455	
15	14	2014	2	137	137	109	120.9336	
16	15	2014	3	125	125	137	124.4945	
17	16	2014	4	109	109	125	122.9684	
18	17	2015	1	130	130	109	120.9336	
19	18	2015	2	165	165	130	123.6042	
20	19	2015	3	128	128	165	128.0553	
21	20	2015	4	96	96	128	123.3499	

아래로 드래그해서 잔차를 자동으로 계산하다.

	H21				=E21-G21		
	A	B	C	D	E	F	G	H
1		연도	분기	매출액				
2	1	2011	1	125	매출액	T-1	예측값	잔차
3	2	2011	2	153	153	125	122.9684	30.03164
4	3	2011	3	106	106	153	126.5292	-20.5292
5	4	2011	4	88	88	106	120.5521	-32.5521
6	5	2012	1	118	118	88	118.2629	-0.26292
7	6	2012	2	161	161	118	122.0781	38.92186
8	7	2012	3	133	133	161	127.5466	5.453363
9	8	2012	4	102	102	133	123.9858	-21.9858
10	9	2013	1	138	138	102	120.0434	17.95664
11	10	2013	2	144	144	138	124.6216	19.37837
12	11	2013	3	113	113	144	125.3847	-12.3847
13	12	2013	4	80	80	113	121.4423	-41.4423
14	13	2014	1	109	109	80	117.2455	-8.24552
15	14	2014	2	137	137	109	120.9336	16.06642
16	15	2014	3	125	125	137	124.4945	0.505545
17	16	2014	4	109	109	125	122.9684	-13.9684
18	17	2015	1	130	130	109	120.9336	9.066424
19	18	2015	2	165	165	130	123.6042	41.39576
20	19	2015	3	128	128	165	128.0553	-0.05533
21	20	2015	4	96	96	128	123.3499	-27.3499

잔차에 의한 MAD(MAE), MSE, MAPE, RMSE 계산은 Chapter 15를 참고한다.

그래프를 만들기 위해서 A2의 숫자 1을 삭제 → A2부터 A21까지 선택 → Control Key를 누른 상태에서 E2부터 E21까지 선택 및 G2에서 G21까지 선택 → 삽입 → 꺾은선형 → 첫 번째 꺾은선형

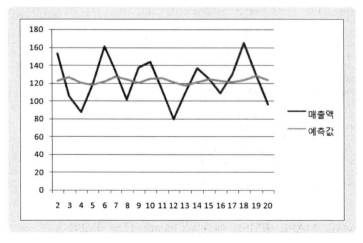

🖱 결과

시각적으로 보더라도 예측력이 떨어지는 것을 알 수 있다.

4.2 SECOND ORDER AUTOREGRESSIVE MODEL

Second Order Autoregressive Model은 AR(2) 모델이라고도 한다.
First Order Autoregressive Model의 자료를 그대로 설명하고자 한다.

파일 이름: Second Order Autoregressive Model

	A	B	C
1	연도	분기	매출액
2	2011	1	125
3	2011	2	153
4	2011	3	106
5	2011	4	88
6	2012	1	118
7	2012	2	161
8	2012	3	133
9	2012	4	102
10	2013	1	138
11	2013	2	144
12	2013	3	113
13	2013	4	80
14	2014	1	109
15	2014	2	137
16	2014	3	125
17	2014	4	109
18	2015	1	130
19	2015	2	165
20	2015	3	128
21	2015	4	96

A열에 TIME 변수를 만든다. → A2와 A3에 1, 2를 입력 → 1, 2를 동시에 선택한 후 아래로 드래그한다.

◢	A	B	C	D
1	TIME	연도	분기	매출액
2	1	2011	1	125
3	2	2011	2	153
4	3	2011	3	106
5	4	2011	4	88
6	5	2012	1	118
7	6	2012	2	161
8	7	2012	3	133
9	8	2012	4	102
10	9	2013	1	138
11	10	2013	2	144
12	11	2013	3	113
13	12	2013	4	80
14	13	2014	1	109
15	14	2014	2	137
16	15	2014	3	125
17	16	2014	4	109
18	17	2015	1	130
19	18	2015	2	165
20	19	2015	3	128
21	20	2015	4	96

Second Autoregressive Model의 분석 자료를 쉽게 정리하는 방법이 있다. 매출액 제목과 함께 D1:D21을 복사한 후 그대로 복사해서 붙여넣기를 한다. 그리고 마치 계단을 만들듯이 아래로 붙여넣기를 한다.

◢	A	B	C	D	E	F	G
1	TIME	연도	분기	매출액	매출액		
2	1	2011	1	125	125	매출액	
3	2	2011	2	153	153	125	매출액
4	3	2011	3	106	106	153	125
5	4	2011	4	88	88	106	153
6	5	2012	1	118	118	88	106
7	6	2012	2	161	161	118	88
8	7	2012	3	133	133	161	118
9	8	2012	4	102	102	133	161
10	9	2013	1	138	138	102	133
11	10	2013	2	144	144	138	102
12	11	2013	3	113	113	144	138
13	12	2013	4	80	80	113	144
14	13	2014	1	109	109	80	113
15	14	2014	2	137	137	109	80
16	15	2014	3	125	125	137	109
17	16	2014	4	109	109	125	137
18	17	2015	1	130	130	109	125
19	18	2015	2	165	165	130	109
20	19	2015	3	128	128	165	130
21	20	2015	4	96	96	128	165
22						96	128
23							96

	A	B	C	D	E	F	G
1	TIME	연도	분기	매출액			
2	1	2011	1	125			
3	2	2011	2	153	매출액	T-1	T-2
4	3	2011	3	106	106	153	125
5	4	2011	4	88	88	106	153
6	5	2012	1	118	118	88	106
7	6	2012	2	161	161	118	88
8	7	2012	3	133	133	161	118
9	8	2012	4	102	102	133	161
10	9	2013	1	138	138	102	133
11	10	2013	2	144	144	138	102
12	11	2013	3	113	113	144	138
13	12	2013	4	80	80	113	144
14	13	2014	1	109	109	80	113
15	14	2014	2	137	137	109	80
16	15	2014	3	125	125	137	109
17	16	2014	4	109	109	125	137
18	17	2015	1	130	130	109	125
19	18	2015	2	165	165	130	109
20	19	2015	3	128	128	165	130
21	20	2015	4	96	96	128	165
22						96	128
23							96

3행의 E, F, G열에 매출액, T-1, T-2, 예측값, 잔차란 제목을 입력한다.

⌘ T-1: 시차 1을 의미한다.

⌘ T-2: 시차 2을 의미한다.

T-1, T-2의 꼬리 값들은 삭제한다. (F22, G22:G23)

여기서는 그대로 두고 진행한다.

🔘 데이터 → 데이터분석 → 회귀분석 → 확인

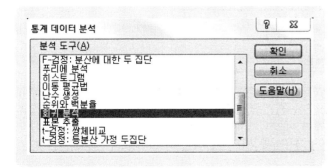

⌘ Y축 입력 범위: E3:E21

⌘ X축 입력 범위: F3:G21

⌘ 이름표

⌘ 출력 범위: J1

회귀 분석

입력
Y축 입력 범위(Y): $E$3:$E$21
X축 입력 범위(X): $F$3:$G$21

☑ 이름표(L)   ☐ 상수에 0을 사용(Z)
☐ 신뢰 수준(F)   95 %

출력 옵션
◉ 출력 범위(O): $J$1
○ 새로운 워크시트(P):
○ 새로운 통합 문서(W)
잔차
☐ 잔차(R)   ☐ 잔차도(D)
☐ 표준 잔차(T)   ☐ 선적합도(I)
정규 확률
☐ 정규 확률도(N)

확인
취소
도움말(H)

확인 → 결과

	J	K	L	M	N	O	P	Q	R
1	요약 출력								
2									
3	회귀분석 통계량								
4	다중 상관계수	0.768374							
5	결정계수	0.590398							
6	조정된 결정계수	0.535785							
7	표준 오차	15.88537							
8	관측수	18							
9									
10	분산 분석								
11		자유도	제곱합	제곱 평균	F 비	유의한 F			
12	회귀	2	5455.936	2727.968	10.81047	0.001238			
13	잔차	15	3785.175	252.345					
14	계	17	9241.111						
15									
16		계수	표준 오차	t 통계량	P-값	하위 95%	상위 95%	하위 95.0%	상위 95.0%
17	Y 절편	186.7844	27.21879	6.862331	5.39E-06	128.7689	244.7999	128.7689	244.7999
18	T-1	0.229775	0.165128	1.391497	0.184368	-0.12219	0.581737	-0.12219	0.581737
19	T-2	-0.75786	0.165243	-4.58635	0.000357	-1.11007	-0.40566	-1.11007	-0.40566

⌘ 결정계수: 0.590398

FIRST ORDER REGRESSIVE MODEL의 결정계수 0.014963에 비해서 결정계수(R SQUARE) 값이 훨씬 높게 나왔다. MAD(MAE), MSE, MAPE, RMSE뿐만 아니라 결정계수 값의 비교로도 좋은 모형을 찾을 수 있다.

결정계수가 0.590398이므로 회귀 방정식이 전체 자료의 59.0398%를 설명하고 있다.

⌘ 분산분석 유의한 F: 0.001238

유의한 F 값이 0.05보다 작기 때문에 회귀 방정식은 곡선이라는 귀무가설을 기각한다. 즉, 회귀 방정식은 직선이며 통계적으로 유의미하다.

⌘ 회귀 방정식 = 계수 X T−1 + 계수 X T−2 + Y 절편
= 0.229775 X T−1 + (−0.75786) X T−2 + 186.7844

⌘ 회귀 방정식에 의한 예측값
커서를 H4에 놓는다. → = K18*F4 + K19*G4 + K17

	A	B	C	D	E	F	G	H	I	J	K
	TIME	연도	분기	매출액						요약 출력	
1	TIME	연도	분기	매출액						요약 출력	
2	1	2011	1	125							
3	2	2011	2	153	매출액	T-1	T-2	예측값	잔차	회귀분석 통계량	
4	3	2011	3	106	106	153	125	127.2069		다중 상관계수	0.768374
5	4	2011	4	88	88	106	153			결정계수	0.590398
6	5	2012	1	118	118	88	106			조정된 결정계수	0.535785
7	6	2012	2	161	161	118	88			표준 오차	15.88537
8	7	2012	3	133	133	161	118			관측수	18
9	8	2012	4	102	102	133	161				
10	9	2013	1	138	138	102	133			분산 분석	
11	10	2013	2	144	144	138	102				자유도
12	11	2013	3	113	113	144	138			회귀	2
13	12	2013	4	80	80	113	144			잔차	15
14	13	2014	1	109	109	80	113			계	17
15	14	2014	2	137	137	109	80				
16	15	2014	3	125	125	137	109				계수
17	16	2014	4	109	109	125	137			Y 절편	186.7844
18	17	2015	1	130	130	109	125			T-1	0.229775
19	18	2015	2	165	165	130	109			T-2	-0.75786
20	19	2015	3	128	128	165	130				
21	20	2015	4	96	96	128	165				

H4 = K18*F4+K19*G4+K17

계수 2개와 절편을 각각 선택한 후 Key Board의 F4를 클릭해서 절대참조로 변경한다.

	H4			fx	=$K$18*F4+$K$19*G4+$K$17						
	A	B	C	D	E	F	G	H	I	J	K
1	TIME	연도	분기	매출액						요약 출력	
2	1	2011	1	125							
3	2	2011	2	153	매출액	T-1	T-2	예측값	잔차	회귀분석 통계량	
4	3	2011	3	106	106	153	125	127.2069		다중 상관계수	0.768374
5	4	2011	4	88	88	106	153			결정계수	0.590398
6	5	2012	1	118	118	88	106			조정된 결정계수	0.535785
7	6	2012	2	161	161	118	88			표준 오차	15.88537
8	7	2012	3	133	133	161	118			관측수	18
9	8	2012	4	102	102	133	161				
10	9	2013	1	138	138	102	133			분산 분석	
11	10	2013	2	144	144	138	102				자유도
12	11	2013	3	113	113	144	138			회귀	2
13	12	2013	4	80	80	113	144			잔차	15
14	13	2014	1	109	109	80	113			계	17
15	14	2014	2	137	137	109	80				
16	15	2014	3	125	125	137	109				계수
17	16	2014	4	109	109	125	137			Y 절편	186.7844
18	17	2015	1	130	130	109	125			T-1	0.229775
19	18	2015	2	165	165	130	109			T-2	-0.75786
20	19	2015	3	128	128	165	130				
21	20	2015	4	96	96	128	165				

아래로 드래그해서 자동으로 계산한다.

	H21			fx	=$K$18*F21+$K$19*G21+$K$17						
	A	B	C	D	E	F	G	H	I	J	K
1	TIME	연도	분기	매출액						요약 출력	
2	1	2011	1	125							
3	2	2011	2	153	매출액	T-1	T-2	예측값	잔차	회귀분석 통계량	
4	3	2011	3	106	106	153	125	127.2069		다중 상관계수	0.768374
5	4	2011	4	88	88	106	153	95.18725		결정계수	0.590398
6	5	2012	1	118	118	88	106	126.6709		조정된 결정계수	0.535785
7	6	2012	2	161	161	118	88	147.2058		표준 오차	15.88537
8	7	2012	3	133	133	161	118	134.3502		관측수	18
9	8	2012	4	102	102	133	161	95.32826			
10	9	2013	1	138	138	102	133	109.4254		분산 분석	
11	10	2013	2	144	144	138	102	141.1912			자유도
12	11	2013	3	113	113	144	138	115.2867		회귀	2
13	12	2013	4	80	80	113	144	103.6165		잔차	15
14	13	2014	1	109	109	80	113	119.5277		계	17
15	14	2014	2	137	137	109	80	151.2007			
16	15	2014	3	125	125	137	109	135.6563			계수
17	16	2014	4	109	109	125	137	111.6788		Y 절편	186.7844
18	17	2015	1	130	130	109	125	117.0968		T-1	0.229775
19	18	2015	2	165	165	130	109	134.0479		T-2	-0.75786
20	19	2015	3	128	128	165	130	126.1749			
21	20	2015	4	96	96	128	165	91.14792			
22						96	128				
23							96				

⌘ 잔차

데이터분석의 회귀분석 옵션 중에서 잔차, 표준잔차를 선택하면 잔차를 자동으로 구할 수 있다. 여기서는 잔차를 직접 계산해 본다.

커서를 I4에 놓는다. → 잔차 = 관측값 - 예측값

I4 = E4 - H4

	I4	▼		f_x	=E4-H4			
	A	B	C	D	E	F	G	H	I
1	TIME	연도	분기	매출액					
2	1	2011	1	125					
3	2	2011	2	153	매출액	T-1	T-2	예측값	잔차
4	3	2011	3	106	106	153	125	127.2069	-21.2069
5	4	2011	4	88	88	106	153	95.18725	
6	5	2012	1	118	118	88	106	126.6709	
7	6	2012	2	161	161	118	88	147.2058	
8	7	2012	3	133	133	161	118	134.3502	
9	8	2012	4	102	102	133	161	95.32826	
10	9	2013	1	138	138	102	133	109.4254	
11	10	2013	2	144	144	138	102	141.1912	
12	11	2013	3	113	113	144	138	115.2867	
13	12	2013	4	80	80	113	144	103.6165	
14	13	2014	1	109	109	80	113	119.5277	
15	14	2014	2	137	137	109	80	151.2007	
16	15	2014	3	125	125	137	109	135.6563	
17	16	2014	4	109	109	125	137	111.6788	
18	17	2015	1	130	130	109	125	117.0968	
19	18	2015	2	165	165	130	109	134.0479	
20	19	2015	3	128	128	165	130	126.1749	
21	20	2015	4	96	96	128	165	91.14792	

아래로 드래그해서 잔차를 자동으로 계산하다.

	I21	▼		f_x	=E21-H21			
	A	B	C	D	E	F	G	H	I
1	TIME	연도	분기	매출액					
2	1	2011	1	125					
3	2	2011	2	153	매출액	T-1	T-2	예측값	잔차
4	3	2011	3	106	106	153	125	127.2069	-21.2069
5	4	2011	4	88	88	106	153	95.18725	-7.18725
6	5	2012	1	118	118	88	106	126.6709	-8.67094
7	6	2012	2	161	161	118	88	147.2058	13.79424
8	7	2012	3	133	133	161	118	134.3502	-1.35015
9	8	2012	4	102	102	133	161	95.32826	6.671741
10	9	2013	1	138	138	102	133	109.4254	28.57456
11	10	2013	2	144	144	138	102	141.1912	2.808841
12	11	2013	3	113	113	144	138	115.2867	-2.28668
13	12	2013	4	80	80	113	144	103.6165	-23.6165
14	13	2014	1	109	109	80	113	119.5277	-10.5277
15	14	2014	2	137	137	109	80	151.2007	-14.2007
16	15	2014	3	125	125	137	109	135.6563	-10.6563
17	16	2014	4	109	109	125	137	111.6788	-2.67881
18	17	2015	1	130	130	109	125	117.0968	12.90321
19	18	2015	2	165	165	130	109	134.0479	30.9521
20	19	2015	3	128	128	165	130	126.1749	1.825125
21	20	2015	4	96	96	128	165	91.14792	4.852077
22						96	128		
23							96		

TIME 인덱스와 A열 1, 2를 삭제 → A3부터 A21까지 선택 → Control Key를 누른 상태에서 E3부터 E20까지 선택 및 H3에서 H20까지 선택 → 삽입 → 꺾은선형 → 첫 번째 꺾은선형

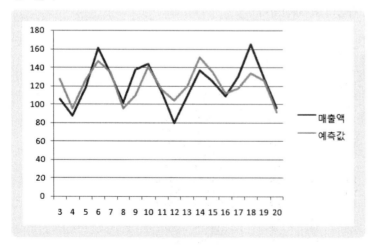

🔘 결과

시각적으로 볼 때, First Order Autoregressive Model보다 더 정확한 것을 알 수 있다. 시계열 모형을 선택할 때 MAE(MAD), MSE, MAPE, RMSE 값이 더 적을수록 모형의 예측력이 더 높다.

MAE(MAD), MSE, MAPE, RMSE 계산은 Chapter 15를 참고한다.

⌘ 잔차 그래프

A3를 빈칸으로 만든다. → A3부터 A21까지 선택 → Control Key를 누른 상태에서 I3부터 I20(잔차)까지 선택 → 삽입 → 분산형 → 표식만 있는 분산형(첫 번째 분산형)

	A	B	C	D	E	F	G	H	I
1		연도	분기	매출액					
2		2011	1	125					
3		2011	2	153	매출액	T-1	T-2	예측	
4	3	2011	3	106	106	153	125	127.2	
5	4	2011	4	88	88	106	153	95.18	
6	5	2012	1	118	118	88	106	126.6	
7	6	2012	2	161	161	118	88	147.2058	13.7942
8	7	2012	3	133	133	161	118	134.3502	-1.35015
9	8	2012	4	102	102	133	161	95.32826	6.671741
10	9	2013	1	138	138	102	133	109.4254	28.57456
11	10	2013	2	144	144	138	102	141.1912	2.808841
12	11	2013	3	113	113	144	138	115.2867	-2.28668
13	12	2013	4	80	80	113	144	103.6165	-23.6165
14	13	2014	1	109	109	80	113	119.5277	-10.5277
15	14	2014	2	137	137	109	80	151.2007	-14.2007
16	15	2014	3	125	125	137	109	135.6563	-10.6563
17	16	2014	4	109	109	125	137	111.6788	-2.67881
18	17	2015	1	130	130	109	125	117.0968	12.90321
19	18	2015	2	165	165	130	109	134.0479	30.9521
20	19	2015	3	128	128	165	130	126.1749	1.825125
21	20	2015	4	96	96	128	165	91.14792	4.852077

I21 = E21-H21

⊕ 결과

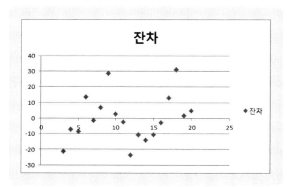

0을 중심으로 랜덤하게 분포되어 있으면 잔차의 정규성을 만족하고 있다.

잔차가 올라갔다 내려갔다하는 모습을 보이므로 계절성이 고려되지 않은 시계열이 의심된다.

어떻게 하면 잔차의 자기상관을 정확히 확인할 수 있을까?

예 Trend가 고려되지 않은 시계열의 잔차 　　예 계절성이 고려되지 않은 시계열의 잔차

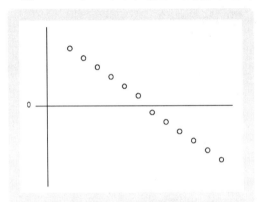 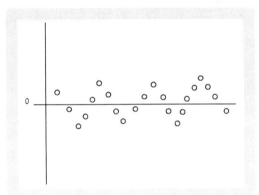

　더빈왓슨 값을 해석해서 잔차(오차항)의 자기상관이 있다면 모형을 다시 탐색해야 한다.

　잔차 케이스가 18개이고 독립변수가 1개이므로 샘플 사이즈 15개의 유의수준 0.05를 기준으로 1.08보다 작거나 $4 - dL(4 - 1.08 = 2.92)$보다 크면 잔차의 자기상관이 없다는 귀무가설을 기각한다. 더빈왓슨 값이 1.13833136이므로 잔차의 자기상관이 없다는 귀무가설을 채택한다. 즉, 잔차의 자기상관이 없다.

　더빈왓슨 계산 방법 및 잔차의 자기상관 여부 판단에 대해서는 Chapter 3의 회귀분석 3.1.4 더빈왓슨 검정을 참고한다.

Critical Values of the Durbin-Watson Statistic											
Sample Size	Probability in Lower Tail (Significance Level= α)	k = Number of Regressors (Excluding the Intercept)									
		1		2		3		4		5	
		d_L	d_U	d_L	d_U	d_L	d_U	d_L	d_U	d_L	d_U
	.01	.81	1.07	.70	1.25	.59	1.46	.49	1.70	.39	1.96
15	.025	.95	1.23	.83	1.40	.71	1.61	.59	1.84	.48	2.09
	.05	1.08	1.36	.95	1.54	.82	1.75	.69	1.97	.56	2.21
	.01	.95	1.15	.86	1.27	.77	1.41	.63	1.57	.60	1.74
20	.025	1.08	1.28	.99	1.41	.89	1.55	.79	1.70	.70	1.87
	.05	1.20	1.41	1.10	1.54	1.00	1.68	.90	1.83	.79	1.99

CHAPTER

더미변수 회귀분석

05 \ 더미변수 회귀분석

더미변수 회귀분석으로 추세가 없는 계절성 분기별 자료와 추세도 있고 계절성도 있는 분기별 자료의 예측이 가능하다.

구분	방법	그래프
추세가 없고 계절성만 있는 시계열 자료	• 더미변수 회귀분석 • 윈터스 가법	
추세도 있고 계절성도 있는 시계열 자료	• TIME 변수 추가해서 더미변수 회귀분석 • 윈터스 승법	

5.1 계절성이 있지만 추세가 없는 경우

추세는 없고 계절성만 있다면 윈터스 가법 또는 더미변수 회귀분석이 적합하다.

2011년 1분기부터 2015년 4분기까지 건설회사 매출액을 조사했다.

파일 이름: 추세 없는 계절성

	A	B	C	D
1	TIME	연도	분기	매출액
2	1	2011	1	125
3	2	2011	2	153
4	3	2011	3	106
5	4	2011	4	88
6	5	2012	1	118
7	6	2012	2	161
8	7	2012	3	133
9	8	2012	4	102
10	9	2013	1	138
11	10	2013	2	144
12	11	2013	3	113
13	12	2013	4	80
14	13	2014	1	109
15	14	2014	2	137
16	15	2014	3	125
17	16	2014	4	109
18	17	2015	1	130
19	18	2015	2	165
20	19	2015	3	128
21	20	2015	4	96

⌘ 꺾은선 그래프 만들기

계절성 또는 추세를 알기 위해서 꺾은선 그래프를 만든다.

A1 셀에 있는 TIME 인덱스 삭제 → A1부터 A21까지 선택 → 컨트롤 키 누른 상태에서 D1부터 D21 선택 → 삽입 → 챠트 → 꺾은선형 → 첫 번째 꺾은선형

	A	B	C	D	E
1		연도	분기	매출액	
2	1	2011	1	125	
3	2	2011	2	153	
4	3	2011	3	106	
5	4	2011	4	88	
6	5	2012	1	118	
7	6	2012	2	161	
8	7	2012	3	133	
9	8	2012	4	102	
10	9	2013	1	138	
11	10	2013	2	144	

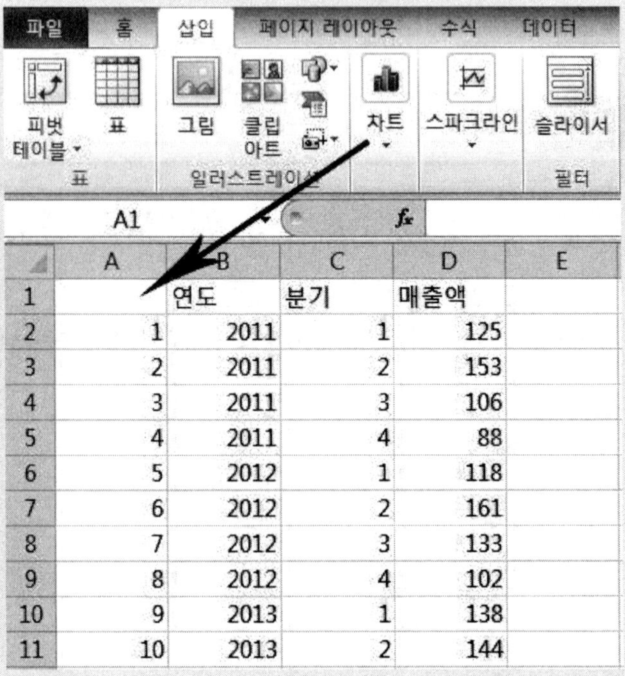

> **┃참고┃** 엑셀에는 왼쪽에 있는 변수가 X 축으로 오른쪽에 있는 변수가 Y축으로 산점도를 만든다.

	A	B	C
1	Index(삭제)	X 축	Y 축
2			
3			
4			
5			

🖱 결과

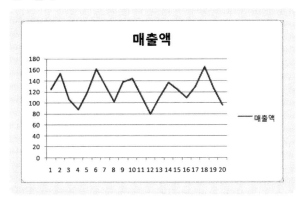

시간의 경과와 함께 증감이 반복되는 계절성이 있다.

🖱 1분기부터 3분기까지 더미변수를 만든다. 4분기의 더미변수는 불필요하다.

TIME 변수	1분기 더미변수	2분기 더미변수	3분기 더미변수
1분기	1	0	0
2분기	0	1	0
3분기	0	0	1
4분기	0	0	0

	A	B	C	D	E	F	G
1	TIME	연도	분기	매출액	1분기	2분기	3분기
2	1	2011	1	125	1	0	0
3	2	2011	2	153	0	1	0
4	3	2011	3	106	0	0	1
5	4	2011	4	88			
6	5	2012	1	118			
7	6	2012	2	161			
8	7	2012	3	133			
9	8	2012	4	102			
10	9	2013	1	138			
11	10	2013	2	144			
12	11	2013	3	113			
13	12	2013	4	80			
14	13	2014	1	109			
15	14	2014	2	137			
16	15	2014	3	125			
17	16	2014	4	109			
18	17	2015	1	130			
19	18	2015	2	165			
20	19	2015	3	128			
21	20	2015	4	96			

복사한 후 붙여넣기를 반복해서 아래를 채운다.

	A	B	C	D	E	F	G
1	TIME	연도	분기	매출액	1분기	2분기	3분기
2	1	2011	1	125	1	0	0
3	2	2011	2	153	0	1	0
4	3	2011	3	106	0	0	1
5	4	2011	4	88	0	0	0
6	5	2012	1	118	1	0	0
7	6	2012	2	161	0	1	0
8	7	2012	3	133	0	0	1
9	8	2012	4	102	0	0	0
10	9	2013	1	138	1	0	0
11	10	2013	2	144	0	1	0
12	11	2013	3	113	0	0	1
13	12	2013	4	80	0	0	0
14	13	2014	1	109	1	0	0
15	14	2014	2	137	0	1	0
16	15	2014	3	125	0	0	1
17	16	2014	4	109	0	0	0
18	17	2015	1	130	1	0	0
19	18	2015	2	165	0	1	0
20	19	2015	3	128	0	0	1
21	20	2015	4	96	0	0	0

🖐 데이터 → 데이터분석 → 회귀분석

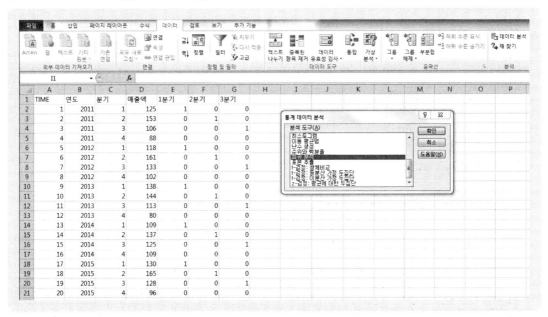

확인 → 회귀분석

⌘ Y축: 매출액 (D1:D21)

⌘ X축: 더미변수 (E1:G21)

⌘ 이름표

⌘ 출력 옵션: I1

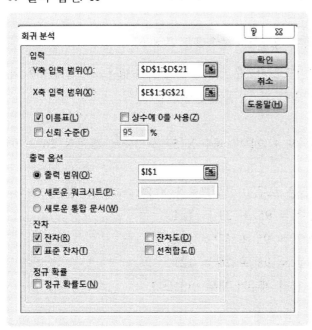

확인 → 결과

	I	J	K	L	M	N	O	P	Q
1	요약 출력								
2									
3	회귀분석 통계량								
4	다중 상관;	0.893791							
5	결정계수	0.798863							
6	조정된 결	0.76115							
7	표준 오차	11.32475							
8	관측수	20							
9									
10	분산 분석								
11		자유도	제곱합	제곱 평균	F 비	유의한 F			
12	회귀	3	8150	2716.667	21.18259	8.1E-06			
13	잔차	16	2052	128.25					
14	계	19	10202						
15									
16		계수	표준 오차	t 통계량	P-값	하위 95%	상위 95%	하위 95.0%	상위 95.0%
17	Y 절편	95	5.064583	18.75771	2.57E-12	84.26356	105.7364	84.26356	105.7364
18	1분기	29	7.162402	4.048921	0.000931	13.81639	44.18361	13.81639	44.18361
19	2분기	57	7.162402	7.958224	5.93E-07	41.81639	72.18361	41.81639	72.18361
20	3분기	26	7.162402	3.630067	0.002252	10.81639	41.18361	10.81639	41.18361

⌘ 분산분석의 유의한 F 값이 8.1E−06(0.0000081)이므로 유의수준 0.05보다 작다. 따라서 회귀 방정식이 곡선이라는 귀무가설을 기각하며, 회귀 방정식은 통계적으로 유의미하다.

⌘ 결정계수가 0.798863이므로 회귀 방정식은 관측값을 79.8863% 설명하고 있다.

표준잔차가 2.5~3 이상이면 이상값이므로 가까운 연도 동일 분기의 평균으로 대체한 후 회귀분석을 다시 실시하거나 펄스가입 더미변수 회귀분석을 실시한다.

⌘ 회귀 방정식 = 1분기 계수 X 29 + 2분기 계수 X 57 + 3분기 계수 X 26 + 95

예 1분기를 에측할 때 다른 계수들은 모두 0이 되므로 1 X 29 + 95(Y 절편)

1분기 = Y 절편 + 1분기 계수 = 95 + 29 = 124

2분기 = Y 절편 + 2분기 계수 = 95 + 57 = 152

3분기 = Y 절편 + 3분기 계수 = 95 + 26 = 121

4분기 = Y 절편 = 95(1.2.3 분기 계수가 모두 0이므로)

이 결과는 분기별 평균과 동일하다. 분기별 평균 계산 결과는 추세없는 계절성_결과 파일을 참고한다. 즉, 분기별 평균값으로 추세가 변화하는 것을 알 수 있다.

H1: 더미변수 회귀분석에 의한 추세없는 계절성 제목 입력

커서를 H2에 놓는다. → 분기별 예측값을 입력 → 복사 → 붙여넣기

	H2		▾	fx	124		
	A	B	C	D	E	F	G	H
1	TIME	연도	분기	매출액	1분기	2분기	3분기	더미변수 회귀분석에 의한 추세없는 계절성
2	1	2011	1	125	1	0	0	124
3	2	2011	2	153	0	1	0	152
4	3	2011	3	106	0	0	1	121
5	4	2011	4	88	0	0	0	95
6	5	2012	1	118	1	0	0	
7	6	2012	2	161	0	1	0	
8	7	2012	3	133	0	0	1	
9	8	2012	4	102	0	0	0	
10	9	2013	1	138	1	0	0	
11	10	2013	2	144	0	1	0	
12	11	2013	3	113	0	0	1	
13	12	2013	4	80	0	0	0	
14	13	2014	1	109	1	0	0	
15	14	2014	2	137	0	1	0	
16	15	2014	3	125	0	0	1	
17	16	2014	4	109	0	0	0	
18	17	2015	1	130	1	0	0	
19	18	2015	2	165	0	1	0	
20	19	2015	3	128	0	0	1	
21	20	2015	4	96	0	0	0	

	A	B	C	D	E	F	G	H
1	TIME	연도	분기	매출액	1분기	2분기	3분기	더미변수 회귀분석에 의한 추세없는 계절성
2	1	2011	1	125	1	0	0	124
3	2	2011	2	153	0	1	0	152
4	3	2011	3	106	0	0	1	121
5	4	2011	4	88	0	0	0	95
6	5	2012	1	118	1	0	0	124
7	6	2012	2	161	0	1	0	152
8	7	2012	3	133	0	0	1	121
9	8	2012	4	102	0	0	0	95
10	9	2013	1	138	1	0	0	124
11	10	2013	2	144	0	1	0	152
12	11	2013	3	113	0	0	1	121
13	12	2013	4	80	0	0	0	95
14	13	2014	1	109	1	0	0	124
15	14	2014	2	137	0	1	0	152
16	15	2014	3	125	0	0	1	121
17	16	2014	4	109	0	0	0	95
18	17	2015	1	130	1	0	0	124
19	18	2015	2	165	0	1	0	152
20	19	2015	3	128	0	0	1	121
21	20	2015	4	96	0	0	0	95

TIME 인텍스 삭제 → A1부터 A21선택 → Control Key를 누른 상태에서 D1부터 D21 선택 및 H1부터 H21 선택 → 삽입 → 꺾은선형 → 첫 번째 꺾은선형

삽입 → 꺾은선형 → 첫 번째 꺾은선형

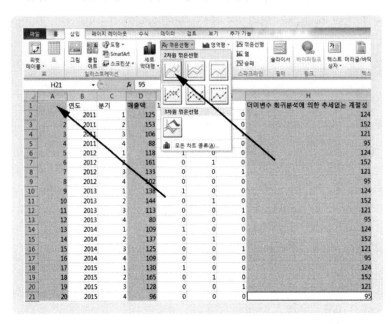

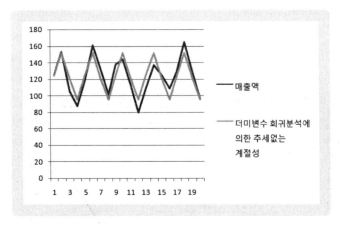

5.2 계절성도 있고 추세도 있는 경우

2012년 1분기부터 2015년 4분기까지 자동차 제조회사 매출액을 조사했다.

🖱 파일 이름: 추세 있는 계절성

	A	B	C	D
1	TIME	연도	분기	매출액
2	1	2012	1	4.8
3	2	2012	2	4.1
4	3	2012	3	6.0
5	4	2012	4	6.5
6	5	2013	1	5.8
7	6	2013	2	5.2
8	7	2013	3	6.8
9	8	2013	4	7.4
10	9	2014	1	6.0
11	10	2014	2	5.6
12	11	2014	3	7.5
13	12	2014	4	7.8
14	13	2015	1	6.3
15	14	2015	2	5.9
16	15	2015	3	8.0
17	16	2015	4	8.4

⌘ 꺾은선 그래프

계절성 또는 추세를 알기 위해서 꺾은선 그래프를 만든다.

A1의 TIME 인덱스 삭제 → A1부터 A17까지 선택 → Control Key를 누른 상태에서 D1부터 D17까지 선택

	A	B	C	D
1		연도	분기	매출액
2		2012	1	4.8
3	2	2012	2	4.1
4	3	2012	3	6.0
5	4	2012	4	6.5
6	5	2013	1	5.8
7	6	2013	2	5.2
8	7	2013	3	6.8
9	8	2013	4	7.4
10	9	2014	1	6.0
11	10	2014	2	5.6
12	11	2014	3	7.5
13	12	2014	4	7.8
14	13	2015	1	6.3
15	14	2015	2	5.9
16	15	2015	3	8.0
17	16	2015	4	8.4

	A	B	C	D
1		연도	분기	매출액
2	1	2012	1	4.8
3	2	2012	2	4.1
4	3	2012	3	6.0
5	4	2012	4	6.5
6	5	2013	1	5.8
7	6	2013	2	5.2
8	7	2013	3	6.8
9	8	2013	4	7.4
10	9	2014	1	6.0
11	10	2014	2	5.6
12	11	2014	3	7.5
13	12	2014	4	7.8
14	13	2015	1	6.3
15	14	2015	2	5.9
16	15	2015	3	8.0
17	16	2015	4	8.4

삽입 → 꺾은선형 → 첫 번째 꺾은선형

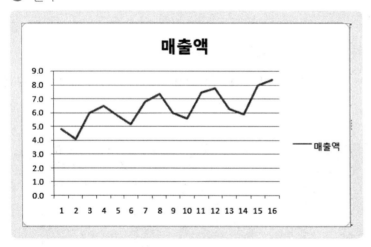

🖱️ 결과

증감이 반복되는 계절성뿐만 아니라 증가 추세를 모두 보이고 있다.

분기 1과 분기 3까지 더미변수를 만든다. 분기 4는 더미변수를 만들 필요가 없다.

⁂	A	B	C	D	E	F	G
1		연도	분기	매출액	분기1	분기2	분기3
2	1	2012	1	4.8	1	0	0
3	2	2012	2	4.1	0	1	0
4	3	2012	3	6.0	0	0	1
5	4	2012	4	6.5	0	0	0
6	5	2013	1	5.8	1	0	0
7	6	2013	2	5.2	0	1	0
8	7	2013	3	6.8	0	0	1
9	8	2013	4	7.4	0	0	0
10	9	2014	1	6.0	1	0	0
11	10	2014	2	5.6	0	1	0
12	11	2014	3	7.5	0	0	1
13	12	2014	4	7.8	0	0	0
14	13	2015	1	6.3	1	0	0
15	14	2015	2	5.9	0	1	0
16	15	2015	3	8.0	0	0	1
17	16	2015	4	8.4	0	0	0

TIME 변수를 한 번 더 만든다. → 더미변수가 계절성을 만들어 준다면, TIME 변수가 추세를 만들어 준다.

⁂	A	B	C	D	E	F	G	H
1		연도	분기	매출액	분기1	분기2	분기3	TIME
2	1	2012	1	4.8	1	0	0	1
3	2	2012	2	4.1	0	1	0	2
4	3	2012	3	6.0	0	0	1	3
5	4	2012	4	6.5	0	0	0	4
6	5	2013	1	5.8	1	0	0	5
7	6	2013	2	5.2	0	1	0	6
8	7	2013	3	6.8	0	0	1	7
9	8	2013	4	7.4	0	0	0	8
10	9	2014	1	6.0	1	0	0	9
11	10	2014	2	5.6	0	1	0	10
12	11	2014	3	7.5	0	0	1	11
13	12	2014	4	7.8	0	0	0	12
14	13	2015	1	6.3	1	0	0	13
15	14	2015	2	5.9	0	1	0	14
16	15	2015	3	8.0	0	0	1	15
17	16	2015	4	8.4	0	0	0	16

🔟 회귀분석

데이터 → 데이터분석 → 회귀분석

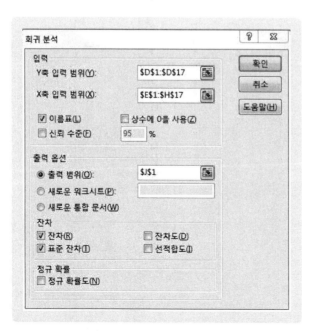

확인

⌘ Y축: D1~D17 (매출액)

⌘ X축: E1~H17 (TIME 및 분기 모두)

⌘ 이름표

⌘ 출력 옵션: J1

확인 → 결과

▲	J	K	L	M	N	O	P	Q	R
1	요약 출력								
2									
3	회귀분석 통계량								
4	다중 상관계수	0.988066							
5	결정계수	0.976274							
6	조정된 결정계수	0.967647							
7	표준 오차	0.216664							
8	관측수	16							
9									
10	분산 분석								
11		자유도	제곱합	제곱 평균	F 비	유의한 F			
12	회귀	4	21.248	5.312	113.1581	7.38E-09			
13	잔차	11	0.516375	0.046943					
14	계	15	21.76438						
15									
16		계수	표준 오차	t 통계량	P-값	하위 95%	상위 95%	하위 95.0%	상위 95.0%
17	Y 절편	6.06875	0.162498	37.34666	6.12E-13	5.711095	6.426405	5.711095	6.426405
18	분기1	-1.36313	0.157454	-8.65727	3.06E-06	-1.70968	-1.01657	-1.70968	-1.01657
19	분기2	-2.03375	0.155108	-13.1119	4.66E-08	-2.37514	-1.69236	-2.37514	-1.69236
20	분기3	-0.30438	0.153682	-1.98055	0.073201	-0.64263	0.033878	-0.64263	0.033878
21	TIME	0.145625	0.012112	12.02333	1.14E-07	0.118967	0.172283	0.118967	0.172283

⌘ 결정계수: 0.976274

회귀 방정식이 모든 관측치의 97.6274%를 설명하고 있다.

⌘ 분산분석

유의한 F 값: 7.38E−09 (0.00000000738)

유의한 F 값이 유의수준 0.05보다 작기 때문에 회귀 방정식이 곡선이라는 귀무가설을 기각한다. 즉, 회귀 방정식은 직선이며 통계적으로 유의미하다.

표준잔차가 2.5~3 이상이면 이상값이므로 가까운 두 해의 동일 분기 평균으로 대체하거나 개입 모형 더미변수 회귀분석을 실시한다.

⌘ 회귀 방정식 = 계수 X 독립변수 1 + 계수 X 독립변수 2 + 계수 X 독립변수 3 + Y 절편

= 계수 X 분기1 + 계수 X 분기2 + 계수 X 분기3 + Y 절편

= (−1.36313) X 분기1 + (−2.03375) X 분기2 + (−0.30438) X 분기3 + TIME X (0.145625) + 6.06875

06

CHAPTER

개입 모형

06 \ 개입 모형

6.1 더미변수 회귀분석 활용 개입 모형

미래의 사건 또는 사고에 인한 매출액과 순이익의 변화를 미리 예측할 수 있을까?

미래를 예측한다면 위기관리가 가능하다.

위기관리는 사건사고가 발생된 후에 신속하고 정확한 판단에 의한 어떤 조치를 취하는 것도 매우 중요하지만, 미리 사건사고를 예측할 수 있다면 위기관리가 좀 더 수월할 수 있지 않을까?

사건변수에는 어떤 것을 고려해 볼 수 있을까?

사건변수는 홍수, 파업, 전쟁, 정책변경, 자연재해, 바겐세일, 대형사고, 환율폭등, 유가상승 등 외적인 사전으로 인해서 주어진 시계열 데이터가 영향을 받을 수 있다.

개입이 발생하면, 개입이 해당되는 시점의 관측값이 개입 발전 전의 관측값에 비해서 월등하게 큰 값 또는 작은 값을 갖는 경향이 있다.

개입이 발생한 경우에 효과가 지속적으로 영향을 미치는 계단식 개입이 있고 일시적인 펄스 개입이 있다.

⌘ 펄스 개입:

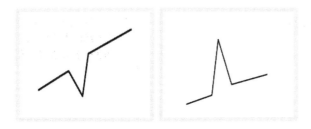

⌘ 계단 개입: 여러 시점의 지속적 반응

여러 시기에 걸쳐서 큰 변화가 일어난 경우는 어떻게 표기할까?

이전은 0으로, 이후를 1로 지정한다.

예 통신기술의 발달로 핸드폰 통신수단의 변화, 노트북의 판매로 데스크탑 판매량의 변화, 아이패드의 판매로 넷북 판매량의 변화

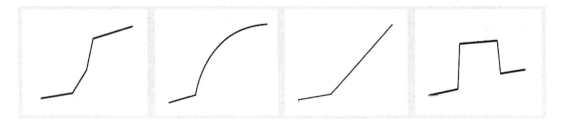

더미변수를 이용한 개입 모형은 매우 다양한 분야에 적용할 수 있다.

 • IMF 구제금융으로 환율 급등

 • 항공사 파업으로 항공 화물량이 급격히 감소

 • 이동통신업체의 디지털화, 광대역화, 고속인터넷 보급화로 통신비 증가

 • 의료사고 발생으로 인한 의사의 파산 발생

 • 은행으로부터 대출받은 기업체 부도·도산으로 인한 은행의 손실 발생

 • 증권거래 실수로 인한 투자증권의 손실 발생

 • 북한 핵실험, 장거리 미사일 등 한반도 정치적 불안으로 인한 외국인 관광객의 감소, 의료관광객의 감소

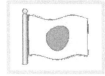 • 종군위안부, 독도 등에 대한 일본 정치인의 부적절한 발언으로 일본 화장품, 자동차 등 일본상품 수입·판매업체의 손실

 • 광우병 등으로 소고기 수입업체에 타격

 • 관광객에 대한 테러사건으로 해당 지역으로의 관광객 감소, 그 결과 여행사와 항공사에 큰 타격

- 태풍, 폭설, 폭우, 장마 등으로 인한 피해(농작물 손해, 관광객 감소, 호텔 투숙객 감소, 항공기 결항, 화물 운송지연, 운송업체의 경제적 손실 등)

- 조류독감으로 인한 피해(여행객 감소, 치킨 소비 감소 등)

- 유가 폭등(여행객 감소, 수송비용 증가, 수출기업의 수출 감소로 인한 타격 등)

- 화재, 추락사고, 안전사고 등 재해 및 인재로 인한 손해 발생(차량 피해, 전기 및 전화선 파손, 도로 파손, 가구 손실 등)

- 정전·단수 등 공장 가동에 손해 발생

- 선박 충돌로 인한 손해

- 차량충돌, 대중교통 사고로 인한 손해

- 비행기 추락사고로 인한 항공사의 경제적 손실

- 환율 급등으로 인한 수출업체 경제적 손실

- 정부의 외환개입 의사표현이 환율 변화에 미치는 영향

- 정부 부동산 정책 발표와 부동산 가격 변화

- 백화점 할인 이벤트와 매출액 변화 비교

- 신상품 판매 출시와 순이익 변화

식료품 제조회사에서 1년에 1회씩 특정 분기 중에 할인 행사를 하고 있다. 만약 연속해서 2달간 할인행사를 개최하려고 한다. 매출액에 어떤 변화가 있을까?

⌘ 할인행사

1: 할인행사 실시 기간   0: 할인행사를 시행하지 않는 기간

	A	B	C	D	E
1	TIME	연도	분기	매출액	할인행사
2	1	2010	1	105	0
3	2	2010	2	143	0
4	3	2010	3	123	0
5	4	2010	4	254	1
6	5	2011	1	125	0
7	6	2011	2	153	0
8	7	2011	3	286	1
9	8	2011	4	88	0
10	9	2012	1	118	0
11	10	2012	2	311	1
12	11	2012	3	133	0
13	12	2012	4	102	0
14	13	2013	1	338	1
15	14	2013	2	144	0
16	15	2013	3	113	0
17	16	2013	4	80	0
18	17	2014	1	109	0
19	18	2014	2	353	1
20	19	2014	3	125	0
21	20	2014	4	109	0
22	21	2015	1	130	0
23	22	2015	2	165	0
24	23	2015	3	428	1
25	24	2015	4	96	0

👆 1분기부터 3분기까지 더미변수를 만든다.

TIME 변수	1분기 더미변수	2분기 더미변수	3분기 더미변수
1분기	1	0	0
2분기	0	1	0
3분기	0	0	1
4분기	0	0	0

예측값과 잔차 제목을 입력한다. → 더미변수를 복사해서 붙여넣기를 한다.

I1, J1에 각각 제목 예측값, 잔차를 입력한다.

	A	B	C	D	E	F	G	H	I	J
1	TIME	연도	분기	매출액	할인행사	분기1	분기2	분기3	예측값	잔차
2	1	2010	1	105	0	1	0	0		
3	2	2010	2	143	0	0	1	0		
4	3	2010	3	123	0	0	0	1		
5	4	2010	4	254	1	0	0	0		
6	5	2011	1	125	0	1	0	0		
7	6	2011	2	153	0	0	1	0		
8	7	2011	3	286	1	0	0	1		
9	8	2011	4	88	0	0	0	0		
10	9	2012	1	118	0	1	0	0		
11	10	2012	2	311	1	0	1	0		
12	11	2012	3	133	0	0	0	1		
13	12	2012	4	102	0	0	0	0		
14	13	2013	1	338	1	1	0	0		
15	14	2013	2	144	0	0	1	0		
16	15	2013	3	113	0	0	0	1		
17	16	2013	4	80	0	0	0	0		
18	17	2014	1	109	0	1	0	0		
19	18	2014	2	353	1	0	1	0		
20	19	2014	3	125	0	0	0	1		
21	20	2014	4	109	0	0	0	0		
22	21	2015	1	130	0	1	0	0		
23	22	2015	2	165	0	0	1	0		
24	23	2015	3	428	1	0	0	1		
25	24	2015	4	96	0	0	0	0		

데이터 → 데이터분석 → 회귀분석

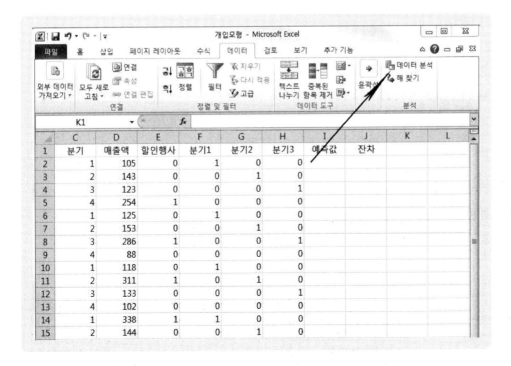

회귀분석 → 확인

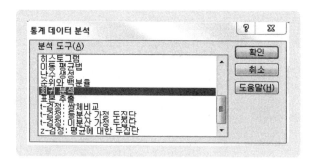

⌘ Y축: 매출액 (D1:D25)
⌘ X축: 할인행사 포함
　　더미변수 (E1:H25)
⌘ 이름표
⌘ 출력 옵션: K1

확인 → 결과

	K	L	M	N	O	P	Q	R	S
1	요약 출력								
2									
3	회귀분석 통계량								
4	다중 상관계수	0.962867							
5	결정계수	0.927112							
6	조정된 결정계수	0.911767							
7	표준 오차	29.18625							
8	관측수	24							
9									
10	분산 분석								
11		자유도	제곱합	제곱 평균	F 비	유의한 F			
12	회귀	4	205867.7	51466.93	60.41873	1.54E-10			
13	잔차	19	16184.91	851.8374					
14	계	23	222052.6						
15									
16		계수	표준 오차	t 통계량	P-값	하위 95%	상위 95%	하위 95.0%	상위 95.0%
17	Y 절편	88.08974	12.14222	7.254833	6.94E-07	62.67579	113.5037	62.67579	113.5037
18	할인행사	200.4615	14.02062	14.29762	1.28E-11	171.116	229.807	171.116	229.807
19	분기1	32.66667	16.85069	1.938595	0.067552	-2.60224	67.93557	-2.60224	67.93557
20	분기2	56.58974	17.01195	3.326471	0.003547	20.98333	92.19615	20.98333	92.19615
21	분기3	46.42308	17.01195	2.728852	0.013332	10.81667	82.02949	10.81667	82.02949

⌘ 결정계수: 0.927112

회귀 방정식이 전체 자료의 92.71%를 설명하고 있다.

⌘ 분산분석 유의한 F 값

1.54E − 10(0.000000000154)로 0.05보다 작기 때문에 회귀 방정식이 곡선이라는 귀무가설을 기각한다. 즉, 회귀 방정식은 직선이며 통계적으로 유의미하다.

⌘ 회귀 방정식 = L17 X 할인행사 + L19 X 분기1 + L20 X 분기2 + L21 X 분기3 + L17
= 200.4615 X 할인행사 + 32.66667 X 분기1 + 56.58974 X 분기2 + 46.42308 X 분기3 + 88.08974

6.2 미래 예측

6.2.1 예측값 계산

커서를 I2에 놓는다.

예측값 = 할인행사 유무 X 할인행사 계수 + 분기1 X 분기1 계수 + 분기2 X 분기2 계수 + 분기3 X 분기3 계수 + Y 절편

I2 = E2*L18 + F2*L19 + G2*L20 + H2*L21 + L17

Y 절편, 할인행사 계수, 분기별 계수를 각각 선택한 후 Key Board의 F4를 클릭해서 절대참조로 변경한다.

	I2		fx	=E2*L18+F2*L19+G2*L20+H2*L21+L17						
	A	B	C	D	E	F	G	H	I	J	K	L
1	TIME	연도	분기	매출액	할인행사	분기1	분기2	분기3	예측값	잔차	요약 출력	
2	1	2010	1	105	0	1	0	0	120.7564			
3	2	2010	2	143	0	0	1	0			회귀분석 통계량	
4	3	2010	3	123	0	0	0	1			다중 상관계수	0.962867
5	4	2010	4	254	1	0	0	0			결정계수	0.927112
6	5	2011	1	125	0	1	0	0			조정된 결정계수	0.911767
7	6	2011	2	153	0	0	1	0			표준 오차	29.18625
8	7	2011	3	286	1	0	0	1			관측수	24
9	8	2011	4	88	0	0	0	0				
10	9	2012	1	118	0	1	0	0			분산 분석	
11	10	2012	2	311	1	0	1	0				자유도
12	11	2012	3	133	0	0	0	1			회귀	4
13	12	2012	4	102	0	0	0	0			잔차	19
14	13	2013	1	338	1	1	0	0			계	23
15	14	2013	2	144	0	0	1	0				
16	15	2013	3	113	0	0	0	1				계수
17	16	2013	4	80	0	0	0	0			Y 절편	88.08974
18	17	2014	1	109	0	1	0	0			할인행사	200.4615
19	18	2014	2	353	1	0	1	0			분기1	32.66667
20	19	2014	3	125	0	0	0	1			분기2	56.58974
21	20	2014	4	109	0	0	0	0			분기3	46.42308

6.2.2 개입 조건

2016년에 1/4분기, 2/4분기에 할인 행사를 연속적으로 하고자 한다. 매출액에 어떤 변화가 있을까?

TIME	연도	분기	매출액	할인행사	분기1	분기2	분기3
17	2014	1	109	0	1	0	0
18	2014	2	353	1	0	1	0
19	2014	3	125	0	0	0	1
20	2014	4	109	0	0	0	0
21	2015	1	130	0	1	0	0
22	2015	2	165	0	0	1	0
23	2015	3	428	1	0	0	1
24	2015	4	96	0	0	0	0
25	2016	1		1	1	0	0
26	2016	2		1	0	1	0
27	2016	3		0	0	0	1
28	2016	4		0	0	0	0

6.2.3 미래 예측

커서를 I26에 놓는다. → 아래로 드래그해도 계산 가능

2016년 1/4분기 예측 = 할인행사 계수 X 할인행사 유무 + 분기1 X 분기1 계수 + 분기2 X 분기2 계수 + 분기3 X 분기3 계수 + Y 절편

계수를 각각 선택한 후 Key Board의 F4를 클릭해서 절대참조로 변경한다.

I26 = E26*$L$18+F26*$L$19+G26*$L$20+H26*$L$21+$L$17

	A	B	C	D	E	F	G	H	I	J	K	L
10	9	2012	1	118	0	1	0	0	120.7564	-2.75641	분산 분석	
11	10	2012	2	311	1	0	1	0	345.141	-34.141		자유도
12	11	2012	3	133	0	0	0	1	134.5128	-1.51282	회귀	4
13	12	2012	4	102	0	0	0	0	88.08974	13.91026	잔차	19
14	13	2013	1	338	1	1	0	0	321.2179	16.78205	계	23
15	14	2013	2	144	0	0	1	0	144.6795	-0.67949		
16	15	2013	3	113	0	0	0	1	134.5128	-21.5128		계수
17	16	2013	4	80	0	0	0	0	88.08974	-8.08974	Y 절편	88.08974
18	17	2014	1	109	0	1	0	0	120.7564	-11.7564	할인행사	200.4615
19	18	2014	2	353	1	0	1	0	345.141	7.858974	분기1	32.66667
20	19	2014	3	125	0	0	0	1	134.5128	-9.51282	분기2	56.58974
21	20	2014	4	109	0	0	0	0	88.08974	20.91026	분기3	46.42308
22	21	2015	1	130	0	1	0	0	120.7564	9.24359		
23	22	2015	2	165	0	0	1	0	144.6795	20.32051		
24	23	2015	3	428	1	0	0	1	334.9744	93.02564		
25	24	2015	4	96	0	0	0	0	88.08974	7.910256		
26	25	2016	1		1	1	0	0	321.2179			
27	26	2016	2		1	0	1	0				
28	27	2016	3		0	0	0	1				
29	28	2016	4		0	0	0	0				

아래로 드래그해서 2016년 4/4분기까지 자동으로 계산한다.

I29				fx	=E29*$L$18+F29*$L$19+G29*$L$20+H29*$L$21+$L$17						
	A	B	C	D	E	F	G	H	I	J	K	L
10	9	2012	1	118	0	1	0	0	120.7564	-2.75641	분산 분석	
11	10	2012	2	311	1	0	1	0	345.141	-34.141		자유도
12	11	2012	3	133	0	0	0	1	134.5128	-1.51282	회귀	4
13	12	2012	4	102	0	0	0	0	88.08974	13.91026	잔차	19
14	13	2013	1	338	1	1	0	0	321.2179	16.78205	계	23
15	14	2013	2	144	0	0	1	0	144.6795	-0.67949		
16	15	2013	3	113	0	0	0	1	134.5128	-21.5128		계수
17	16	2013	4	80	0	0	0	0	88.08974	-8.08974	Y 절편	88.08974
18	17	2014	1	109	0	1	0	0	120.7564	-11.7564	할인행사	200.4615
19	18	2014	2	353	1	0	1	0	345.141	7.858974	분기1	32.66667
20	19	2014	3	125	0	0	0	0	134.5128	-9.51282	분기2	56.58974
21	20	2014	4	109	0	0	0	0	88.08974	20.91026	분기3	46.42308
22	21	2015	1	130	0	1	0	0	120.7564	9.24359		
23	22	2015	2	165	0	0	1	0	144.6795	20.32051		
24	23	2015	3	428	1	0	0	1	334.9744	93.02564		
25	24	2015	4	96	0	0	0	0	88.08974	7.910256		
26	25	2016	1		1	1	0	0	321.2179			
27	26	2016	2		1	0	1	0	345.141			
28	27	2016	3		0	0	0	1	134.5128			
29	28	2016	4		0	0	0	0	88.08974			

예측값 복사 → 붙여넣기 → 선택하여 붙여넣기 → 값 선택

	A	B	C	D	E	F	G	H	I
13	12	2012	4	102	0	0	0	0	88.08974
14	13	2013	1	338	1	1	0	0	321.2179
15	14	2013	2	144	0	0	1	0	144.6795
16	15	2013	3	113	0	0	0	1	134.5128
17	16	2013	4	80	0	0	0	0	88.08974
18	17	2014	1	109	0	1	0	0	120.7564
19	18	2014	2	353	1	0	1	0	345.141
20	19	2014	3	125	0	0	0	1	134.5128
21	20	2014	4	109	0	0	0	0	88.08974
22	21	2015	1	130	0	1	0	0	120.7564
23	22	2015	2	165	0	0	1	0	144.6795
24	23	2015	3	428	1	0	0	1	334.9744
25	24	2015	4	96	0	0	0	0	88.08974
26	25	2016	1	321.2179	1	1	0		321.2179
27	26	2016	2	345.141	1	0	1		345.141
28	27	2016	3	134.5128	0	0	0		134.5128
29	28	2016	4	88.08974	0	0	0		88.08974

TIME 인덱스를 삭제한다.

	A	B	C	D	E	F	G	H
		연도	분기	매출액	할인행사	분기1	분기2	분기3
1		연도	분기	매출액	할인행사	분기1	분기2	분기3
2	1	2010	1	105	0	1	0	0
3	2	2010	2	143	0	0	1	0
4	3	2010	3	123	0	0	0	1
5	4	2010	4	254	1	0	0	0
6	5	2011	1	125	0	1	0	0
7	6	2011	2	153	0	0	1	0
8	7	2011	3	286	1	0	0	1
9	8	2011	4	88	0	0	0	0
10	9	2012	1	118	0	1	0	0
11	10	2012	2	311	1	0	1	0
12	11	2012	3	133	0	0	0	1
13	12	2012	4	102	0	0	0	0
14	13	2013	1	338	1	1	0	0
15	14	2013	2	144	0	0	1	0
16	15	2013	3	113	0	0	0	1

A열, D열 선택 → 삽입 → 꺾은선형 → 첫 번째 꺾은선형

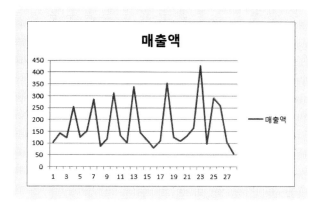

개입 모형을 2개로 설정해서 시계열 분석할 수도 있다. 이 경우 더미변수를 2개 만들면 된다.

 • 할인행사 실시와 신제품 출시를 동시에 하는 경우

 • 10% 할인행사와 15% 할인행사를 동시에 실시하는 경우

 • 방학 시기와 할인행사가 동시에 진행되는 경우

 • 판매교육 실시와 포상제도를 동시에 실시하는 경우

 • 기술 혁신과 할인행사를 동시에 실시하는 경우

07

계절지수

계절지수

여기에서 소개하는 계절지수는 Regression Based Decomposition Multiplicative Method 방법이다.

🖱 파일 이름: 회귀분석과 이동평균

	A	B	C
1	연도	Month	병원 매출액
2	2010	1월	316
3		2월	428
4		3월	568
5		4월	548
70	2015	9월	1229
71		10월	326
72		11월	578
73		12월	536

2010년부터 2015년까지 병원 매출액을 조사했다.

⌘ TIME 변수와 분기 이름 입력

	A	B	C	D	E
1	연도	Month	병원 매출액	TIME	분기
2	2010	1월	316	1	1/4
3		2월	428	2	2/4
4		3월	568	3	3/4
5		4월	548	4	4/4
	(생략)				
26	2012	1월	362	25	1/4
27		2월	478	26	2/4
28		3월	934	27	3/4
29		4월	576	28	4/4

D1, E1에 각각 TIME 변수와 분기 제목을 입력한다. → D2와 D3에 1, 2를 입력한다. → D2와 D3를 동시에 선택한 후 아래로 D29까지 드래그해서 TIME 변수 값을 자동으로 채운다. → E2부터 E5까지 1/4, 2/4, 3/4, 4/4분기를 표시한다. → D2에서 D5 선택 → 마우스 오른쪽 클릭 → 복사한다. → E29까지 붙여넣기를 반복해서 채운다.

⌘ 분기별 합계 계산

2010년 1/4분기 합계 = 2010년 1월, 2월, 3월의 합계

F2 = SUM(C2:C4) = (316 + 428 + 568) = 1312 → 같은 방법으로 각 분기별 합계를 계산한다.

	F2			f_x	=SUM(C2:C4)	
	A	B	C	D	E	F
1	연도	Month	병원 매출액	TIME	분기	병원 매출액
2	2010	1월	316	1	1/4	1312
3		2월	428	2	2/4	
4		3월	568	3	3/4	

🖱 파일 이름 : 회귀분석과 중심화 이동평균법_분기별 정리

	A	B	C	D	E	F
1	연도	Month	병원 매출액	TIME	분기	병원 매출액
2	2010	1월	316	1	1/4	1312.0
3		2월	428	2	2/4	1992.0
4		3월	568	3	3/4	2779.0
5		4월	548	4	4/4	1693.0
22		9월	749	21	1/4	2827.0
23		10월	495	22	2/4	1892.0
24		11월	267	23	3/4	3676.0
25		12월	478	24	4/4	1440.0

⌘ 회귀분석

데이터 → 데이터분석 → 회귀분석 선택 → 확인

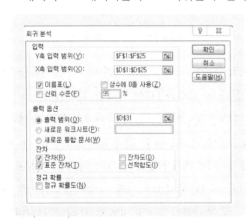

⌘ Y축 입력 범위: F1:F25

⌘ X축 입력 범위: D1:D25

⌘ 이름표

⌘ 출력 범위: D31

⌘ 잔차, 표준잔차

확인 → 회귀분석 결과 출력

⌘ 회귀 방정식 = TIME 계수 X TIME + Y 절편

병원 매출액 = 26.31695652 X TIME + 1794.913043

J26 = E48 X D26 + E47

계수(E48)와 Y 절편(E47)을 각각 선택한 후 Key Board의 F4를 클릭해서 절대참조로 변경한다. → J26 = $E$48*D26+$E$47 → 아래로 드래그해서 4/4분기까지 회귀 방정식에 의한 예측값을 자동으로 계산한다.

	J26	▼	f_x =$E$48*D26+$E$47							
	A	B	C	D	E	F	G	H	I	J
26	2012	1월	362	25	1/4					2452.84
27		2월	478	26	2/4					
28		3월	934	27	3/4					
29		4월	576	28	4/4					
30		5월	396							
31		6월	603	요약 출력						
32		7월	1442							
33		8월	907	회귀분석 통계량						
34		9월	822	다중 상관계수	0.271496319					
35		10월	892	결정계수	0.073710251					
36		11월	678	조정된 결정계	0.031606172					
37		12월	446	표준 오차	674.5011994					
38	2013	1월	468	관측수	24					
39		2월	678							
40		3월	926	분산 분석						
41		4월	538		자유도	제곱합	제곱평균	F 비	유의한 F	
42		5월	478	회귀	1	796469.531	796469.5	1.750667679	0.199380744	
43		6월	589	잔차	22	10008941.1	454951.9			
44		7월	1298	계	23	10805410.6				
45		8월	935							
46		9월	926		계수	표준 오차	t 통계량	P-값	하위 95%	상위 95%
47		10월	589	Y 절편	1794.913043	284.201408	6.315637	2.34806E-06	1205.5154	2384.310687
48		11월	890	TIME	26.31695652	19.8899553	1.323128	0.199380744	-14.9322858	67.56619885

⌘ 이동평균 계산

⭐주의 데이터분석의 이동평균법에서 구간 4를 선택해서 이동평균을 계산할 경우, 이동평균 결과가 G5에 출력된다. 예 G5 = AVERAGE(F2:F5)

┃참고┃ 데이터분석으로 이동평균과 중심화 이동평균을 계산한 계절지수 결과

	I6			fx	=F6/H6				
	A	B	C	D	E	F	G	H	I
1	연도	Month	병원 매출액	TIME	분기	병원 매출액	이동평균	중심화 이동평균	계절지수
2	2010	1월	316	1	1/4	1312.0	#N/A		
3		2월	428	2	2/4	1992.0	#N/A		
4		3월	568	3	3/4	2779.0	#N/A		
5		4월	548	4	4/4	1693.0	1944.0		
6		5월	588	5	1/4	1770.0	2058.5	2001.250	0.884
7		6월	856	6	2/4	1803.0	2011.3	2034.875	0.886

그러나 계절지수를 계산할 목적으로 이동평균법을 계산할 경우, 이동평균의 계산 결과가 G4(3/4 분기)에 출력되도록 수식을 입력해서 직접 계산한다.

G4 = AVERAGE(F2:F5) 또는 = (F2 + F3 + F4 + F5) / 4 → 아래로 드래그해서 관측값 마지막 연도 4/4분기 범위까지 이동평균을 계산한다. → G24까지 드래그한다.

	G4			fx	=AVERAGE(F2:F5)	
	A	B	C	D	E	F	G
1	연도	Month	병원 매출액	TIME	분기	병원 매출액	이동평균
2	2010	1월	316	1	1/4	1312.0	
3		2월	428	2	2/4	1992.0	
4		3월	568	3	3/4	2779.0	1944.00
5		4월	548	4	4/4	1693.0	
6		5월	588	5	1/4	1770.0	

만약 첫 번째 자료가 1/4분기 아니고 4/4분기부터 시작되었다면 어떻게 해야 할까? 이동평균 결과는 2/4분기에 출력되어야 한다. 즉, 세 번째 행에 이동평균 결과를 출력한다.

예 첫 번째 자료가 4/4분기인 경우의 이동평균과 중심화 이동평균 결과 위치

	E4			fx	=AVERAGE(D4:D5)	
	A	B	C	D	E
1	연도	분기	매출액	이동평균	중심화 이동평균
2		4	315.20		
3	2012	1	178.30		
4		2	274.50	265.85	262.25
5		3	295.40	258.65	260.21
6		4	286.40	261.78	260.40
7	2013	1	190.80	259.03	261.95

⌘ 중심화 이동평균 계산

⭐ Chapter 9 이동평균법의 9.3 중심화 이동평균법에서 설명한 방법대로 중심화 이동평균의 결과를 H5(4/4분기)에 출력되도록 하면 계절지수 계산 결과가 달라진다.

예 H5 = AVERAGE(G4:G5)

계절지수를 계산할 목적으로 중심화 이동평균을 계산할 경우, 결과가 3/4분기에 출력되도록 한다.

중심화 이동평균 = (3/4분기 + 4/4분기)/2 또는 AVERAGE(3/4분기:4/4분기)

H4 = AVERAGE(G4:G5)

H4						f_x	=AVERAGE(G4:G5)	
	A	B	C	D	E	F	G	H
1	연도	Month	병원 매출액	TIME	분기	병원 매출액	이동평균	중심화 이동평균
2	2010	1월	316	1	1/4	1312.0		
3		2월	428	2	2/4	1992.0		
4		3월	568	3	3/4	2779.0	1944.00	2001.250
5		4월	548	4	4/4	1693.0	2058.50	
6		5월	588	5	1/4	1770.0	2011.25	

참고 중심화 이동평균을 한 번에 계산하는 방법

이동평균을 계산한 후에 그 결과로부터 중심화 이동평균을 계산할 수 있지만 한 번에 계산할 수 있다.

중심화 이동평균 = ((1/4분기:4/4분기 평균) + (2/4분기:다음 해 1/4분기 평균))/2

G4 = (AVERAGE(F2:F5) + AVERAGE(F3:F6))/2

G4						f_x	=(AVERAGE(F2:F5)+AVERAGE(F3:F6))/2
	A	B	C	D	E	F	G
1	연도	Month	병원 매출액	TIME	분기	병원 매출액	중심화 이동평균
2	2010	1월	316	1	1/4	1312.0	
3		2월	428	2	2/4	1992.0	
4		3월	568	3	3/4	2779.0	2001.25
5		4월	548	4	4/4	1693.0	
6		5월	588	5	1/4	1770.0	

⌘ 계절지수 계산(Seasonal Ratio 계산)

계절지수 = 관측값(병원 매출액)/중심화 이동평균

I4 = F4/H4 → 아래로 드래그해서 계절지수(계절오차)를 자동으로 계산한다.

	14		f_x	=F4/H4					
	A	B	C	D	E	F	G	H	I
1	연도	Month	병원 매출액	TIME	분기	병원 매출액	이동평균	중심화 이동평균	계절지수
2	2010	1월	316	1	1/4	1312.0			
3		2월	428	2	2/4	1992.0			
4		3월	568	3	3/4	2779.0	1944.00	2001.250	1.389
5		4월	548	4	4/4	1693.0	2058.50	2034.875	
6		5월	588	5	1/4	1770.0	2011.25	1983.125	

⌘ 분기별 계절지수 계산(Raw Seasonal Index)

계절지수의 분기별 평균을 계산한다. → J2 = AVERAGE(I6,I10,I14,I18,I22) 또는 (I6 + I10 + I14 + I18 + I22)/5 → 같은 방법으로 다른 분기별 계절지수 평균을 계산한다.

	J2		f_x	=AVERAGE(I6,I10,I14,I18,I22)					
	A	B	C	D	E	F	G	H	I	J
1	연도	Month	병원 매출액	TIME	분기	병원 매출액	이동평균	중심화 이동평균	계절지수	분기별 계절지수
2	2010	1월	316	1	1/4	1312.0				0.989
3		2월	428	2	2/4	1992.0				
4		3월	568	3	3/4	2779.0	1944.00	2001.250	1.389	
5		4월	548	4	4/4	1693.0	2058.50	2034.875	0.832	
6		5월	588	5	1/4	1770.0	2011.25	1983.125	0.893	
7		6월	856	6	2/4	1803.0	1955.00	1898.375	0.950	
8		7월	1182	7	3/4	2554.0	1841.75	1842.250	1.386	
9		8월	829	8	4/4	1240.0	1842.75	1814.250	0.683	
10		9월	768	9	1/4	1774.0	1785.75	1862.875	0.952	
11		10월	578	10	2/4	1575.0	1940.00	2037.000	0.773	
12		11월	689	11	3/4	3171.0	2134.00	2171.250	1.460	
13		12월	426	12	4/4	2016.0	2208.50	2212.250	0.911	
14	2011	1월	334	13	1/4	2072.0	2216.00	2214.500	0.936	
15		2월	786	14	2/4	1605.0	2213.00	2205.375	0.728	
16		3월	650	15	3/4	3159.0	2197.75	2222.375	1.421	
17		4월	578	16	4/4	1955.0	2247.00	2215.500	0.882	
18		5월	567	17	1/4	2269.0	2184.00	2195.375	1.034	
19		6월	658	18	2/4	1353.0	2206.75	2186.875	0.619	
20		7월	926	19	3/4	3250.0	2167.00	2236.750	1.453	
21		8월	879	20	4/4	1796.0	2306.50	2373.875	0.757	
22		9월	749	21	1/4	2827.0	2441.25	2494.500	1.133	
23		10월	495	22	2/4	1892.0	2547.75	2503.250	0.756	
24		11월	267	23	3/4	3676.0	2458.75			

⌘ 계절지수 조정(Adjusted Seasonal Index)

분기별 계절지수의 합계가 4가 되도록 조정한다.

| 참고 | 만약 연도별 합계를 종속변수로 회귀분석을 하면 Chapter 11의 11.4 FORCAST 함수 및 계절지수 활용 미래 예측에서와 같이 분기별 계절지수의 합계가 1이 되도록 수정한다.
예 K2 = (J1/J6) → J6를 절대참조로 변경한다. → 아래로 드래그한다. → K6 = 1

그러나 여기서는 분기별 계절지수의 합계가 4가 되도록 조정한다.

⌘ 계절지수 합계 계산

J6 = SUM(J2:J5)

	J6	▼		*fx*	=SUM(J2:J5)					
	A	B	C	D	E	F	G	H	I	J	K
1	연도	Month	병원 매출액	TIME	분기	병원 매출액	이동평균	중심화 이동평균	계절지수	분기별 계절지수	계절지수 조정
2	2010	1월	316	1	1/4	1312.0				0.989	
3		2월	428	2	2/4	1992.0				0.765	
4		3월	568	3	3/4	2779.0	1944.00	2001.250	1.389	1.422	
5		4월	548	4	4/4	1693.0	2058.50	2034.875	0.832	0.813	
6		5월	588	5	1/4	1770.0	2011.25	1983.125	0.893	3.990	

⌘ 계절지수 조정: 계절지수 합계가 4가 되도록 수정

1/4분기 계절지수 조정 = 1/4분기 계절지수 X(4/계절지수 합계)

K2 = J2 X (4/J6) → J6(계절지수 합계)를 선택하고 Key Board의 F4를 클릭해서 절대참조로 변경한다. → 아래로 드래그해서 계절지수 조정을 자동으로 계산한다. K6의 결과는 값이 4가 되어야 한다.

	K2	▼		*fx*	=J2*(4/J6)					
	A	B	C	D	E	F	G	H	I	J	K
1	연도	Month	병원 매출액	TIME	분기	병원 매출액	이동평균	중심화 이동평균	계절지수	분기별 계절지수	계절지수 조정
2	2010	1월	316	1	1/4	1312.0				0.989	0.992
3		2월	428	2	2/4	1992.0				0.765	
4		3월	568	3	3/4	2779.0	1944.00	2001.250	1.389	1.422	
5		4월	548	4	4/4	1693.0	2058.50	2034.875	0.832	0.813	
6		5월	588	5	1/4	1770.0	2011.25	1983.125	0.893	3.990	

⌘ 예측

2016년 1/4분기 예측값 = 회귀분석으로 계산한 2016년 예측값 X 1/4 분기 계절지수

F26 = J26 X J2 → 아래로 드래그해서 2016년 4/4분기까지 자동으로 계산한다.

	F26	▼		*fx*	=J26*K2					
	C	D	E	F	G	H	I	J	K
1	병원 매출액	TIME	분기	병원 매출액	이동평균	중심화 이동평균	계절지수	분기별 계절지수	계절지수 조정
2	316	1	1/4	1312.0				0.989	0.992
3	428	2	2/4	1992.0				0.765	0.767
4	568	3	3/4	2779.0	1944.00	2001.250	1.389	1.422	1.426
5	548	4	4/4	1693.0	2058.50	2034.875	0.832	0.813	0.815
6	588	5	1/4	1770.0	2011.25	1983.125	0.893	3.990	4.000
26	362	25	1/4	2433.3				2452.84	
27	478	26	2/4					2479.15	
28	934	27	3/4					2505.47	
29	576	28	4/4					2531.79	

D1, E2에 인덱스가 있으면 삭제한다. → D1:F29 선택 → 삽입 → 꺾은선형 → 첫 번째 꺾은선형

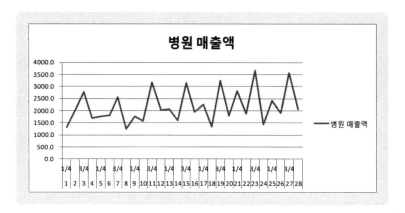

7.2 TREND함수와 이동평균 활용 계절지수

TREND함수, FORECAST함수, 회귀분석의 결과는 모두 동일하다. 따라서 회귀분석과 중복되는 부분은 설명을 생략한다.

2010년부터 2015년까지 병원 매출액을 조사했다.

⊙ 파일 이름: TREND함수와 이동평균

D	E	F
TIME	분기	병원 매출액
1	1/4	1312.0
2	2/4	1992.0
3	3/4	2779.0
(생략)		
21	1/4	2827.0
22	2/4	1892.0
23	3/4	3676.0
24	4/4	1440.0

⌘ TREND함수 활용 예측

분기별 병원 매출액 계산과정까지 앞에서 설명한 내용과 동일하다. → 커서를 J26에 놓는다.
→ J26 = TREND(Y값 범위, X값 범위, 새로운 X값) = TREND(F2:F25, D2:D25, D26) →

Y값 범위와 X값 범위를 동시에 선택한 후 Key Board의 F4를 클릭해서 절대참조로 변경한다.

	J26			f_x	=TREND($F$2:$F$25,$D$2:$D$25,D26)					
	A	B	C	D	E	F	G	H	I	J
1	연도	Month	병원 매출액	TIME	분기	병원 매출액	이동평균	중심화 이동평균	계절지수	분기별 계절지수
2	2010	1월	316	1	1/4	1312.0				
3		2월	428	2	2/4	1992.0				
24		11월	267	23	3/4	3676.0				
25		12월	478	24	4/4	1440.0				
26	2012	1월	362	25	1/4					2452.84
27		2월	478	26	2/4					
28		3월	934	27	3/4					
29		4월	576	28	4/4					

아래로 드래그해서 2016년 4/4분기까지 예측한다. → 이동평균 계산 → 중심화 이동평균 계산 → 계절지수 → 분기별 계절지수 → 계절지수 합계가 4가 되도록 계절지수 조정: 회귀분석과 중심화 이동평균과 방법이 동일하다.

⌘ 계절지수 고려 미래 예측

예측 = TREND함수 예측값 X 계절지수 조정

커서를 F26에 놓는다. → F26 = J26 X K2

	F26			f_x	=J26*K2						
	A	B	C	D	E	F	G	H	I	J	K
1	연도	Month	병원 매출액	TIME	분기	병원 매출액	이동평균	중심화 이동평균	계절지수	분기별 계절지수	계절지수 조정
2	2010	1월	316	1	1/4	1312.0				0.989	0.992
3		2월	428	2	2/4	1992.0				0.765	0.767
4		3월	568	3	3/4	2779.0	1944.00	2001.250	1.389	1.422	1.426
5		4월	548	4	4/4	1693.0	2058.50	2034.875	0.832	0.813	0.815
6		5월	588	5	1/4	1770.0	2011.25	1983.125	0.893	3.990	4.000
22		9월	749	21	1/4	2827.0	2441.25	2494.500	1.133		
23		10월	495	22	2/4	1892.0	2547.75	2503.250	0.756		
24		11월	267	23	3/4	3676.0	2458.75				
25		12월	478	24	4/4	1440.0					
26	2012	1월	362	25	1/4	2433.3				2452.84	
27		2월	478	26	2/4					2479.15	
28		3월	934	27	3/4					2505.47	
29		4월	576	28	4/4					2531.79	

D2, E2에 인덱스가 있으면 삭제한다. → D1:F21까지 선택 → Control Key를 누른 상태에서 I1:I21 선택 → 삽입 → 꺾은선형 → 첫 번째 꺾은선형

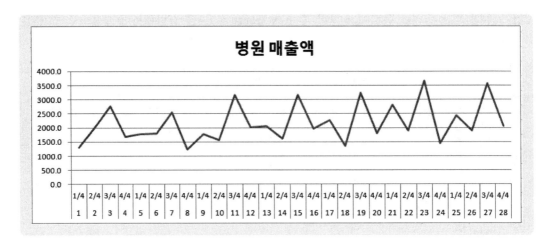

⌘ 관측값과 계절지수 고려 예측값 비교

K2:K5까지 계절지수 복사한다. → L2에 숫자(123)를 선택하여 붙여넣기를 해서 계절지수 결과를 복사한다.

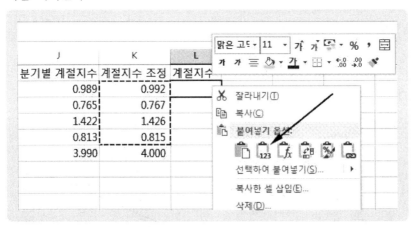

예측값 = 관측값 X 계절지수

M2 = F2 X L2

	M2			fx	=F2*L2						
	C	D	E	F	G	H	I	J	K	L	M
1	병원 매출액	TIME	분기	병원 매출액	이동평균	중심화 이동평균	계절지수	분기별 계절지수	계절지수 조정	계절지수	예측값
2	316	1	1/4	1312.0				0.989	0.992	0.992	1301.546
3	428	2	2/4	1992.0				0.765	0.767	0.767	
4	568	3	3/4	2779.0	1944.00	2001.250	1.389	1.422	1.426	1.426	
5	548	4	4/4	1693.0	2058.50	2034.875	0.832	0.813	0.815	0.815	
6	588	5	1/4	1770.0	2011.25	1983.125	0.893	3.990	4.000	0.992	
7	856	6	2/4	1803.0	1955.00	1898.375	0.950			0.767	
8	1182	7	3/4	2554.0	1841.75	1842.250	1.386			1.426	

2015년까지 아래로 드래그해서 자동으로 계산한다. → 2016년 결과값을 그대로 옮긴다.

M26 = F26

	M26	▾	f_x	=F26							
	C	D	E	F	G	H	I	J	K	L	M
1	병원 매출액	TIME	분기	병원 매출액	이동평균	중심화 이동평균	계절지수	분기별 계절지수	계절지수 조정	계절지수	예측값
2	316	1	1/4	1312.0				0.989	0.992	0.992	1301.546
3	428	2	2/4	1992.0				0.765	0.767	0.767	1527.932
4	568	3	3/4	2779.0	1944.00	2001.250	1.389	1.422	1.426	1.426	3961.941
5	548	4	4/4	1693.0	2058.50	2034.875	0.832	0.813	0.815	0.815	1380.239
6	588	5	1/4	1770.0	2011.25	1983.125	0.893	3.990	4.000	0.992	1755.896
26	362	25	1/4	2433.3				2452.84			2433.3
27	478	26	2/4	1901.6				2479.15			
28	934	27	3/4	3572.0				2505.47			
29	576	28	4/4	2064.1				2531.79			

D1, D2의 인덱스가 있으면 삭제한다. → D1부터 E29까지 선택한다. → Control Key를 누른 상태에서 F1:F25까지 선택한다(F25:F29 제외). → M1:M29까지 선택한다. → 삽입 → 꺾은선형 → 첫 번째 꺾은선형

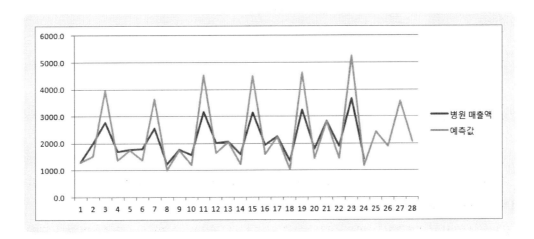

7.3 LOG함수와 이동평균 활용 계절지수

LOG함수와 이동평균을 활용한 계절지수 방법은 Log CMA(Centered Moving Average) Method라고 한다.

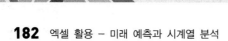 파일 이름: LOG함수와 중심화 이동평균

	A	B	C	D
1	TIME	연도	분기	항공사 매출액
2	1	2012	1	4800
3	2		2	4100
4	3		3	6000
	(생략)			
14	13	2015	1	6300
15	14		2	5900
16	15		3	8000
17	16		4	8400

⌘ 자연로그 변환

E2 = LN(D2) → 아래로 드래그해서 자동으로 관측값을 자연로그로 변환한다.

E2			f_x	=LN(D2)	
	A	B	C	D	E
1	TIME	연도	분기	항공사 매출액	자연로그
2	1	2012	1	4800	8.4764
3	2		2	4100	
4	3		3	6000	
5	4		4	6500	

⌘ 이동평균

Peter T. Ittig의 Log CMA(Centered Moving Average) Method에서 이동평균 결과의 위치는 2/4분기이다.

F3 = AVERAGE(E2:E5) 또는 (E2 + E3 + E4 + E5)/4 → 2015년 2/4분기까지 드래그해서 자동으로 이동평균을 계산한다.

	F3			f_x	=AVERAGE(E2:E5)	
	A	B	C	D	E	F
1	TIME	연도	분기	항공사 매출액	자연로그	이동평균
2	1	2012	1	4800	8.4764	
3	2		2	4100	8.3187	8.5685
4	3		3	6000	8.6995	
5	4		4	6500	8.7796	
6	5	2013	1	5800	8.6656	

⌘ 중심화 이동평균

Peter T. Ittig의 Log CMA(Centered Moving Average) Method에서 이동평균 결과의 위치는 2/4분기이다.

G4 = AVERAGE(F3:F4) 또는 (F3 + F4)/2 → 2015년 2/4분기까지 드래그해서 자동으로 중심화 이동평균을 계산한다.

	G4			f_x	=AVERAGE(F3:F4)		
	A	B	C	D	E	F	G
1	TIME	연도	분기	항공사 매출액	자연로그	이동평균	중심화 이동평균
2	1	2012	1	4800	8.4764		
3	2		2	4100	8.3187	8.5685	
4	3		3	6000	8.6995	8.6159	8.5922
5	4		4	6500	8.7796	8.6753	
6	5	2013	1	5800	8.6656	8.7066	

⌘ Difference(계절오차)

자연로그로 변환된 값과 중심화 이동평균의 차이를 계산한다.

H4 = E4 – G4

	H4			f_x	=E4-G4			
	A	B	C	D	E	F	G	H
1	TIME	연도	분기	항공사 매출액	자연로그	이동평균	중심화 이동평균	Difference
2	1	2012	1	4800	8.4764			
3	2		2	4100	8.3187	8.5685		
4	3		3	6000	8.6995	8.6159	8.5922	0.1073
5	4		4	6500	8.7796	8.6753	8.6456	
6	5	2013	1	5800	8.6656	8.7066	8.6909	

⌘ Smooth(계절오차의 분기별 평균)

Difference의 분기별 평균을 계산한다.

1/4분기 Smooth = (2013년 1분기 + 2014년 1분기 + 2015년 1분기)/3

I2 = AVERAGE(H6, H10, H14) 또는 (H6 + H10 + H14)/3 → 같은 방법으로 다른 분기의 Smooth를 계산한다.

	I2			f_x	=AVERAGE(H6,H10,H14)			
	A	B	C	D	E	F	G	H	I
1	TIME	연도	분기	항공사 매출액	자연로그	이동평균	중심화 이동평균	Difference	Smooth
2	1	2012	1	4800	8.4764				-0.0642
3	2		2	4100	8.3187	8.5685			
4	3		3	6000	8.6995	8.6159	8.5922	0.1073	
5	4		4	6500	8.7796	8.6753	8.6456	0.1340	
6	5	2013	1	5800	8.6656	8.7066	8.6909	-0.0253	
7	6		2	5200	8.5564	8.7390	8.7228	-0.1664	
8	7		3	6800	8.8247	8.7475	8.7432	0.0815	
9	8		4	7400	8.9092	8.7660	8.7567	0.1525	
10	9	2014	1	6000	8.6995	8.7905	8.7782	-0.0787	
11	10		2	5600	8.6305	8.8036	8.7971	-0.1665	
12	11		3	7500	8.9227	8.8158	8.8097	0.1129	
13	12		4	7800	8.9619	8.8289	8.8224	0.1395	
14	13	2015	1	6300	8.7483	8.8450	8.8370	-0.0886	
15	14		2	5900	8.6827	8.8635	8.8543	-0.1716	
16	15		3	8000	8.9872				

⌘ EXP함수로 원래값 변환

J2 = EXP(I2)

	J2			f_x	=EXP(I2)				
	A	B	C	D	E	F	G	H	I	J
1	TIME	연도	분기	항공사 매출액	자연로그	이동평균	중심화 이동평균	Difference	Smooth	EXP함수
2	1	2012	1	4800	8.4764				-0.0642	0.9378
3	2		2	4100	8.3187	8.5685			-0.1682	
4	3		3	6000	8.6995	8.6159	8.5922	0.1073	0.1006	
5	4		4	6500	8.7796	8.6753	8.6456	0.1340	0.1420	
6	5	2013	1	5800	8.6656	8.7066	8.6909	-0.0253		
7	6		2	5200	8.5564	8.7390	8.7228	-0.1664		

⌘ 계절지수 합계가 4가 되도록 조정

J2 = SUM(J2:J5)

	J6		▾	f_x	=SUM(J2:J5)					
	A	B	C	D	E	F	G	H	I	J
1	TIME	연도	분기	항공사 매출액	자연로그	이동평균	중심화 이동평균	Difference	Smooth	EXP함수
2	1	2012	1	4800	8.4764				-0.0642	0.9378
3	2		2	4100	8.3187	8.5685			-0.1682	0.8452
4	3		3	6000	8.6995	8.6159	8.5922	0.1073	0.1006	1.1058
5	4		4	6500	8.7796	8.6753	8.6456	0.1340	0.1420	1.1526
6	5	2013	1	5800	8.6656	8.7066	8.6909	-0.0253		4.0414
7	6		2	5200	8.5564	8.7390	8.7228	-0.1664		
8	7		3	6800	8.8247	8.7475	8.7432	0.0815		

K2 = J2 X (4/EXP함수 결과의 합계) → J6(EXP함수 결과의 합계)를 선택한 후 Key Board의 F4를 클릭해서 절대참조로 변경한다. → K2 = J2*(4/\$J\$6) → 아래로 드래그해서 계절지수 조정을 자동으로 계산한다. → K6의 값이 4가 되어야 한다.

	K6		▾	f_x	=J6*(4/\$J\$6)						
	A	B	C	D	E	F	G	H	I	J	K
1	TIME	연도	분기	항공사 매출액	자연로그	이동평균	중심화 이동평균	Difference	Smooth	EXP함수	계절지수 조정
2	1	2012	1	4800	8.4764				-0.0642	0.9378	0.9282
3	2		2	4100	8.3187	8.5685			-0.1682	0.8452	0.8366
4	3		3	6000	8.6995	8.6159	8.5922	0.1073	0.1006	1.1058	1.0945
5	4		4	6500	8.7796	8.6753	8.6456	0.1340	0.1420	1.1526	1.1408
6	5	2013	1	5800	8.6656	8.7066	8.6909	-0.0253		4.0414	4.0000
7	6		2	5200	8.5564	8.7390	8.7228	-0.1664			

계절지수 조정에 의한 예측방법은 TREND함수와 중심화 이동평균의 설명을 참고한다.

지금까지 분기를 독립변수로 해서 회귀분석 및 TREND함수 그리고 이동평균과 중심화 이동평균을 이용해서 계절지수를 찾는 방법을 소개했다. 연도를 독립변수로 해서 FORECAST함수 활용해서 계절지수를 찾는 방법은 Chapter 11 엑셀 함수 활용 미래 예측의 11.4 FORECAST함수 및 계절지수 활용 미래 예측을 참고한다.

08

곡선추정 회귀분석 (비선형 회귀분석)

08 곡선추정 회귀분석 (비선형 회귀분석)

⌘ 선형 회귀 모형   ⌘ 비선형 회귀모형

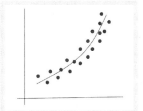

관측값이 직선이 아니고 곡선을 이루면 어떻게 해야 할까? 분산형 그래프를 만든 후에 추세선을 이용해서 선형 회귀분석뿐만 아니라 곡선추정 회귀분석을 할 수 있다.

 꺾은선형이 아니라 분산형 그래프에서 비선형 회귀분석을 실시해야 한다.

 • 초기에 완만한 수요를 보이다가 급격히 판매가 증가하는 제품의 예측

 • 갑자기 인기가 급증하는 신상품의 판매 예측

 • 침체기를 거치고 위기를 잘 극복해서 꾸준한 성장을 지속하는 상품

 • 매출, 순이익, 판매량 등이 점차 감소하는 경우

1993년부터 2015년까지 호텔 매출액을 조사했다.

파일 이름: 곡선추정 회귀분석

	A	B
1	연도	호텔 매출액
2	1993	4335
3	1994	4562.5
4	1995	5011
5	1996	22835
6	1997	13910
7	1998	18360
8	1999	22810
9	2000	25700
10	2001	29000
11	2002	21000
12	2003	43500
13	2004	42500
14	2005	41500
15	2006	40500
16	2007	39500
17	2008	38500
18	2009	22500
19	2010	36500
20	2011	44600
21	2012	46250
22	2013	57800
23	2014	57800
24	2015	51350

⌘ TIME 변수를 추가한다.

A1과 A2에 1, 2를 입력한다. → A1과 A2를 동시에 선택한 후 아래로 드래그한다.

	A	B	C
1		연도	호텔 매출액
2	1	1993	4335
3	2	1994	4562.5
4		1995	5011
5		1996	22835
6		1997	13910
7		1998	18360
8		1999	22810
9		2000	25700
10		2001	29000
11		2002	21000
12		2003	43500
13		2004	42500
14		2005	41500
15		2006	40500
16		2007	39500
17		2008	38500
18		2009	22500
19		2010	36500
20		2011	44600
21		2012	46250
22		2013	57800
23		2014	57800
24		2015	51350

A2 → 1

	A	B	C
1		연도	호텔 매출액
2	1	1993	4335
3	2	1994	4562.5
4	3	1995	5011
5	4	1996	22835
6	5	1997	13910
7	6	1998	18360
8	7	1999	22810
9	8	2000	25700
10	9	2001	29000
11	10	2002	21000
12	11	2003	43500
13	12	2004	42500
14	13	2005	41500
15	14	2006	40500
16	15	2007	39500
17	16	2008	38500
18	17	2009	22500
19	18	2010	36500
20	19	2011	44600
21	20	2012	46250
22	21	2013	57800
23	22	2014	57800
24	23	2015	51350

A1에 있는 Time 변수 이름 삭제 → TIME 변수 열(A1:A24) 선택 → Control Key를 누른 상태에서 호텔 순이익 열(C1:C24) 선택 → 삽입 → 분산형 → 표식만 있는 분산형(첫 번째 분산형)

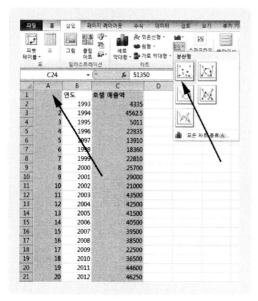

선형 회귀분석 또는 곡선추정 회귀분석을 하고자 할 때 꺾은선형을 선택하면 틀린 회귀 방정식 결과를 얻게 된다.

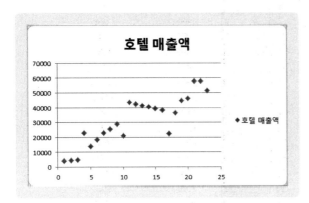

관측값 중 임의의 하나를 선택 → 눈송이 모양이 나타난다. → 마우스 오른쪽 클릭 → 추세선 추가

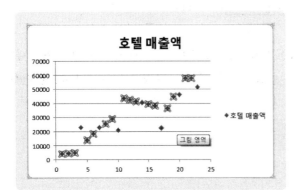
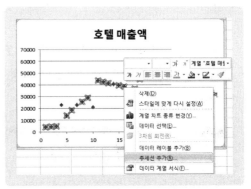

8.1 지수 모형

⌘ 추세/회귀 유형: 지수

⌘ 추세선 이름: 자동

⌘ 예측: 5(5년 후의 미래를 예측하고자 할 때 선택)

⌘ 수식을 차트에 표시

⌘ R 제곱 값을 차트에 표시

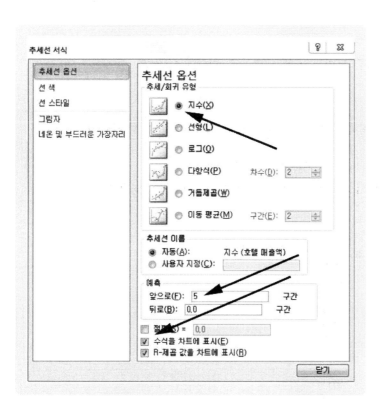

닫기 → R 제곱과 지수 모형을 범례 위로 드래그해서 옮긴다.

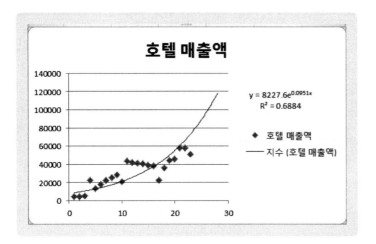

R 제곱이 0.6884이므로 지수 모형은 호텔 매출액의 변화를 68.84% 설명하고 있다.

지수 모형

호텔 매출액 = a X EXP(b X TIME) = 8227.6 X EXP(0.0951 X TIME)

예측하고자 하는 기간만큼 TIME 변수와 연도를 입력한다.
A23과 B24를 동시에 선택하고 예측하고자 하는 연도만큼 아래로 드래그한다.

	A	B	C
10	9	2001	29000
11	10	2002	21000
12	11	2003	43500
13	12	2004	42500
14	13	2005	41500
15	14	2006	40500
16	15	2007	39500
17	16	2008	38500
18	17	2009	22500
19	18	2010	36500
20	19	2011	44600
21	20	2012	46250
22	21	2013	57800
23	22	2014	57800
24	23	2015	51350
25	24	2016	
26	25	2017	
27	26	2018	
28	27	2019	
29	28	2020	

D1에 지수 예측치라고 제목을 입력한다.

커서를 D2에 놓는다.

	A	B	C	D
	D2		f_x	
1		연도	호텔 매출액	지수 예측치
2	1	1993	4335	
3	2	1994	4562.5	
4	3	1995	5011	
5	4	1996	22835	
6	5	1997	13910	
7	6	1998	18360	
8	7	1999	22810	
9	8	2000	25700	
10	9	2001	29000	
11	10	2002	21000	

D2= 8227.6 X EXP(0.0951 X A2)

= 8227.6*EXP(0.0951*A2)

	A	B	C	D
	D2		f_x =8227.6*EXP(0.0951*A2)	
1		연도	호텔 매출액	지수 예측치
2	1	1993	4335	9048.457997
3	2	1994	4562.5	
4	3	1995	5011	
5	4	1996	22835	
6	5	1997	13910	
7	6	1998	18360	
8	7	1999	22810	
9	8	2000	25700	
10	9	2001	29000	
11	10	2002	21000	

아래로 드래그해서 자동으로 계산한다.

	D2	▼	f_x =8227.6*EXP(0.0951*A2)

	A	B	C	D
1		연도	호텔 매출액	지수 예측치
2	1	1993	4335	9048.457997
3	2	1994	4562.5	9951.212033
4	3	1995	5011	10944.03278
5	4	1996	22835	12035.90609
6	5	1997	13910	13236.71431
7	6	1998	18360	14557.32577
8	7	1999	22810	16009.69308
9	8	2000	25700	17606.96137
10	9	2001	29000	19363.58724
11	10	2002	21000	21295.46962
12	11	2003	43500	23420.09363
13	12	2004	42500	25756.68889
14	13	2005	41500	28326.40352
15	14	2006	40500	31152.49555
16	15	2007	39500	34260.54348
17	16	2008	38500	37678.6777
18	17	2009	22500	41437.83516
19	18	2010	36500	45572.03934
20	19	2011	44600	50118.70823
21	20	2012	46250	55118.99293
22	21	2013	57800	60618.15018
23	22	2014	57800	66665.95189
24	23	2015	51350	73317.13567
25	24	2016		80631.90026
26	25	2017		88676.45033
27	26	2018		97523.59572
28	27	2019		107253.4104
29	28	2020		117953.9573

만약 2015년까지 관측값과 지수 모형 예측치를 선도표로 비교하고자 한다면, A1 Index 삭제 → A1:A24 선택 → Control Key를 누른 상태에서 C1:D24 선택 → 삽입 → 꺾은선형 → 첫 번째 꺾은선형

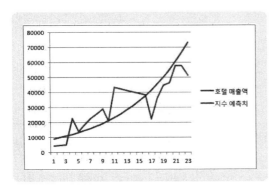

만약 2020년까지 포함해서 선도표를 만들려면, 지수 예측치를 호텔 매출액 뒤에 붙여넣기

 붙여넣기할 때 값(123)을 선택한다.

	A	B	C	D	E
16	15	2007	39500	34260.54348	
17	16	2008	38500	37678.6777	
18	17	2009	22500	41437.83516	
19	18	2010	36500	45572.03934	
20	19	2011	44600	50118.70823	
21	20	2012	46250	55118.99293	
22	21	2013	57800	60618.15018	
23	22	2014	578		
24	23	2015	513		
25	24	2016	80631.90026	80631.90026	
26	25	2017	88676.450		
27	26	2018	97523.595		
28	27	2019	107253.41		
29	28	2020	117953.95		

A1에 Index가 있으면 삭제한다. → A1에서 A29까지 선택 → Control Key를 누른 상태에서 D1에서 D29까지 선택 → 삽입 → 꺾은선형 → 첫 번째 꺾은선형

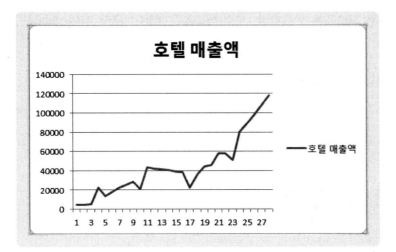

관측값과 지수 보형에 의한 미래 예측값(2016~2020년)을 하나의 그래프로 확인할 수 있다.

8.2 로그 모형

Time 변수를 만들고 분산형 그래프를 만들고 추세선을 만드는 과정은 앞에서 설명한 것과 모두 동일하다.

Time 변수 만들기 → Time 변수의 Index가 있으면 삭제 → Time 변수가 있는 열(A1:A24) 선택 + Control Key + 관측값이 있는 열 선택(C1:C24): Control Key를 누른 상태에서 C1부터 C24를 선택 → 삽입 → 분산형 그래프 → 관측값 선택 → 마우스 오른쪽 클릭 → 추세선 추가

⌘ 추세/회귀 유형: 로그
⌘ 예측: 앞으로 → 예측 구간 설정
㉠ 5: 5년 후의 예측

⌘ 수식을 차트에 표시
⌘ R 제곱 값을 차트에 표시

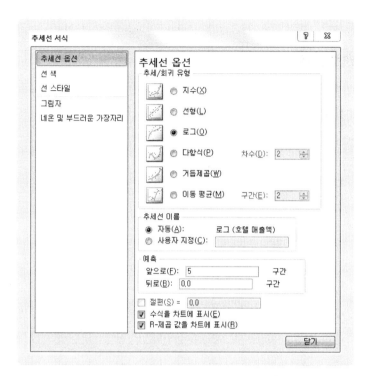

닫기 → 수식을 쉽게 읽을 수 있도록 수식을 범례 위로 이동

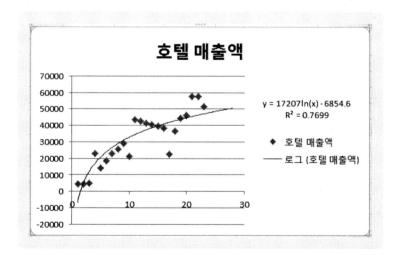

R 제곱이 0.7699이므로 로그 모형은 시간의 흐름에 따른 순이익의 변화를 76.99% 설명하고 있다.

호텔 매출액 = 17207 X LN(TIME) − 6854.6

A23과 A24 및 B23과 B24 동시에 선택한 후 예측할 기간만큼 아래로 드래그한다.

	A	B	C
16	15	2007	39500
17	16	2008	38500
18	17	2009	22500
19	18	2010	36500
20	19	2011	44600
21	20	2012	46250
22	21	2013	57800
23	22	2014	57800
24	23	2015	51350
25	24	2016	
26	25	2017	
27	26	2018	
28	27	2019	
29	28	2020	

D1에 로그 모형이라고 입력한다.

	A	B	C	D
1			호텔 매출액	로그모형
2	1	1993	4335	
3	2	1994	4562.5	
4	3	1995	5011	
5	4	1996	22835	
6	5	1997	13910	
7	6	1998	18360	
8	7	1999	22810	
9	8	2000	25700	
10	9	2001	29000	
11	10	2002	21000	

커서를 D2에 놓는다.

17207 X LN(A2) – 6854.6

	D2		f_x	=17207*LN(A2)-6854.6
	A	B	C	D
1			호텔 매출액	로그모형
2	1	1993	4335	-6854.6
3	2	1994	4562.5	
4	3	1995	5011	
5	4	1996	22835	
6	5	1997	13910	
7	6	1998	18360	
8	7	1999	22810	
9	8	2000	25700	
10	9	2001	29000	
11	10	2002	21000	

아래로 드래그해서 자동 계산한다.

	D29		f_x	=17207*LN(A29)-6854.6
	A	B	C	D
6	5	1997	13910	20838.99816
7	6	1998	18360	23976.20519
8	7	1999	22810	26628.67593
9	8	2000	25700	28926.35061
10	9	2001	29000	30953.0433
11	10	2002	21000	32765.9817
12	11	2003	43500	34405.98396
13	12	2004	42500	35903.18872
14	13	2005	41500	37280.48359
15	14	2006	40500	38555.65947
16	15	2007	39500	39742.81981
17	16	2008	38500	40853.33414
18	17	2009	22500	41896.50201
19	18	2010	36500	42880.02684
20	19	2011	44600	43810.36151
21	20	2012	46250	44692.96523
22	21	2013	57800	45532.49759
23	22	2014	57800	46332.96749
24	23	2015	51350	47097.84897
25	24	2016		47830.17226
26	25	2017		48532.59632
27	26	2018		49207.46713
28	27	2019		49856.86495
29	28	2020		50482.64301

로그 모형 예측값을 관측값 뒤(C25)에 붙여넣기를 한다.

⭐ 붙여넣기할 때, 값(123)을 선택한다.

	A	B	C	D	E
15	14	2006	40500	38555.65947	
16	15	2007	39500	39742.81981	
17	16	2008	38500	40853.33414	
18	17	2009	22500	41896.50201	
19	18	2010	36500	42880.02684	
20	19	2011	44600	43810.36151	
21	20	2012	46250	44692.96523	
22	21	2013	578		
23	22	2014	578		
24	23	2015	513		
25	24	2016			
26	25	2017			
27	26	2018			
28	27	2019			
29	28	2020			
30					
31					
32					
33					
34					
35					
36					

관측값과 예측값을 두 개의 선도표로 비교하고자 할 경우, A1:A29 선택 → Control Key를 누른 상태에서 C1:C24 및 D1:D29 선택 → 삽입 → 꺾은선형 → 첫 번째 꺾은선형

A1에서 A29까지 선택 → Control Key를 누른 상태에서 C1부터 C29까지 선택 → 삽입 → 꺾은선형

관측값과 로그 모형 미래의 예측값(C25:C29)을 한눈에 파악할 수 있다.

8.3 2차 다항식

8.3.1 분산형 그래프 활용 2차 다항식

Time 변수를 만들고 분산형 그래프를 만들고 추세선을 만드는 과정은 앞에서 설명한 것과 모두 동일하다.

Time 변수 만들기 → Time 변수의 Index가 있으면 삭제 → Time 변수가 있는 열(A1:A24) 선택 + Control Key + 관측값이 있는 열 선택(C1:C24): Control Key를 누른 상태에서 C1부터 C24를 선택 → 삽입 → 분산형 그래프 → 관측값 선택 → 마우스 오른쪽 클릭 → 추세선 추가

⌘ 추세/회귀 유형: 다항식

⌘ 차수: 2

⌘ 예측: 앞으로 → 예측 구간 설정

[예] 5: 5년 후의 예측

⌘ 수식을 차트에 표시

⌘ R 제곱 값을 차트에 표시

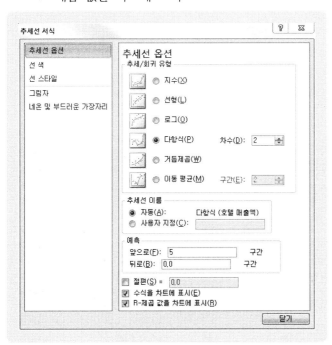

닫기 → 수식을 쉽게 읽을 수 있도록 2차 다항모형을 범례 위로 드래그해서 옮긴다.

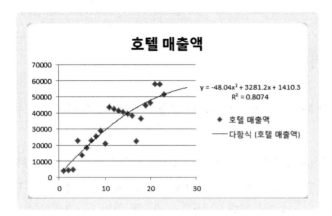

R 세곱 값이 0.8074이므로 광고홍보비의 변화로 인한 호텔 매출액의 변화를 80.74% 실명하고 있다.

호텔 매출액 = 48.04 X (TIME)^2 + 3281.2 X TIME + 1410.3

8.3.2 해 찾기 활용 최적 2차 다항식 최적 계수 구하기

◉ 파일이름 : 곡선추정 회귀분석_2차다항식_해 찾기

TIME 변수를 만든다.

	A	B	C
1	TIME	연도	호텔 매출액
2	1	1993	4335
3	2	1994	4562.5
4	3	1995	5011
5	4	1996	22835
6	5	1997	13910
7	6	1998	18360
8	7	1999	22810
9	8	2000	25700
10	9	2001	29000
11	10	2002	21000
12	11	2003	43500
13	12	2004	42500
14	13	2005	41500
15	14	2006	40500
16	15	2007	39500
17	16	2008	38500
18	17	2009	22500
19	18	2010	36500
20	19	2011	44600
21	20	2012	46250
22	21	2013	57800
23	22	2014	57800
24	23	2015	51350

예측값, 잔차, 잔차 제곱, 계수 A, B, C 제목을 입력하고 각 계수값은 1로 설정한다.

	H2		f_x	1				
	A	B	C	D	E	F	G	H
1	TIME	연도	호텔 매출액	예측값	잔차	잔차 제곱	계수	
2	1	1993	4335				A	1
3	2	1994	4562.5				B	1
4	3	1995	5011				C	1
5	4	1996	22835					
6	5	1997	13910					
7	6	1998	18360					
8	7	1999	22810					
9	8	2000	25700					
10	9	2001	29000					
11	10	2002	21000					
12	11	2003	43500					
13	12	2004	42500					
14	13	2005	41500					
15	14	2006	40500					
16	15	2007	39500					
17	16	2008	38500					
18	17	2009	22500					
19	18	2010	36500					
20	19	2011	44600					
21	20	2012	46250					
22	21	2013	57800					
23	22	2014	57800					
24	23	2015	51350					

⌘ 커서를 D2에 놓는다.

2차 다항식 = 독립변수 X A계수^2 + 독립변수 X B계수 + Y절편

D2 = A2*H2^2+A2*H3+H4

	D2		f_x	=A2*H2^2+A2*H3+H4				
	A	B	C	D	E	F	G	H
1	TIME	연도	호텔 매출액	예측값	잔차	잔차 제곱	계수	
2	1	1993	4335	3			A	1
3	2	1994	4562.5				B	1
4	3	1995	5011				Y절편	1
5	4	1996	22835					
6	5	1997	13910					
7	6	1998	18360					
8	7	1999	22810					
9	8	2000	25700					
10	9	2001	29000					
11	10	2002	21000					
12	11	2003	43500					
13	12	2004	42500					
14	13	2005	41500					
15	14	2006	40500					

계수(H2, H3)와 Y절편(H4)을 각각 선택한 후 Key Board의 F4를 클릭해서 절대참조로 변경한다.

	D2		f_x	=A2*$H$2^2+A2*$H$3+$H$4				
	A	B	C	D	E	F	G	H
1	TIME	연도	호텔 매출액	예측값	잔차	잔차 제곱	계수	
2	1	1993	4335	3			A	1
3	2	1994	4562.5				B	1
4	3	1995	5011				Y절편	1
5	4	1996	22835					
6	5	1997	13910					
7	6	1998	18360					
8	7	1999	22810					
9	8	2000	25700					
10	9	2001	29000					
11	10	2002	21000					
12	11	2003	43500					
13	12	2004	42500					
14	13	2005	41500					
15	14	2006	40500					
16	15	2007	39500					

아래로 드래그해서 자동으로 계산한다.

	D24		f_x	=A24*$H$2^2+A24*$H$3+$H$4				
	A	B	C	D	E	F	G	H
1	TIME	연도	호텔 매출액	예측값	잔차	잔차 제곱	계수	
2	1	1993	4335	3			A	1
3	2	1994	4562.5	5			B	1
4	3	1995	5011	7			Y절편	1
5	4	1996	22835	9				
6	5	1997	13910	11				
7	6	1998	18360	13				
8	7	1999	22810	15				
9	8	2000	25700	17				
10	9	2001	29000	19				
11	10	2002	21000	21				
12	11	2003	43500	23				
13	12	2004	42500	25				
14	13	2005	41500	27				
15	14	2006	40500	29				
16	15	2007	39500	31				
17	16	2008	38500	33				
18	17	2009	22500	35				
19	18	2010	36500	37				
20	19	2011	44600	39				
21	20	2012	46250	41				
22	21	2013	57800	43				
23	22	2014	57800	45				
24	23	2015	51350	47				

⌘ 잔차 = 관측값 − 예측값

E2 = C2 − D2

	E2		f_x	=C2-D2	
	A	B	C	D	E	F
1	TIME	연도	호텔 매출액	예측값	잔차	잔차 제곱
2	1	1993	4335	3	4332	
3	2	1994	4562.5	5		
4	3	1995	5011	7		
5	4	1996	22835	9		
6	5	1997	13910	11		
7	6	1998	18360	13		
8	7	1999	22810	15		
9	8	2000	25700	17		
10	9	2001	29000	19		
11	10	2002	21000	21		

⌘ 잔차 제곱

커서를 F2에 놓는다.

$F2 = E2 \char`\^ 2$

	F2		f_x	=E2^2	
	A	B	C	D	E	F
1	TIME	연도	호텔 매출액	예측값	잔차	잔차 제곱
2	1	1993	4335	3	4332	18766224
3	2	1994	4562.5	5		
4	3	1995	5011	7		
5	4	1996	22835	9		
6	5	1997	13910	11		
7	6	1998	18360	13		
8	7	1999	22810	15		
9	8	2000	25700	17		
10	9	2001	29000	19		
11	10	2002	21000	21		

E2와 F2를 동시에 선택해서 아래로 드래그한다.

	F24			f_x	=E24^2	
	A	B	C	D	E	F
1	TIME	연도	호텔 매출액	예측값	잔차	잔차 제곱
2	1	1993	4335	3	4332	18766224
3	2	1994	4562.5	5	4557.5	20770806.25
4	3	1995	5011	7	5004	25040016
5	4	1996	22835	9	22826	521026276
6	5	1997	13910	11	13899	193182201
7	6	1998	18360	13	18347	336612409
8	7	1999	22810	15	22795	519612025
9	8	2000	25700	17	25683	659616489
10	9	2001	29000	19	28981	839898361
11	10	2002	21000	21	20979	440118441
12	11	2003	43500	23	43477	1890249529
13	12	2004	42500	25	42475	1804125625
14	13	2005	41500	27	41473	1720009729
15	14	2006	40500	29	40471	1637901841
16	15	2007	39500	31	39469	1557801961
17	16	2008	38500	33	38467	1479710089
18	17	2009	22500	35	22465	504676225
19	18	2010	36500	37	36463	1329550369
20	19	2011	44600	39	44561	1985682721
21	20	2012	46250	41	46209	2135271681
22	21	2013	57800	43	57757	3335871049
23	22	2014	57800	45	57755	3335640025
24	23	2015	51350	47	51303	2631997809

⌘ 잔차 제곱의 합계 계산

커서를 F25에 놓는다.

F25 = SUM(F2:F24)

	F25			f_x	=SUM(F2:F24)	
	A	B	C	D	E	F
1	TIME	연도	호텔 매출액	예측값	잔차	잔차 제곱
2	1	1993	4335	3	4332	18766224
3	2	1994	4562.5	5	4557.5	20770806.25
4	3	1995	5011	7	5004	25040016
5	4	1996	22835	9	22826	521026276
6	5	1997	13910	11	13899	193182201
7	6	1998	18360	13	18347	336612409
8	7	1999	22810	15	22795	519612025
9	8	2000	25700	17	25683	659616489
10	9	2001	29000	19	28981	839898361
11	10	2002	21000	21	20979	440118441
12	11	2003	43500	23	43477	1890249529
13	12	2004	42500	25	42475	1804125625
14	13	2005	41500	27	41473	1720009729
15	14	2006	40500	29	40471	1637901841
16	15	2007	39500	31	39469	1557801961
17	16	2008	38500	33	38467	1479710089
18	17	2009	22500	35	22465	504676225
19	18	2010	36500	37	36463	1329550369
20	19	2011	44600	39	44561	1985682721
21	20	2012	46250	41	46209	2135271681
22	21	2013	57800	43	57757	3335871049
23	22	2014	57800	45	57755	3335640025
24	23	2015	51350	47	51303	2631997809
25					합계	28923131901

데이터 – 해 찾기

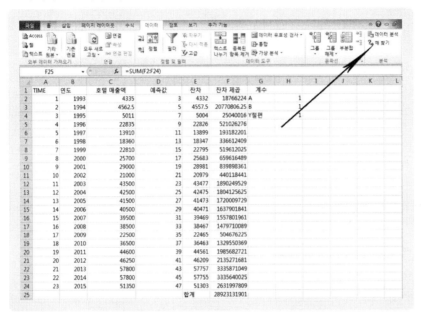

⌘ 목표 설정: F25(잔차 제곱의 합계)

⌘ 대상: 최소

⌘ 변수 별 변경: H2:H4(계수와 Y 절편)

⌘ 제한되지 않는 변수를 음이 아닌 수로 설정

⌘ 해법 선택: GRG 비선형

해 찾기 – 해 찾기 해 보존 – 확인

해 찾기 결과   ⌧

해를 찾았습니다. 모든 제한 조건 및 최적화 조건이 만족
되었습니다.
                                                    보고서
                                                    해답
  ◉ 해 찾기 해 보존   우편물 종류
                                                    한계값
  ○ 원래 값 복원

  ☐ 해 찾기 매개 변수 대화 상자로 돌아가기   ☐ 개요 보고서

  ┌─────────┐ ┌─────────┐   ┌─────────────┐
  │   확인   │ │   취소   │   │ 시나리오 저장… │
  └─────────┘ └─────────┘   └─────────────┘

해를 찾았습니다. 모든 제한 조건 및 최적화 조건이 만족되었습니다.

GHG 엔진을 사용하는 경우 최소한 보컬베 최적화된 해를 말견했습니다. 난순
LP를 사용하는 경우에는 전역에 최적화된 해를 발견했음을 의미합니다.

🔘 확인

	F25	▼		fx	=SUM(F2:F24)		
	A	B	C	D	E	F	G	H
1	TIME	연도	호텔 매출액	예측값	잔차	잔차 제곱	계수	
2	1	1993	4335	8342.600206	-4007.6	16060859.41	A	44.73981
3	2	1994	4562.5	10470.83906	-5908.34	34908470.48	B	126.5886
4	3	1995	5011	12599.07792	-7588.08	57578926.5	Y절편	6214.361
5	4	1996	22835	14727.31678	8107.683	65734527.27		
6	5	1997	13910	16855.55563	-2945.56	8676297.98		
7	6	1998	18360	18983.79449	-623.794	389119.5635		
8	7	1999	22810	21112.03334	1697.967	2883090.763		
9	8	2000	25700	23240.2722	2459.728	6050260.845		
10	9	2001	29000	25368.51106	3631.489	13187711.94		
11	10	2002	21000	27496.74991	-6496.75	42207759.44		
12	11	2003	43500	29624.98877	13875.01	192515936.6		
13	12	2004	42500	31753.22763	10746.77	115493116.4		
14	13	2005	41500	33881.46648	7618.534	58042052.95		
15	14	2006	40500	36009.70534	4490.295	20162746.14		
16	15	2007	39500	38137.9442	1362.056	1855196.014		
17	16	2008	38500	40266.18305	-1766.18	3119402.574		
18	17	2009	22500	42394.42191	-19894.4	395788023.1		
19	18	2010	36500	44522.66076	-8022.66	64363085.75		
20	19	2011	44600	46650.89962	-2050.9	4206189.257		
21	20	2012	46250	48779.13848	-2529.14	6396541.439		
22	21	2013	57800	50907.37733	6892.623	47508247.22		
23	22	2014	57800	53035.61619	4764.384	22699353.08		
24	23	2015	51350	55163.85505	-3813.86	14545490.32		
25					합계	1194372405		

A계수: 44.73981 (오피스 2010 결과)

A계수: 44.73979 (오피스 2013 결과)

B계수: 126.5886

Y 절편: 6214.361

2차 다항식 = 44.73981 X TIME^2 + 126.5886 X TIME + 6214.361

2016년 매출액은 어떻게 구할 수 있을까?

A25에 24를 입력한다.

D24를 아래로 드래그한다.

	D25		f_x	=A25*$H$2^2+A25*$H$3+$H$4			
	A	B	C	D	E	F	G	H
1	TIME	연도	호텔 매출액	예측값	잔차	잔차 제곱	계수	
2	1	1993	4335	8342.600206	-4007.6	16060859.41	A	44.73981
3	2	1994	4562.5	10470.83906	-5908.34	34908470.48	B	126.5886
4	3	1995	5011	12599.07792	-7588.08	57578926.5	Y절편	6214.361
5	4	1996	22835	14727.31678	8107.683	65734527.27		
6	5	1997	13910	16855.55563	-2945.56	8676297.98		
7	6	1998	18360	18983.79449	-623.794	389119.5635		
8	7	1999	22810	21112.03334	1697.967	2883090.763		
9	8	2000	25700	23240.2722	2459.728	6050260.845		
10	9	2001	29000	25368.51106	3631.489	13187711.94		
11	10	2002	21000	27496.74991	-6496.75	42207759.44		
12	11	2003	43500	29624.98877	13875.01	192515936.6		
13	12	2004	42500	31753.22763	10746.77	115493116.4		
14	13	2005	41500	33881.46648	7618.534	58042052.95		
15	14	2006	40500	36009.70534	4490.295	20162746.14		
16	15	2007	39500	38137.9442	1362.056	1855196.014		
17	16	2008	38500	40266.18305	-1766.18	3119402.574		
18	17	2009	22500	42394.42191	-19894.4	395788023.1		
19	18	2010	36500	44522.66076	-8022.66	64363085.75		
20	19	2011	44600	46650.89962	-2050.9	4206189.257		
21	20	2012	46250	48779.13848	-2529.14	6396541.439		
22	21	2013	57800	50907.37733	6892.623	47508247.22		
23	22	2014	57800	53035.61619	4764.384	22699353.08		
24	23	2015	51350	55163.85505	-3813.86	14545490.32		
25	24	2016		57292.0939	합계	1194372405		

2016년 매출액은 57292.0939이다.

8.4 3차 다항식

Time 변수를 만들고 분산형 그래프를 만들고 추세선을 만드는 과정은 앞에서 설명한 것과 모두 동일하다.

Time 변수 만들기 → Time 변수의 Index가 있으면 삭제 → Time 변수가 있는 열(A1:A24) 선택 + Control Key + 관측값이 있는 열 선택(C1:C24): Control Key를 누른 상태에서 C1부터 C24를 선택 → 삽입 → 분산형 그래프 → 관측값 선택 → 마우스 오른쪽 클릭 → 추세선 추가

⌘ 다항식: 3차
⌘ 예측: 앞으로 → 예측 구간 설정
예 5: 5년 후의 예측

⌘ 수식을 차트에 표시
⌘ R 제곱 값을 차트에 표시

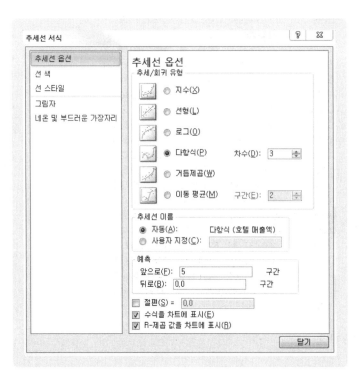

⌘ 결과 → 수식을 쉽게 읽을 수 있도록 3차 다항식을 빈 공간으로 드래그해서 이동시킨다.

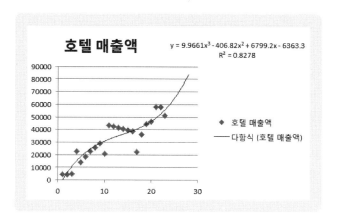

R제곱이 0.8278이므로 3차 다항식은 호텔 매출액의 변화를 82.78% 설명하고 있다.

호텔 매출액 = 9.9661 X (TIME)^3 − 406.82 X (TIME)^2 + 6799.2 X TIME + (−6363.3)

TIME 열과 연도 열을 예측할 기간만큼 채운다. → D1에 3차 다항모형이라고 제목을 입력한다.

	A	B	C	D
1			호텔 매출액	3차 다항모형
2	1	1993	4335	
3	2	1994	4562.5	
4	3	1995	5011	
5	4	1996	22835	
6	5	1997	13910	
7	6	1998	18360	
8	7	1999	22810	
9	8	2000	25700	
10	9	2001	29000	
11	10	2002	21000	
12	11	2003	43500	
13	12	2004	42500	
14	13	2005	41500	
15	14	2006	40500	
16	15	2007	39500	
17	16	2008	38500	
18	17	2009	22500	
19	18	2010	36500	
20	19	2011	44600	
21	20	2012	46250	
22	21	2013	57800	
23	22	2014	57800	
24	23	2015	51350	
25	24	2016		
26	25	2017		
27	26	2018		
28	27	2019		
29	28	2020		

⌘ 커서를 D2에 놓는다.

$$= 9.9661 \times (TIME)^3 - 406.82 \times (TIME)^2 + 6799.2 \times TIME + (-6363.3)$$

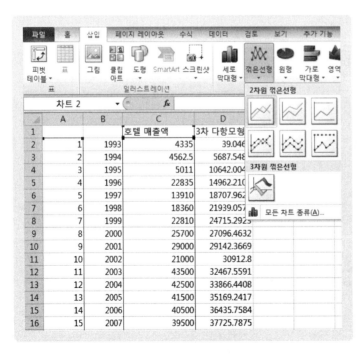

아래로 드래그해서 3차 다항모형에 의한 예측값을 자동으로 계산한다.

A1부터 A29까지 선택 → Control Key를 누른 상태에서 D1부터 D29까지 선택

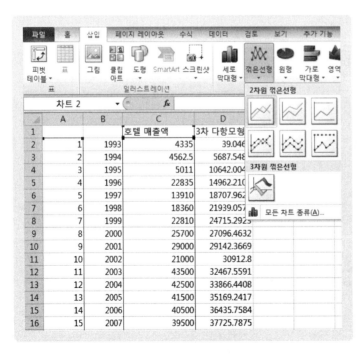

결과

3차 다항모형에 의한 예측값이 그래프로 표현된다.

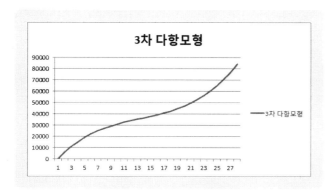

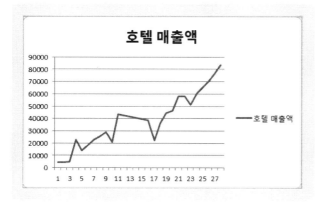

관측값 뒤(C25)에 예측값을 복사해서 붙여넣기한 후 꺾은선 그래프를 만든다.

관측값과 3차 다항모형에 의한 미래의 예측값을 하나의 그래프로 표현할 수 있다.

4차, 5차, 6차 다항모형도 같은 방법으로 TIME의 4, 5, 6 제곱 변수를 추가해서 결과를 얻을 수 있다.

8.5 거듭제곱

8.5.1 분산형 그래프 활용 거듭제곱

Time 변수를 만들고 분산형 그래프를 만들고 추세선을 만드는 과정은 앞에서 설명한 것과 모두 동일하다.

Time 변수 만들기 → Time 변수의 Index가 있으면 삭제 → Time 변수가 있는 열(A1:A24)

선택 + Control Key + 관측값이 있는 열 선택(C1:C24): Control Key를 누른 상태에서 C1부터 C24를 선택 → 삽입 → 분산형 그래프 → 관측값 선택 → 마우스 오른쪽 클릭 → 추세선 추가

⌘ 추세/회귀 유형: 거듭제곱
⌘ 예측: 앞으로 → 예측 구
　　간 설정
예 5: 5년 후의 예측
⌘ 수식을 차트에 표시
⌘ R 제곱 값을 차트에 표시

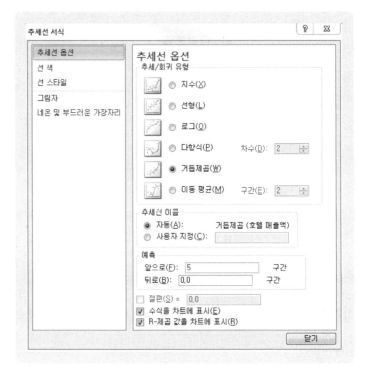

🖱 결과

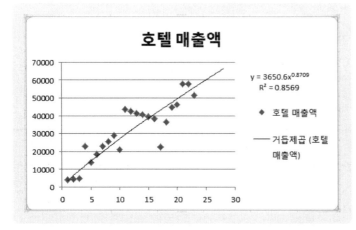

R 제곱이 0.8569이므로 거듭제곱 모형은 호텔 매출액의 변화를 85.69% 설명하고 있다.
호텔 매출액 = 3650 X Time ^ 0.8709

예측할 기간만큼 TIME 변수와 연도 변수를 만든다. → D1에 거듭제곱 모형이라고 제목을 적는다.

	A	B	C	D
1			호텔 매출액	거듭제곱 모형
2	1	1993	4335	
3	2	1994	4562.5	
4	3	1995	5011	
5	4	1996	22835	
6	5	1997	13910	
7	6	1998	18360	
8	7	1999	22810	
9	8	2000	25700	
10	9	2001	29000	
11	10	2002	21000	
12	11	2003	43500	
13	12	2004	42500	
14	13	2005	41500	
15	14	2006	40500	
16	15	2007	39500	
17	16	2008	38500	
18	17	2009	22500	
19	18	2010	36500	
20	19	2011	44600	
21	20	2012	46250	
22	21	2013	57800	
23	22	2014	57800	
24	23	2015	51350	
25	24	2016		
26	25	2017		
27	26	2018		
28	27	2019		
29	28	2020		

⌘ 커서를 D2에 놓는다. → 아래로 드래그해서 자동으로 계산한다.

D2 = 3650.6 X A2 ^ 0.8709

D2			f_x	=3650.6*A2^0.8709
	A	B	C	D
1			호텔 매출액	거듭제곱 모형
2	1	1993	4335	3650.6
3	2	1994	4562.5	
4	3	1995	5011	
5	4	1996	22835	
6	5	1997	13910	
7	6	1998	18360	
8	7	1999	22810	
9	8	2000	25700	
10	9	2001	29000	
11	10	2002	21000	

	D29	▼	f_x	=3650.6*A29^0.8709
	A	B	C	D
1			호텔 매출액	거듭제곱 모형
2	1	1993	4335	3650.6
3	2	1994	4562.5	6676.229734
4	3	1995	5011	9503.621912
5	4	1996	22835	12209.51172
6	5	1997	13910	14828.50016
7	6	1998	18360	17380.25618
8	7	1999	22810	19877.42541
9	8	2000	25700	22328.79668
10	9	2001	29000	24740.8178
11	10	2002	21000	27118.41168
12	11	2003	43500	29465.45413
13	12	2004	42500	31785.07179
14	13	2005	41500	34079.83748
15	14	2006	40500	36351.90341
16	15	2007	39500	38603.09512
17	16	2008	38500	40834.97954
18	17	2009	22500	43048.9155
19	18	2010	36500	45246.09199
20	19	2011	44600	47427.55764
21	20	2012	46250	49594.24381
22	21	2013	57800	51746.98288
23	22	2014	57800	53886.52304
24	23	2015	51350	56013.54017
25	24	2016		58128.64772
26	25	2017		60232.40482
27	26	2018		62325.32304
28	27	2019		64407.87217
29	28	2020		66480.48497

거듭제곱 모형을 꺾은선형 그래프로 만든다.

A1:A29 선택 → Control Key를 누른 상태에서 D1:D29 선택 → 삽입 → 꺾은선형 → 첫 번째 꺾은선형

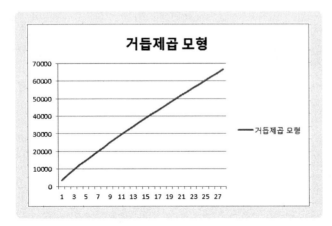

관측값 뒤에 거듭제곱 모형에 의한 예측값을 복사해서 붙여넣기한 후 꺾은선형 그래프를 만든다.

복사해서 붙여넣기할 때 값(123)을 선택한다.

	A	B	C	D	E
13	12	2004	42500	33866.4408	
14	13	2005	41500	35169.2417	
15	14	2006	40500	36435.7584	
16	15	2007	39500	37725.7875	
17	16	2008	38500	39099.1256	
18	17	2009	22500	40615.5693	
19	18	2010	36500	42334.9152	
20	19	2011	44600	44316.9599	
21	20	2012	46250	46621.5	
22	21	2013	5		
23	22	2014	5		
24	23	2015	5		
25	24	2016			
26	25	2017			
27	26	2018			
28	27	2019			
29	28	2020			
30					
31					
32					
33					

A1부터 A29까지 선택 → Control Key를 누른 상태에서 C1부터 C29까지 선택 → 삽입 →
꺾은선형 → 첫 번째 꺾은선형

 결과

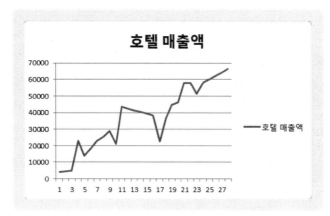

관측값과 거듭제곱 모형을 한눈에 볼 수 있다.

R 제곱의 값이 높을수록 더 좋은 모형이라고 볼 수 있다.

비선형 회귀 모델 종류	R 제곱
지수	0.6884
로그	0.7699
다항식(2차)	0.8074
다항식(3차)	0.8278
거듭제곱	0.8569

또한 Chapter 15의 예측 정확도에서 설명한 MAE(MAD), MSE, MAPE, RMSE 값이 적은 모형이 가장 예측력이 높고 적절한 모형이다.

8.5.2 해 찾기 활용 거듭제곱 최적 계수 구하기

1993년부터 2015년까지 호텔 매출액을 조사했다.

🔘 파일 이름: 곡선추정회귀분석_거듭제곱_해 찾기

	A	B
1	연도	호텔 매출액
2	1993	4335
3	1994	4562.5
4	1995	5011
5	1996	22835
6	1997	13910
7	1998	18360
8	1999	22810
9	2000	25700
10	2001	29000
11	2002	21000
12	2003	43500
13	2004	42500
14	2005	41500
15	2006	40500
16	2007	39500
17	2008	38500
18	2009	22500
19	2010	36500
20	2011	44600
21	2012	46250
22	2013	57800
23	2014	57800
24	2015	51350

TIME변수를 만든다.

A열을 삽입한 후 → A1에 TIME 변수 제목 입력 → A2에 1, A3에 2를 입력 → A2와 A3를 동시에 선택한 후 아래로 드래그해서 Time 변수를 자동으로 만든다.

A26부터 B28까지 거듭제곱 모형의 계수(기울기), 제곱, 상수(Y 절편) 제목을 입력한 후, 모두 1 또는 임의의 값으로 설정한다.

	A	B	C
1	TIME	연도	호텔 매출액
2	1	1993	4335
3	2	1994	4562.5
4	3	1995	5011
5	4	1996	22835
6	5	1997	13910
7	6	1998	18360
8	7	1999	22810
9	8	2000	25700
10	9	2001	29000
11	10	2002	21000
12	11	2003	43500
13	12	2004	42500
14	13	2005	41500
15	14	2006	40500
16	15	2007	39500
17	16	2008	38500
18	17	2009	22500
19	18	2010	36500
20	19	2011	44600
21	20	2012	46250
22	21	2013	57800
23	22	2014	57800
24	23	2015	51350

A26		f_x	상수
	A	B	C
1	TIME	연도	호텔 매출액
2	1	1993	4335
3	2	1994	4562.5
4	3	1995	5011
5	4	1996	22835
6	5	1997	13910
7	6	1998	18360
8	7	1999	22810
9	8	2000	25700
10	9	2001	29000
11	10	2002	21000
12	11	2003	43500
13	12	2004	42500
14	13	2005	41500
15	14	2006	40500
16	15	2007	39500
17	16	2008	38500
18	17	2009	22500
19	18	2010	36500
20	19	2011	44600
21	20	2012	46250
22	21	2013	57800
23	22	2014	57800
24	23	2015	51350
25			
26	상수	a	1
27	계수	b	1
28	제곱	c	1

D1, E1, F1에 예측값, 잔차, 잔차 제곱이라고 제목을 입력한다.

	D1		f_x	예측값		
	A	B	C	D	E	F
1	TIME	연도	호텔 매출액	예측값	잔차	잔차 제곱
2	1	1993	4335			
3	2	1994	4562.5			
4	3	1995	5011			
5	4	1996	22835			
6	5	1997	13910			
7	6	1998	18360			
8	7	1999	22810			
9	8	2000	25700			
10	9	2001	29000			
11	10	2002	21000			
12	11	2003	43500			
13	12	2004	42500			
14	13	2005	41500			
15	14	2006	40500			
16	15	2007	39500			
17	16	2008	38500			
18	17	2009	22500			
19	18	2010	36500			
20	19	2011	44600			
21	20	2012	46250			
22	21	2013	57800			
23	22	2014	57800			
24	23	2015	51350			
25						
26	상수	a	1			
27	계수	b	1			
28	제곱	c	1			

⌘ 커서를 D2에 놓는다.

예측값 = 상수 + 계수 * (독립변수의 c제곱) = a + b*(X^c)

D2 = C26 + C27*(A2^C28)

	D2		f_x	=C26+C27*(A2^C28)
	A	B	C	D
1	TIME	연도	호텔 매출액	예측값
2	1	1993	4335	2
3	2	1994	4562.5	
4	3	1995	5011	
5	4	1996	22835	
6	5	1997	13910	
7	6	1998	18360	
8	7	1999	22810	
9	8	2000	25700	
10	9	2001	29000	
11	10	2002	21000	
12	11	2003	43500	
13	12	2004	42500	
14	13	2005	41500	
15	14	2006	40500	
16	15	2007	39500	
17	16	2008	38500	
18	17	2009	22500	
19	18	2010	36500	
20	19	2011	44600	
21	20	2012	46250	
22	21	2013	57800	
23	22	2014	57800	
24	23	2015	51350	
25				
26	상수	a	1	
27	계수	b	1	
28	제곱	c	1	

상수, 계수, 제곱을 각각 선택하여 Key Board의 F4를 클릭해서 절대참조로 변경한다. → 아래로 드래그해서 자동으로 계산한다.

D2 ‌ f_x =$C$26+$C$27*(A2^$C$28)

	A	B	C	D
1	TIME	연도	호텔 매출액	예측값
2	1	1993	4335	2
3	2	1994	4562.5	
4	3	1995	5011	
5	4	1996	22835	
6	5	1997	13910	
7	6	1998	18360	
8	7	1999	22810	
9	8	2000	25700	
10	9	2001	29000	
11	10	2002	21000	
12	11	2003	43500	
13	12	2004	42500	
14	13	2005	41500	
15	14	2006	40500	
16	15	2007	39500	
17	16	2008	38500	
18	17	2009	22500	
19	18	2010	36500	
20	19	2011	44600	
21	20	2012	46250	
22	21	2013	57800	
23	22	2014	57800	
24	23	2015	51350	
25				
26	상수	a	1	
27	계수	b	1	
28	제곱	c	1	

D24 ‌ f_x =$C$26+$C$27*(A24^$C$28)

	A	B	C	D
1	TIME	연도	호텔 매출액	예측값
2	1	1993	4335	2
3	2	1994	4562.5	3
4	3	1995	5011	4
5	4	1996	22835	5
6	5	1997	13910	6
7	6	1998	18360	7
8	7	1999	22810	8
9	8	2000	25700	9
10	9	2001	29000	10
11	10	2002	21000	11
12	11	2003	43500	12
13	12	2004	42500	13
14	13	2005	41500	14
15	14	2006	40500	15
16	15	2007	39500	16
17	16	2008	38500	17
18	17	2009	22500	18
19	18	2010	36500	19
20	19	2011	44600	20
21	20	2012	46250	21
22	21	2013	57800	22
23	22	2014	57800	23
24	23	2015	51350	24
25				
26	상수	a	1	
27	계수	b	1	
28	제곱	c	1	

잔차를 계산한다.

잔차 = 관측값 – 예측값

E2 = C2 – D2

E2 ‌ f_x =C2-D2

	A	B	C	D	E
1	TIME	연도	호텔 매출액	예측값	잔차
2	1	1993	4335	2	4333
3	2	1994	4562.5	3	
4	3	1995	5011	4	
5	4	1996	22835	5	
6	5	1997	13910	6	
7	6	1998	18360	7	
8	7	1999	22810	8	
9	8	2000	25700	9	
10	9	2001	29000	10	
11	10	2002	21000	11	

아래로 드래그해서 잔차를 자동으로 계산한다.

⌘ 잔차의 제곱

커서를 F2에 놓는다. → = 잔차^2 또는 잔차*잔차 = E2^2

	A	B	C	D	E	F
	F2	▼	f_x	=E2^2		
	A	B	C	D	E	F
1	TIME	연도	호텔 매출액	예측값	잔차	잔차 제곱
2	1	1993	4335	2	4333	18774889
3	2	1994	4562.5	3	4559.5	
4	3	1995	5011	4	5007	
5	4	1996	22835	5	22830	
6	5	1997	13910	6	13904	
7	6	1998	18360	7	18353	
8	7	1999	22810	8	22802	
9	8	2000	25700	9	25691	
10	9	2001	29000	10	28990	
11	10	2002	21000	11	20989	

아래로 드래그해서 잔차의 제곱을 자동으로 계산한다.

🔒 잔차 제곱의 합계

커서를 F25에 놓는다. → F25 = SUM(F2:F24)

	A	B	C	D	E	F
	F25	▼	f_x	=SUM(F2:F24)		
	A	B	C	D	E	F
1	TIME	연도	호텔 매출액	예측값	잔차	잔차 제곱
2	1	1993	4335	2	4333	18774889
3	2	1994	4562.5	3	4559.5	20789040.25
4	3	1995	5011	4	5007	25070049
5	4	1996	22835	5	22830	521208900
6	5	1997	13910	6	13904	193321216
7	6	1998	18360	7	18353	336832609
8	7	1999	22810	8	22802	519931204
9	8	2000	25700	9	25691	660027481
10	9	2001	29000	10	28990	840420100
11	10	2002	21000	11	20989	440538121
12	11	2003	43500	12	43488	1891206144
13	12	2004	42500	13	42487	1805145169
14	13	2005	41500	14	41486	1721088196
15	14	2006	40500	15	40485	1639035225
16	15	2007	39500	16	39484	1558986256
17	16	2008	38500	17	38483	1480941289
18	17	2009	22500	18	22482	505440324
19	18	2010	36500	19	36481	1330863361
20	19	2011	44600	20	44580	1987376400
21	20	2012	46250	21	46229	2137120441
22	21	2013	57800	22	57778	3338297284
23	22	2014	57800	23	57777	3338181729
24	23	2015	51350	24	51326	2634358276
25						28944953703

데이터 → 해 찾기

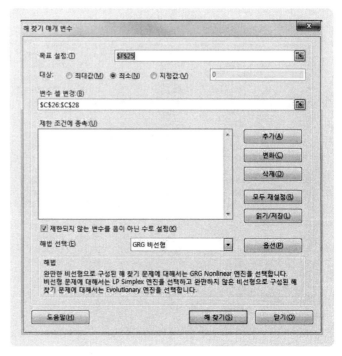

	A	B	C	D	E	F	G	H
	TIME	연도	호텔 매출액	예측값	잔차	잔차제곱		
1								
2	1	1993	4335	2	4333	18774889		
3	2	1994	4562.5	3	4559.5	20789040.25		
4	3	1995	5011	4	5007	25070049		
5	4	1996	22835	5	22830	521208900		
6	5	1997	13910	6	13904	193321216		
7	6	1998	18360	7	18353	336832609		
8	7	1999	22810	8	22802	519931204		
9	8	2000	25700	9	25691	660027481		
10	9	2001	29000	10	28990	840420100		
11	10	2002	21000	11	20989	440538121		
12	11	2003	43500	12	43488	1891206144		
13	12	2004	42500	13	42487	1805145169		
14	13	2005	41500	14	41486	1721088196		
15	14	2006	40500	15	40485	1639035225		
16	15	2007	39500	16	39484	1558986256		
17	16	2008	38500	17	38483	1480941289		
18	17	2009	22500	18	22482	505440324		
19	18	2010	36500	19	36481	1330863361		
20	19	2011	44600	20	44580	1987376400		
21	20	2012	46250	21	46229	2137120441		
22	21	2013	57800	22	57778	3338297284		
23	22	2014	57800	23	57777	3338181729		
24	23	2015	51350	24	51326	2634358276		
25						28944953703		
26	상수	a	1					
27	계수	b	1					
28	제곱	c	1					

F25 ▾ f_x =SUM(F2:F24)

⌘ 목표 설정: F25

⌘ 대상: 최소

⌘ 변수 셀 변경: C26:C28

⌘ 제한되지 않는 변수를 음이
  아닌 수로 설정: 체크

⌘ 해법 선택: GRG 비선형

해 찾기 → 해 찾기 해 보존 → 확인

해 찾기 결과

모든 제한 조건을 만족시키는 해에 수렴했습니다.

보고서
해답
우편물 종류
한계값

⊙ 해 찾기 해 보존

○ 원래 값 복원

☐ 해 찾기 매개 변수 대화 상자로 돌아가기   ☐ 개요 보고서

| 확인 | 취소 | | 시나리오 저장… |

모든 제한 조건을 만족시키는 해에 수렴했습니다.

반복 계산을 5회 수행했으며 이에 대한 목표 셀이 크게 이동하지 않았습니다.
수렴도 설정을 더 낮추어 보거나 다른 시작점을 시도하십시오.

결과

	F25		f_x =SUM(F2:F24)			
	A	B	C	D	E	F
1	TIME	연도	호텔 매출액	예측값	잔차	잔차 제곱
2	1	1993	4335	5475.8919	-1140.892	1301634.277
3	2	1994	4562.5	9043.5767	-4481.077	20080048.13
4	3	1995	5011	12129.932	-7118.932	50679194.57
5	4	1996	22835	14940.12	7894.8803	62329134.17
6	5	1997	13910	17561.322	-3651.322	13332153.93
7	6	1998	18360	20041.139	-1681.139	2826227.461
8	7	1999	22810	22409.236	400.76362	160611.4815
9	8	2000	25700	24685.717	1014.2827	1028769.339
10	9	2001	29000	26885.016	2114.9843	4473158.689
11	10	2002	21000	29017.948	-8017.948	64287489.15
12	11	2003	43500	31092.89	12407.11	153936369.1
13	12	2004	42500	33116.501	9383.4991	88050056
14	13	2005	41500	35094.185	6405.8152	41034468.02
15	14	2006	40500	37030.409	3469.5912	12038063.25
16	15	2007	39500	38928.919	571.08141	326133.9822
17	16	2008	38500	40792.896	-2292.896	5257371.483
18	17	2009	22500	42625.073	-20125.07	405018556.3
19	18	2010	36500	44427.818	-7927.818	62850302.94
20	19	2011	44600	46203.204	-1603.204	2570261.558
21	20	2012	46250	47953.053	-1703.053	2900390.215
22	21	2013	57800	49678.986	8121.0144	65950875.03
23	22	2014	57800	51382.445	6417.5554	41185017.47
24	23	2015	51350	53064.726	-1714.726	2940283.704
25						1104556570
26	상수	a	10.39195545			
27	계수	b	5465.499923			
28	제곱	c	0.724881247			

상수: 10.39195545 (오피스 2010 결과)

0 (오피스 2013 결과)

계수: 5465.499923 (오피스 2010 결과)

　　　5470.98065 (오피스 2013 결과)

제곱: 0.724881247 (오피스 2010 결과)

　　　0.724617098 (오피스 2013 결과)

거듭제곱 모형 = 10.39195545 + 5465.499923 ^ 0.724881247

연도 인덱스를 삭제한다. → B1부터 D24까지 선택 → 삽입 → 꺾은선형 → 첫 번째 꺾은선형

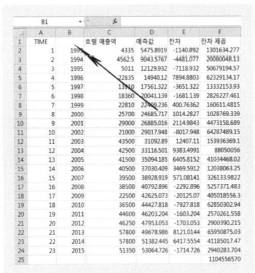

🔟 결과

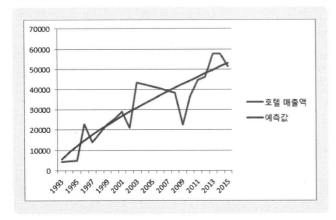

2016년 호텔 매출액은 어떻게 예측할 수 있을까?

A25에 24를 입력 → B24에 연도 2016을 입력 → D24를 클릭해서 아래로 드래그

D25 = C26 + C27*(A25 ^ C28)

	D25		f_x	=$C$26+$C$27*(A25^$C$28)		
	A	B	C	D	E	F
1	TIME		호텔 매출액	예측값	잔차	잔차 제곱
2	1	1993	4335	5475.8919	-1140.892	1301634.277
3	2	1994	4562.5	9043.5767	-4481.077	20080048.13
4	3	1995	5011	12129.932	-7118.932	50679194.57
5	4	1996	22835	14940.12	7894.8803	62329134.17
6	5	1997	13910	17561.322	-3651.322	13332153.93
7	6	1998	18360	20041.139	-1681.139	2826227.461
8	7	1999	22810	22409.236	400.76362	160611.4815
9	8	2000	25700	24685.717	1014.2827	1028769.339
10	9	2001	29000	26885.016	2114.9843	4473158.689
11	10	2002	21000	29017.948	-8017.948	64287489.15
12	11	2003	43500	31092.89	12407.11	153936369.1
13	12	2004	42500	33116.501	9383.4991	88050056
14	13	2005	41500	35094.185	6405.8152	41034468.02
15	14	2006	40500	37030.409	3469.5912	12038063.25
16	15	2007	39500	38928.919	571.08141	326133.9822
17	16	2008	38500	40792.896	-2292.896	5257371.483
18	17	2009	22500	42625.073	-20125.07	405018556.3
19	18	2010	36500	44427.818	-7927.818	62850302.94
20	19	2011	44600	46203.204	-1603.204	2570261.558
21	20	2012	46250	47953.053	-1703.053	2900390.215
22	21	2013	57800	49678.986	8121.0144	65950875.03
23	22	2014	57800	51382.445	6417.5554	41185017.47
24	23	2015	51350	53064.726	-1714.726	2940283.704
25	24	2016		54726.996		1104556570

2016년 예측값은 54726.996이다.

8.6 선형 모형과의 결과 비교

선형 모형은 단순 회귀분석(선형 회귀분석)과 같은 표현이다.

Time 변수를 만들고 분산형 그래프를 만들고 추세선을 만드는 과정은 앞에서 설명한 것과 모두 동일하다.

Time 변수 만들기 → Time 변수의 Index가 있으면 삭제 → Time 변수가 있는 열(A1:A24) 선택 + Control Key + 관측값이 있는 열 선택(C1:C24): Control Key를 누른 상태에서 C1부터 C24를 선택 → 삽입 → 분산형 그래프 → 관측값 선택 → 마우스 오른쪽 클릭 → 추세선 추가

⌘ 추세/회귀 유형: 선형
⌘ 추세선 이름: 자동
⌘ 예측: 5(5년 후를 예측하고자 할 경우)
⌘ 수식을 차트에 표시
⌘ R 제곱 값을 차트에 표시

닫기

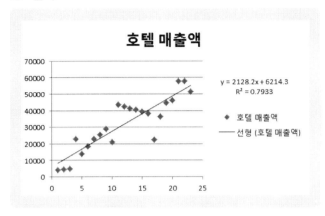

R 제곱값이 0.7933이므로 선형 회귀 방정식은 호텔 매출액의 변화를 79.33% 설명하고 있다.

⌘ 회귀 방정식

호텔 매출액 = 2128.2 X Time + 6214.3

a가 플러스값이면 우상향이고 a가 마이너스값이면 우하향이 된다.

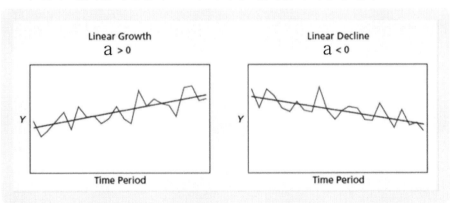

데이터분석의 회귀 방정식과 동일할까?

데이터 → 데이터분석 → 회귀분석 → 확인

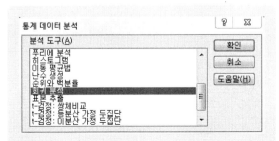

⌘ Y축 입력 범위: C1:C24

⌘ X축 입력 범위: A1:A24

⌘ 이름표

⌘ 출력 옵션: E1

회귀 분석

입력
Y축 입력 범위(Y): $C$1:$C$24
X축 입력 범위(X): $A$1:$A$24
☑ 이름표(L)   ☐ 상수에 0을 사용(Z)
☐ 신뢰 수준(F) 95 %

출력 옵션
⦿ 출력 범위(O): $E$1
◯ 새로운 워크시트(P):
◯ 새로운 통합 문서(W)
잔차
☐ 잔차(R)   ☐ 잔차도(D)
☐ 표준 잔차(T)   ☐ 선적합도(I)
정규 확률
☐ 정규 확률도(N)

확인   취소   도움말(H)

확인 → 결과

	E	F	G	H	I	J	K	L	M
1	요약 출력								
2									
3	회귀분석 통계량								
4	다중 상관계수	0.890671							
5	결정계수	0.793295							
6	조정된 결정계수	0.783452							
7	표준 오차	7541.543							
8	관측수	23							
9									
10	분산 분석								
11		자유도	제곱합	제곱 평균	F 비	유의한 F			
12	회귀	1	4.58E+09	4.58E+09	80.59389	1.24E-08			
13	잔차	21	1.19E+09	56874876					
14	계	22	5.78E+09						
15									
16		계수	표준 오차	t 통계량	P-값	하위 95%	상위 95%	하위 95.0%	상위 95.0%
17	Y 절편	6214.291	3250.491	1.911801	0.069643	-545.475	12974.06	-545.475	12974.06
18	TIME	2128.242	237.0664	8.97741	1.24E-08	1635.236	2621.249	1635.236	2621.249

분산분석 유의한 F 값이 1.24E−08(0.0000000124)로 유의수준 0.05보다 작기 때문에 회귀 방정식이 곡선이라는 귀무가설을 기각한다. 따라서 회귀 방정식은 직선이며 통계적으로 유의미하다.

결정계수가 0.793285이므로 회귀 방정식은 관측치의 79.3295%를 설명하고 있다.

호텔 매출액 = 2128.242 X 연도 + 6214.291

데이터분석의 회귀분석에서 얻은 방정식과 추세선에서 얻은 방정식이 동일한 것을 확인할 수 있다.

09

CHAPTER

이동평균법

09 \ 이동평균법

● 이동평균법은 주식을 거래할 때 매도세의
저항선과 매수세의 지지선을 파악할 때 유용하다.

9.1.1 직접 계산

구분	그래프	특징
장기적 추세	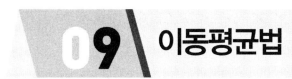	긴 기간 동안 상승 방향으로 진행된다.
순환적 변동		보통 1년 이상 기간에 대해서 규칙성을 갖고 장기적인 추세선을 주기로 상승과 하강을 반복하는 변동
계절적 변동		주기가 1년 내(분기 등)로 짧게 규칙적으로 발생되는 변동

지수평활법의 목적은 예측이 목적이라면 이동평균법은 계절조정을 통한 추세 분석이 목적이다. 단순 지수평활법에서 구간(Interval)을 높게 설정할수록 실제값(관측값)에 가깝다.

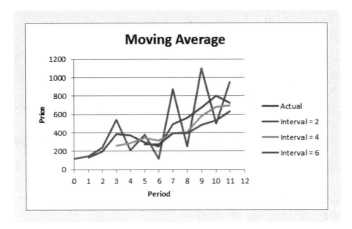

호텔 순이익

1993년부터 2015년까지의 호텔 순이익과 호텔 이용객수를 조사했다.

파일 이름: 단순 이동평균법

	A	B	C
1	연도	호텔 순이익	호텔 이용객
2	1993	4200	11540
3	1994	4700	12450
4	1995	5100	13560
5	1996	5200	15170
6	1997	5700	15700
7	1998	9900	26230
8	1999	6100	16760
9	2000	6300	17290
10	2001	6500	17820
11	2002	6700	18350
12	2003	6900	22580
13	2004	7200	24980
14	2005	7800	27450
15	2006	7900	29340
16	2007	8200	32980
17	2008	8400	35780
18	2009	5900	17840
19	2010	9200	38920
20	2011	9800	42890
21	2012	9500	48930
22	2013	10200	49020
23	2014	10600	52780
24	2015	10900	55890

D1에 호텔 순이익 단순이동평균이라고 입력한다.

	A	B	C	D
1	연도	호텔 순이익	호텔 이용객	호텔 순이익 단순이동평균
2	1993	4200	11540	
3	1994	4700	12450	
4	1995	5100	13560	
5	1996	5200	15170	
6	1997	5700	15700	
7	1998	9900	26230	
8	1999	6100	16760	
9	2000	6300	17290	
10	2001	6500	17820	
11	2002	6700	18350	
12	2003	6900	22580	
13	2004	7200	24980	
14	2005	7800	27450	
15	2006	7900	29340	
16	2007	8200	32980	
17	2008	8400	35780	
18	2009	5900	17840	
19	2010	9200	38920	
20	2011	9800	42890	
21	2012	9500	48930	
22	2013	10200	49020	
23	2014	10600	52780	
24	2015	10900	55890	

⌘ 3년간의 이동평균을 구할 경우

커서를 D4에 놓는다. → D4 = (B2+B3+B4)/3 또는 = AVERAGE(B2, B3, B4) = 4666.666667

┃참고┃ 이동평균 결과를 3개 관측값의 중간 위치인 D3에 출력하기도 한다.

D4	▼	f_x	=(B2+B3+B4)/3	
	A	B	C	D
1		호텔 순이익	호텔 이용객	호텔 순이익 단순이동평균
2	1993	4200	11540	
3	1994	4700	12450	
4	1995	5100	13560	4666.666667
5	1996	5200	15170	
6	1997	5700	15700	
7	1998	9900	26230	
8	1999	6100	16760	
9	2000	6300	17290	
10	2001	6500	17820	
11	2002	6700	18350	
12	2003	6900	22580	

아래로 드래그해서 자동으로 계산한다.

	D24	▼	f_x =(B22+B23+B24)/3	
	A	B	C	D
1		호텔 순이익	호텔 이용객	호텔 순이익 단순이동평균
2	1993	4200	11540	
3	1994	4700	12450	
4	1995	5100	13560	4666.666667
5	1996	5200	15170	5000
6	1997	5700	15700	5333.333333
7	1998	9900	26230	6933.333333
8	1999	6100	16760	7233.333333
9	2000	6300	17290	7433.333333
10	2001	6500	17820	6300
11	2002	6700	18350	6500
12	2003	6900	22580	6700
13	2004	7200	24980	6933.333333
14	2005	7800	27450	7300
15	2006	7900	29340	7633.333333
16	2007	8200	32980	7966.666667
17	2008	8400	35780	8166.666667
18	2009	5900	17840	7500
19	2010	9200	38920	7833.333333
20	2011	9800	42890	8300
21	2012	9500	48930	9500
22	2013	10200	49020	9833.333333
23	2014	10600	52780	10100
24	2015	10900	55890	10566.66667

A1에 연도 인덱스가 있으면 삭제한다. → A1부터 B24까지 선택 → Control Key를 누른 상태에서 D1부터 D24까지 선택 → 삽입 → 꺾은선형 → 첫 번째 꺾은선형

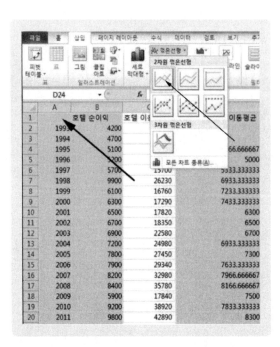

결과

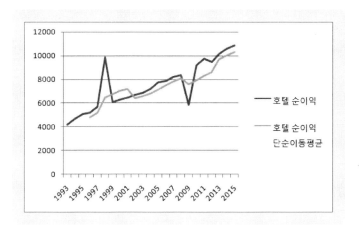

만약 4년간의 이동평균을 구하고자 한다면, 같은 방법으로 4년간의 평균을 계산한다.
이동평균 기간을 크게 할수록 더욱 평활되는 모습이 된다.

이동평균을 2로 한 경우와 5로 한 경우를 비교하면 5로 설정했을 때 더 평활되는 것을 확인할
수 있다.

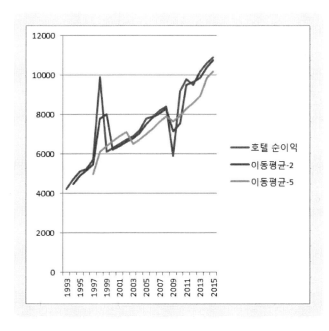

9.1.2 AVERAGE함수 활용

⌘ 4년간의 이동평균을 알고자 한다.

AVERAGE함수를 이용해서 평균을 계산할 수 있다.

E5 = AVERAGE(C2:C5) = 13180

 파일 이름: 단순이동평균_AVERAGE함수

E5			f_x	=AVERAGE(C2:C5)	
	A	B	C	D	E
1		호텔 순이익	호텔 이용객	호텔 순이익 단순이동평균	
2	1993	4200	11540		
3	1994	4700	12450		
4	1995	5100	13560	4666.666667	
5	1996	5200	15170	5000	13180
6	1997	5700	15700	5333.333333	
7	1998	9900	26230	6933.333333	
8	1999	6100	16760	7233.333333	
9	2000	6300	17290	7433.333333	
10	2001	6500	17820	6300	
11	2002	6700	18350	6500	
12	2003	6900	22580	6700	

⌘ 직접 평균을 계산한 것과 결과가 동일하다.

E5 = (C2 + C3 + C4 + C5)/4

또는 = AVERAGE(C2, C3, C4, C5)

E5			f_x	=(C2+C3+C4+C5)/4	
	A	B	C	D	E
1		호텔 순이익	호텔 이용객	호텔 순이익 단순이동평균	
2	1993	4200	11540		
3	1994	4700	12450		
4	1995	5100	13560	4666.666667	
5	1996	5200	15170	5000	13180
6	1997	5700	15700	5333.333333	
7	1998	9900	26230	6933.333333	
8	1999	6100	16760	7233.333333	
9	2000	6300	17290	7433.333333	
10	2001	6500	17820	6300	
11	2002	6700	18350	6500	
12	2003	6900	22580	6700	

AVERAGE함수를 이용하는 것과 직접 4년간의 평균을 계산하는 방법의 결과는 동일하다.

9.1.3 데이터분석 도구 활용

데이터 → 데이터분석

🔘 파일 이름: 단순 이동평균법_데이터분석 도구활용

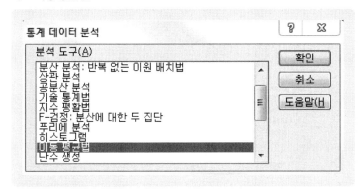

🔘 이동평균법

🔘 확인

⌘ 입력 범위: B1:B24

⌘ 첫째 행 이름표 사용 체크

⌘ 구간: 3

⌘ 출력 범위: 셀 선택 D2

⌘ 차트 출력

엑셀 데이터 분석의 이동평균법 옵션에서 선택하는 표준오차는 표준편차란 표현이 더 적합하다. 자세한 설명은 단순 지수평활법을 참고한다.

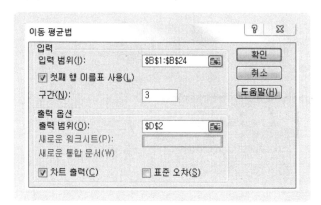

확인 → 결과

	A	B	C	D
1	연도	호텔 순이익	호텔 이용객	호텔 순이익 단순이동평균
2	1993	4200	11540	#N/A
3	1994	4700	12450	#N/A
4	1995	5100	13560	4666.666667
5	1996	5200	15170	5000
6	1997	5700	15700	5333.333333
7	1998	9900	26230	6933.333333
8	1999	6100	16760	7233.333333
9	2000	6300	17290	7433.333333
10	2001	6500	17820	6300
11	2002	6700	18350	6500
12	2003	6900	22580	6700
13	2004	7200	24980	6933.333333
14	2005	7800	27450	7300
15	2006	7900	29340	7633.333333
16	2007	8200	32980	7966.666667
17	2008	8400	35780	8166.666667
18	2009	5900	17840	7500
19	2010	9200	38920	7833.333333
20	2011	9800	42890	8300
21	2012	9500	48930	9500
22	2013	10200	49020	9833.333333
23	2014	10600	52780	10100
24	2015	10900	55890	10566.66667

┃참고┃ N/A는 도표에서 나타나지 않음

결과는 단순 이동평균법_데이터분석 도구활용_결과 파일에서 확인이 가능하다.

9.2 가중 이동평균법

9.2.1 직접 계산

단순 이동평균법은 동일한 가중치를 적용하지만 가중 이동평균법은 최근 데이터에 더 많은 가중치를 부여한다. 최적의 가중치는 해 찾기로 찾을 수 있다.

예

Weight−3: 가중치 0.2   Weight−2: 가중치 0.3   Weight−1: 가중치 0.5

1993년부터 2015년까지 호텔 순이익과 이용객을 조사했다.

파일 이름: 가중 이동평균법

	A	B	C
1	연도	호텔 순이익	호텔 이용객
2	1993	4200	11540
3	1994	4700	12450
4	1995	5100	13560
5	1996	5200	15170
6	1997	5700	15700
7	1998	9900	26230
8	1999	6100	16760
9	2000	6300	17290
10	2001	6500	17820
11	2002	6700	18350
12	2003	6900	22580
13	2004	7200	24980
14	2005	7800	27450
15	2006	7900	29340
16	2007	8200	32980
17	2008	8400	35780
18	2009	5900	17840
19	2010	9200	38920
20	2011	9800	42890
21	2012	9500	48930
22	2013	10200	49020
23	2014	10600	52780
24	2015	10900	55890

D1에 호텔 이용객 가중이동평균이라고 제목을 입력한다.

	D1	▼ (	f_x	호텔 이용객 가중이동평균	

	A	B	C	D
1	연도	호텔 순이익	호텔 이용객	호텔 이용객 가중이동평균
2	1993	4200	11540	
3	1994	4700	12450	
4	1995	5100	13560	
5	1996	5200	15170	
6	1997	5700	15700	
7	1998	9900	26230	
8	1999	6100	16760	
9	2000	6300	17290	
10	2001	6500	17820	

최근으로 갈수록 더 높은 임의의 가중치를 입력한다.

최적의 가중치는 어떻게 구할 수 있을까? 잔차(실제 관측값과 예측값의 차이)를 최소화하는 가중치를 해 찾기로 구할 수 있다.

E	F
가중치	
Weight_1	0.2
Weight_2	0.3
Weight_3	0.5

여기서는 가중치 이름을 내림차 순으로 정했으나 오름차 순으로 정해도 된다.

	A	B	C	D	E	F
1	연도	호텔 순이익	호텔 이용객	호텔 이용객 가중이동평균	가중치	
2	1993	4200	11540		Weight_3	0.2
3	1994	4700	12450		Weight_2	0.3
4	1995	5100	13560		Weight_1	0.5
5	1996	5200	15170			
6	1997	5700	15700			
7	1998	9900	26230			
8	1999	6100	16760			
9	2000	6300	17290			
10	2001	6500	17820			

커서를 D4에 놓는다.

▌참고 ▌ 범위와 계산방법은 동일하고 계산 결과의 위치를 D5에 놓고 계산하기도 한다.

1993년 호텔 이용객 X 가중치 3 + 1994년 호텔 이용객 X 가중치 2 + 1995년 호텔 이용객 X 가중치 1

D4 = C2*F2 + C3*F3 + C4*F4

	D4	▼ (	f_x	=C2*F2+C3*F3+C4*F4		
	A	B	C	D	E	F
1		호텔 순이익	호텔 이용객	호텔 이용객 가중이동평균	가중치	
2	1993	4200	11540		Weight_3	0.2
3	1994	4700	12450		Weight_2	0.3
4	1995	5100	13560	12823	Weight_1	0.5
5	1996	5200	15170			
6	1997	5700	15700			
7	1998	9900	26230			
8	1999	6100	16760			
9	2000	6300	17290			
10	2001	6500	17820			

가중치(F2, F3, F4)를 선택한 후 Key Board의 F4를 클릭해서 절대참조로 변경한다.

	D4	▼ (	f_x	=C2*$F$2+C3*$F$3+C4*$F$4		
	A	B	C	D	E	F
1		호텔 순이익	호텔 이용객	호텔 이용객 가중이동평균	가중치	
2	1993	4200	11540		Weight_3	0.2
3	1994	4700	12450		Weight_2	0.3
4	1995	5100	13560	12823	Weight_1	0.5
5	1996	5200	15170			
6	1997	5700	15700			
7	1998	9900	26230			
8	1999	6100	16760			
9	2000	6300	17290			
10	2001	6500	17820			

아래로 드래그해서 자동으로 계산

	D24	▼	fx	=C22*$F$2+C23*$F$3+C24*$F$4		
	A	B	C	D	E	F
1		호텔 순이익	호텔 이용객	호텔 이용객 가중이동평균	가중치	
2	1993	4200	11540		Weight_3	0.2
3	1994	4700	12450		Weight_2	0.3
4	1995	5100	13560	12823	Weight_1	0.5
5	1996	5200	15170	14143		
6	1997	5700	15700	15113		
7	1998	9900	26230	20859		
8	1999	6100	16760	19389		
9	2000	6300	17290	18919		
10	2001	6500	17820	17449		
11	2002	6700	18350	17979		
12	2003	6900	22580	20359		
13	2004	7200	24980	22934		
14	2005	7800	27450	25735		
15	2006	7900	29340	27901		
16	2007	8200	32900	30782		
17	2008	8400	35780	33652		
18	2009	5900	17840	26250		
19	2010	9200	38920	31968		
20	2011	9800	42890	36689		
21	2012	9500	48930	45116		
22	2013	10200	49020	47767		
23	2014	10600	52780	50882		
24	2015	10900	55890	53583		

A1에 연도 Index가 있으면 삭제 → A1~A24 선택 → Control Key를 누른 상태에서 C1~C24 선택 및 D1~D24 선택 → 삽입 → 꺾은선형 → 첫 번째 꺾은선형

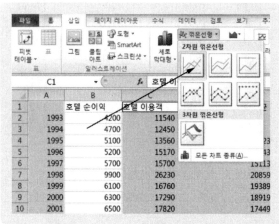

🖲 결과

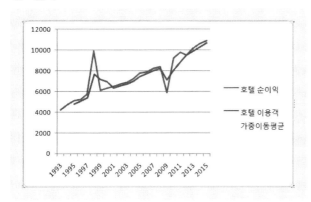

결과는 가중 이동평균법_가중치찾기_결과 파일에서 확인이 가능하다.

단순 이동평균법, 가중 이동평균법 중에서 어떤 모형이 예측이 더 정확할까? 어떤 모형이 더 적절할까?

예측 정확도에서 설명한 MAD(MAE), MSE, MAPE, RMSE 값이 적은 모형이 가장 예측력이 높고 적절한 모형이다.

9.2.2 SUMPRODUCT함수 활용 방법

SUMPRODUCT함수를 활용해서 가중 이동평균법을 계산할 수 있다.
커서를 D4에 놓는다.

🖲 파일 이름: 가중 이동평균법

	A	B	C	D	E	F
1		호텔 순이익	호텔 이용객	호텔 이용객 가중이동평균	가중치	
2	1993	4200	11540		Weight_3	0.2
3	1994	4700	12450		Weight_2	0.3
4	1995	5100	13560		Weight_1	0.5
5	1996	5200	15170			
6	1997	5700	15700			
7	1998	9900	26230			
8	1999	6100	16760			
9	2000	6300	17290			
10	2001	6500	17820			

함수 삽입 → 함수 검색: SUMPRODUCT 입력 → 검색

```
함수 마법사                                    ?  ☒

함수 검색(S):
┌──────────────────────────────────────┐ ┌────────┐
│ SUMPRODUCT                            │ │ 검색(G) │
└──────────────────────────────────────┘ └────────┘
범주 선택(C): 권장                        ▼
함수 선택(N):
┌──────────────────────────────────────┐ ▲
│ SUMPRODUCT                            │
│                                      │
│                                      │
│                                      │ ▼
└──────────────────────────────────────┘
SUMPRODUCT(array1,array2,array3,...)
배열 또는 범위의 대응되는 값끼리 곱해서 그 합을 구합니다.


도움말                          ┌──────┐ ┌──────┐
                                │ 확인 │ │ 취소 │
                                └──────┘ └──────┘
```

확인

함수 인수에서 범위를 드래그해서 선택한다.

⌘ Array1: C2:C4 (1993년 호텔 이용객, 1994년 호텔 이용객, 1995년 호텔 이용객)
⌘ Array2: F2:F4 (가중치 3, 2, 1)

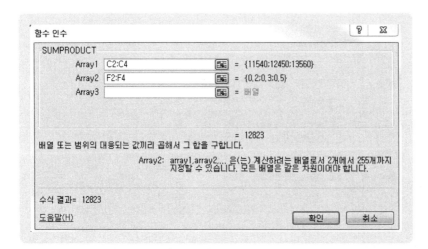

Array2의 F2와 F4를 모두 선택 → Key Board의 F4를 클릭해서 절대참조로 변경한다.

함수 인수

SUMPRODUCT

Array1	C2:C4	= {11540;12450;13560}
Array2	$F$2:$F$4	= {0,2;0,3;0,5}
Array3		= 배열

= 12823

배열 또는 범위의 대응되는 값끼리 곱해서 그 합을 구합니다.

Array2: array1,array2,... 은(는) 계산하려는 배열로서 2개에서 255개까지 지정할 수 있습니다. 모든 배열은 같은 차원이어야 합니다.

수식 결과= 12823

도움말(H)   확인   취소

확인

		D4	▾ (●	fx	=SUMPRODUCT(C2:C4,$F$2:$F$4)		
▲	A	B	C	D	E	F
1		호텔 순이익	호텔 이용객	호텔 이용객 가중이동평균	가중치	
2	1993	4200	11540		Weight_3	0.2
3	1994	4700	12450		Weight_2	0.3
4	1995	5100	13560	12823	Weight_1	0.5
5	1996	5200	15170			
6	1997	5700	15700			
7	1998	9900	26230			
8	1999	6100	16760			
9	2000	6300	17290			
10	2001	6500	17820			

아래로 드래그해서 자동으로 계산

	A	B	C	D	E	F
	D24		▼	f_x =SUMPRODUCT(C22:C24,\$F\$2:\$F\$4)		
1		호텔 순이익	호텔 이용객	호텔 이용객 가중이동평균	가중치	
2	1993	4200	11540		Weight_3	0.2
3	1994	4700	12450		Weight_2	0.3
4	1995	5100	13560	12823	Weight_1	0.5
5	1996	5200	15170	14143		
6	1997	5700	15700	15113		
7	1998	9900	26230	20859		
8	1999	6100	16760	19389		
9	2000	6300	17290	18919		
10	2001	6500	17820	17449		
11	2002	6700	18350	17979		
12	2003	6900	22580	20359		
13	2004	7200	24980	22934		
14	2005	7800	27450	25735		
15	2006	7900	29340	27901		
16	2007	8200	32980	30782		
17	2008	8400	35780	33652		
18	2009	5900	17840	26250		
19	2010	9200	38920	31968		
20	2011	9800	42890	36689		
21	2012	9500	48930	45116		
22	2013	10200	49020	47767		
23	2014	10600	52780	50882		
24	2015	10900	55890	53583		

결과를 토대로 TIME 열, 호텔 이용객 실제값 열, 호텔 이용객 가중이동평균 열을 모두 선택한 후 꺾은선 그래프 또는 막대 그래프를 만든다.

결과는 가중 이동평균법_SUMPRODUCT_결과에서 확인이 가능하다.

9.2.3 최적의 가중치 구하기

가중치를 임의로 결정하는 방법도 있지만, 해 찾기를 통해서 최적의 가중치를 찾을 수 있다. 최적의 가중치 찾기는 SUMPRODUCT 결과에 연이어서 설명한다.

E를 선택 → 마우스 오른쪽 → 삽입 → 열을 두 개 더 삽입한다.

🖱 파일 이름: 가중 이동평균법_SUMPRODUCT결과

	A	B	C	D	E	F	G	H
1		호텔 순이익	호텔 이용객	호텔 이용객 가중이동평균	가중치			
2	1993	4200	11540		Weight_3			
3	1994	4700	12450		Weight_2			
4	1995	5100	13560	12823	Weight_1			
5	1996	5200	15170	14143				
6	1997	5700	15700	15113				
7	1998	9900	26230	20859				
8	1999	6100	16760	19389				
9	2000	6300	17290	18919				
10	2001	6500	17820	17449				
11	2002	6700	18350	17979				
12	2003	6900	22580	20359				
13	2004	7200	24980	22934				
14	2005	7800	27450	25735				
15	2006	7900	29340	27901				
16	2007	8200	32980	30782				
17	2008	8400	35780	33652				
18	2009	5900	17840	26250				
19	2010	9200	38920	31968				
20	2011	9800	42890	36689				

(우클릭 메뉴: 잘라내기(T), 복사(C), 붙여넣기 옵션:, 선택하여 붙여넣기(S)..., 삽입(I), 삭제(D), 내용 지우기(N), 셀 서식(F)..., 열 너비(C)..., 숨기기(H), 숨기기 취소(U))

새로 추가된 두 개의 열에 제목을 입력한다.

⌘ E1: 잔차

⌘ F1: 잔차 절대값

	A	B	C	D	E	F
1		호텔 순이익	호텔 이용객	호텔 이용객 가중이동평균	잔차	잔차 절대값
2	1993	4200	11540			
3	1994	4700	12450			
4	1995	5100	13560	12823		
5	1996	5200	15170	14143		
6	1997	5700	15700	15113		
7	1998	9900	26230	20859		
8	1999	6100	16760	19389		
9	2000	6300	17290	18919		
10	2001	6500	17820	17449		

⌘ 잔차 계산

잔차 = 호텔 이용객 - 호텔 이용객 가중이동평균

커서를 E4에 놓는다. → E4 = C4-D4

	E4		f_x	=C4-D4	
⊿	A	B	C	D	E
1		호텔 순이익	호텔 이용객	호텔 이용객 가중이동평균	잔차
2	1993	4200	11540		
3	1994	4700	12450		
4	1995	5100	13560	12823	737
5	1996	5200	15170	14143	
6	1997	5700	15700	15113	
7	1998	9900	26230	20859	
8	1999	6100	16760	19389	
9	2000	6300	17290	18919	
10	2001	6500	17820	17449	

아래로 드래그해서 잔차를 자동으로 계산한다.

⌘ 잔차 절대값

커서를 F4에 놓는다. → F4 = ABS(E4)

	F4		f_x	=ABS(E4)		
⊿	A	B	C	D	E	F
1		호텔 순이익	호텔 이용객	호텔 이용객 가중이동평균	잔차	잔차 절대값
2	1993	4200	11540			
3	1994	4700	12450			
4	1995	5100	13560	12823	737	737
5	1996	5200	15170	14143	1027	
6	1997	5700	15700	15113	587	
7	1998	9900	26230	20859	5371	
8	1999	6100	16760	19389	-2629	
9	2000	6300	17290	18919	-1629	
10	2001	6500	17820	17449	371	
11	2002	6700	18350	17979	371	
12	2003	6900	22580	20359	2221	
13	2004	7200	24980	22934	2046	
14	2005	7800	27450	25735	1715	
15	2006	7900	29340	27901	1439	

아래로 드래그해서 절대값을 자동으로 계산한다.

⌘ 잔차 절대값의 평균(MAE)을 계산

커서를 F25에 놓는다. → F25 = AVERAGE(F4:F24)

	A	B	C	D	E	F
1		호텔 순이익	호텔 이용객	호텔 이용객 가중이동평균	잔차	잔차 절대값
2	1993	4200	11540			
3	1994	4700	12450			
4	1995	5100	13560	12823	737	737
5	1996	5200	15170	14143	1027	1027
6	1997	5700	15700	15113	587	587
7	1998	9900	26230	20859	5371	5371
8	1999	6100	16760	19389	-2629	2629
9	2000	6300	17290	18919	-1629	1629
10	2001	6500	17820	17449	371	371
11	2002	6700	18350	17979	371	371
12	2003	6900	22580	20359	2221	2221
13	2004	7200	24980	22934	2046	2046
14	2005	7800	27450	25735	1715	1715
15	2006	7900	29340	27901	1439	1439
16	2007	8200	32980	30782	2198	2198
17	2008	8400	35780	33652	2128	2128
18	2009	5900	17840	26250	-8410	8410
19	2010	9200	38920	31968	6952	6952
20	2011	9800	42890	36689	6201	6201
21	2012	9500	48930	45116	3814	3814
22	2013	10200	49020	47767	1253	1253
23	2014	10600	52780	50882	1898	1898
24	2015	10900	55890	53583	2307	2307
25					MAE	2634

F25 = AVERAGE(F4:F24)

⌘ 가중치 합계가 1이 되어야 한다.

커서를 H5에 놓는다. → H5 = SUM(H2:H4)

해 찾기를 할 때 조건에 포함하도록 합계를 계산한다.

	A	B	C	D	E	F	G	H
1		호텔 순이익	호텔 이용객	호텔 이용객 가중이동평균	잔차	잔차 절대값	가중치	
2	1993	4200	11540				Weight_3	0.2
3	1994	4700	12450				Weight_2	0.3
4	1995	5100	13560	12823	737	737	Weight_1	0.5
5	1996	5200	15170	14143	1027	1027		1
6	1997	5700	15700	15113	587	587		
7	1998	9900	26230	20859	5371	5371		
8	1999	6100	16760	19389	-2629	2629		
9	2000	6300	17290	18919	-1629	1629		
10	2001	6500	17820	17449	371	371		
11	2002	6700	18350	17979	371	371		
12	2003	6900	22580	20359	2221	2221		
13	2004	7200	24980	22934	2046	2046		
14	2005	7800	27450	25735	1715	1715		
15	2006	7900	29340	27901	1439	1439		

H5 = SUM(H2:H4)

해 찾기

	A	B	C	D	E	F	G	H
1		호텔 순이익	호텔 이용객	호텔 이용객 가중이동평균	잔차	잔차 절대값	가중치	
2	1993	4200	11540				Weight_3	0.2
3	1994	4700	12450				Weight_2	0.3
4	1995	5100	13560	12823	737	737	Weight_1	0.5
5	1996	5200	15170	14143	1027	1027		1
6	1997	5700	15700	15113	587	587		
7	1998	9900	26230	20859	5371	5371		
8	1999	6100	16760	19389	-2629	2629		
9	2000	6300	17290	18919	-1629	1629		
10	2001	6500	17820	17449	371	371		
11	2002	6700	18350	17979	371	371		
12	2003	6900	22580	20359	2221	2221		
13	2004	7200	24980	22934	2046	2046		
14	2005	7800	27450	25735	1715	1715		
15	2006	7900	29340	27901	1439	1439		

MAE(잔차 절대값 평균)을 최소로 하는 가중치를 찾는다.

⌘ 목표 셀: MAE (F25)

⌘ 해의 조건: 최소값

⌘ 값을 바꿀 셀: H2:H4

제한되지 않는 변수를 음이 아닌 수로 설정: 체크

해법 선택: GRG 비선형

H2:H4 >= 0, H2:H4 <= 1, H5로 설정한 결과, 최적 가중치 값이 H2 = 0, H3 = 0, H4 = 1
로 나왔다. 여기서는 H2 >= 0.1, H3 >= 0.2, H5 = 1로 설정해서 최적 가중치를 찾고자 한다.

⌘ 제한조건 → 추가 → H2 >= 0.1

제한 조건 추가			⊠
셀 참조 영역		제한 조건	
$H$2	▦ >= ▾	0.1	▦
확인	취소	추가(A)...	도움말(H)

⌘ 추가 → H3 <= 0.2

제한 조건 추가			⊠
셀 참조 영역		제한 조건	
$H$3	▦ >= ▾	0.2	▦
확인	취소	추가(A)...	도움말(H)

⌘ 추가 → H5 = 1(가중치의 합계는 1이어야만 한다.)

제한 조건 추가			⊠
셀 참조 영역		제한 조건	
$H$5	▦ = ▾	1	▦
확인	취소	추가(A)...	도움말(H)

⌘ 제한되지 않는 변수를 음이 아닌 수로 설정 체크

확인 → 실행

⌘ 해 찾기 해 보존 → 확인

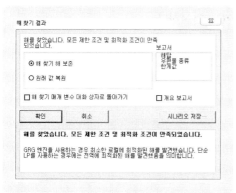

가중치는 01, 02, 07로 최적해를 찾았다.

MAE(잔차 절대값 평균)이 기존 2634에서 1548로 줄어들었다. 따라서 좀 더 정확한 가중치를 찾았다는 뜻이 된다.

	H5	▾	f_x	=SUM(H2:H4)				
	A	B	C	D	E	F	G	H
1		호텔 순이익	호텔 이용객	호텔 이용객 가중이동평균	잔차	잔차 절대값	가중치	
2	1993	4200	11540				Weight_3	0.1
3	1994	4700	12450				Weight_2	0.2
4	1995	5100	13560	13136.00007	424	424	Weight_1	0.7
5	1996	5200	15170	14576.00008	594	594		1
6	1997	5700	15700	15380.00009	320	320		
7	1998	9900	26230	23018.00014	3212	3212		
8	1999	6100	16760	18548.00009	-1788	1788		
9	2000	6300	17290	18078.00009	-788	788		
10	2001	6500	17820	17608.0001	212	212		
11	2002	6700	18350	18138.0001	212	212		
12	2003	6900	22580	21258.00012	1322	1322		
13	2004	7200	24980	23837.00014	1143	1143		
14	2005	7800	27450	26469.00015	981	981		
15	2006	7900	29340	28526.00016	814	814		
16	2007	8200	32980	31699.00018	1281	1281		
17	2008	8400	35780	34576.0002	1204	1204		
18	2009	5900	17840	22942.0001	-5102	5102		
19	2010	9200	38920	34390.00021	4530	4530		
20	2011	9800	42890	39591.00023	3299	3299		
21	2012	9500	48930	46721.00027	2209	2209		
22	2013	10200	49020	48389.00027	631	631		
23	2014	10600	52780	51643.00029	1137	1137		
24	2015	10900	55890	54581.00031	1309	1309		
25					MAE	1548		

⌘ 최적의 가중치는

Weight 3: 0.1   Weight 2: 0.2   Weight 1: 0.7

MSE(잔차 제곱의 평균)으로도 동일한 결과(최적의 가중치)를 얻을 수 있다.

결과는 가중 이동평균법_가중치찾기_결과에서 확인이 가능하다.

9.3 중심화 이동평균법

단순 이동평균법에 이어서 설명한다.

🖱 파일 이름: 중심화 이동평균법

	A	B	C	D
1	연도	호텔 순이익	호텔 이용객	호텔 순이익 단순이동평균
2	1993	4200	11540	#N/A
3	1994	4700	12450	#N/A
4	1995	5100	13560	4666.67
	(생략)			
21	2012	9500	48930	9500.00
22	2013	10200	49020	9833.33
23	2014	10600	52780	10100.00
24	2015	10900	55890	10566.67

⌘ 중심화 이동평균 계산

E1에 중심화 이동평균 제목을 입력한다. → 커서를 E4에 놓는다. → E4 = AVERAGE(D4:D5) 또는 (D4 + D5)/2 → 아래로 드래그해서 중심화 이동평균을 자동으로 계산한다.

E5			f_x	=AVERAGE(D4:D5)	
	A	B	C	D	E
1	연도	호텔 순이익	호텔 이용객	호텔 순이익 단순이동평균	중심화 이동평균
2	1993	4200	11540	#N/A	
3	1994	4700	12450	#N/A	
4	1995	5100	13560	4666.67	
5	1996	5200	15170	5000.00	4833.33

A1의 제목을 삭제한다. → A1:B24를 선택한다. → Control Key를 선택한 상태에서 E1:E24를 선택한다. → 삽입 → 꺾은선형 → 첫 번째 꺾은선형

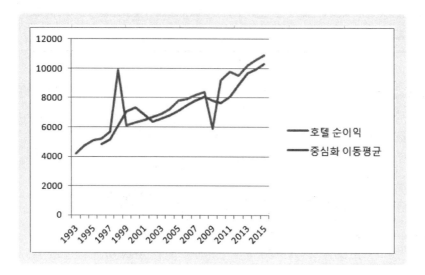

이동평균 결과 위치 비교

이동평균과 중심화 이동평균 결과의 위치는 프로그램 종류에 따라서 차이가 있고, 학자들에 따라서도 약간씩 차이가 있다. 시계열 분석 초보자의 입장에서는 매우 혼란스러울 수 있다.

⌘ 이동평균 구간이 홀수인 경우
이동평균을 홀수 Point로 할 경우는 결과를 가운데에 위치시키면 된다.

예

	A	B	C	D	E
1	TIME	연도	관측값	이동평균	중심화 이동평균
2	1	2010			
3	2	2011		AVERAGE(C2:C4)	
4	3	2012		AVERAGE(C3:C5)	AVERAGE(D3:D5)
5	4	2013		AVERAGE(C4:C6)	AVERAGE(D4:D6)

⌘ 본서의 이동평균 위치 기준

구분	이동평균과 중심화 이동평균 결과의 위치 비교
엑셀 데이터분석	(예) 엑셀 데이터분석 **A** 연도 / **B** 분기 / **C** 관측값 / **D** 이동평균 / **E** 중심화 이동평균 2: 2015, 1 3: 2 4: 3 5: 4, AVERAGE(C2:C5) 6: 2016, 1, AVERAGE(C3:C6), AVERAGE(D5:D6) (예) 3/4분기에 결과를 출력하는 경우 2: 2015, 1 3: 2 4: 3, AVERAGE(C2:C5) 5: 4, AVERAGE(C3:C6), AVERAGE(D4:D5) (예) SPSS 결과 2: 2015, 1 3: 2 4: 3, , AVERAGE(C2:C5) 5: 4, , AVERAGE(C3:C6) 6: 2016, 1, AVERAGE(C2:C5), AVERAGE(C4:C7) 7: 2, AVERAGE(C3:C6), AVERAGE(C5:C8)
엑셀 회귀분석 (TREND함수)과 이동평균 활용 계절지수 계산할 경우	2: 2015, 1 3: 2 4: 3, AVERAGE(C2:C5), AVERAGE(D4:D5) 5: 4, AVERAGE(C3:C6), AVERAGE(D5:D7)

구분	이동평균과 중심화 이동평균 결과의 위치 비교
엑셀 LOG함수와 이동평균 활용 계절지수 계산할 경우	<table><tr><td></td><td>A</td><td>B</td><td>C</td><td>D</td><td>E</td></tr><tr><td>1</td><td>연도</td><td>분기</td><td>LOG_관측값</td><td>이동평균</td><td>중심화 이동평균</td></tr><tr><td>2</td><td>2015</td><td>1</td><td></td><td></td><td></td></tr><tr><td>3</td><td></td><td>2</td><td></td><td>AVERAGE(C2:C5)</td><td></td></tr><tr><td>4</td><td></td><td>3</td><td></td><td>AVERAGE(C3:C6)</td><td>AVERAGE(D3:D4)</td></tr><tr><td>5</td><td></td><td>4</td><td></td><td>AVERAGE(C4:C7)</td><td>AVERAGE(D4:D5)</td></tr></table>

⌘ 이동평균 구간이 짝수인 경우

예 시계열 자료별 이동평균 구간 선택

분기별 자료: 구간 4

월별 자료: 구간 12

이동평균을 짝수 Point로 할 경우는 어디에 위치하면 좋을까? 프로그램 종류(SPSS 등)와 학자들에 따라서 조금씩 차이가 있다.

여기서 이동평균은 엑셀 데이터분석 결과를 기준으로 맞추었다. 데이터분석을 이용하면 홀수 및 짝수 구간에 관계없이 첫 번째 범위의 끝 데이터 위치에 맞추어 출력된다.

	A	B	C	D
1	연도	관측값	구간 3	구간 4
2	2012			
3	2013			
4	2014		AVERAGE(B2:B4)	
5	2015		AVERAGE(B3:B5)	AVERAGE(B2:B5)

엑셀 회귀분석 및 TREND함수와 이동평균을 활용해서 계절지수를 계산할 경우, 가장 일반적인 방법에 맞추었다. 엑셀 LOG함수와 이동평균을 활용해서 계절지수를 계산할 경우는 Peter T. Ittig 교수의 방법에 맞추었다.

10

CHAPTER

지수평활법

10 \ 지수평활법

10.1 단순 지수평활법

10.1.1 데이터분석 도구 활용

1993년부터 2015년까지 입원환자수와 병원 순이익을 조사했다.

🔘 파일 이름: 단순 지수평활법

	A	B	C
1	연도	입원환자수	순이익
2	1993	245	1670
3	1994	321	1890
4	1995	356	2045
5	1996	362	2245
6	1997	378	2452
7	1998	912	5567
8	1999	256	2699
9	2000	462	3114
10	2001	472	4129
11	2002	389	3144
12	2003	541	6159
13	2004	693	7174
14	2005	845	8189
15	2006	997	9204
16	2007	1012	11209
17	2008	1234	22239
18	2009	1123	13890
19	2010	1675	19524
20	2011	1056	12592
21	2012	1945	21623
22	2013	2012	24692
23	2014	2145	26782
24	2015	2345	29892

D1에 순이익 단순 지수평활법, E1에 표준오차라고 입력한다.

	A	B	C	D	E
1	연도	입원환자수	순이익	순이익 단순 지수평활법	표준오차
2	1993	245	1670		
3	1994	321	1890		
4	1995	356	2045		
5	1996	362	2245		
6	1997	378	2452		
7	1998	912	5567		
8	1999	256	2699		
9	2000	462	3114		
10	2001	472	4129		
11	2002	389	3144		
12	2003	541	6159		
13	2004	693	7174		
14	2005	845	8189		
15	2006	997	9204		
16	2007	1012	11209		
17	2008	1234	22239		
18	2009	1123	13890		
19	2010	1675	19524		
20	2011	1056	12592		
21	2012	1945	21623		
22	2013	2012	24692		
23	2014	2145	26782		
24	2015	2345	29892		

지수평활법(Exponential Smoothing)은 최근의 데이터일수록 미래에 발생할 데이터 실현값에 미치는 영향력이 크다고 보고 최근 데이터에 가중치를 높게 부여하는 방법이다.

🔘 데이터 → 데이터분석 → 지수평활법

확인

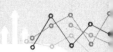

⌘ 입력 범위: C1:C24

⌘ 이름표

⌘ 감쇠 인수: 0.7 (Alpha 값이 0.3)

⌘ 출력 범위: D2:E24

⌘ 차트 출력: D2

⌘ 표준 오차

감쇠 인수를 체크하지 않고 확인할 경우 Alpha 값을 0.7로 출력 결과를 얻게 된다. 결과도 부정확하므로 반드시 감쇠 인수 값을 입력한다.

감쇠인수 값	알파 값
0.9	0.1
0.8	0.2
0.7	0.3
0.3	0.7
0.2	0.8

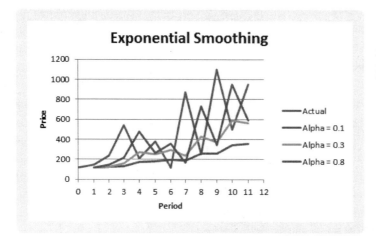

┃참고┃ Alpha 값이 높으면 높을수록 실제값과 비슷해진다.

확인 → 결과

	A	B	C	D	E
1	연도	입원환자수	순이익	순이익 단순 지수평활법	표준오차
2	1993	245	1670	#N/A	#N/A
3	1994	321	1890	1670	#N/A
4	1995	356	2045	1736	#N/A
5	1996	362	2245	1828.7	#N/A
6	1997	378	2452	1953.59	325.1598
7	1998	912	5567	2103.113	415.2105
	(생략)				
20	2011	1056	12592	14868.12306	8989.619
21	2012	1945	21623	14185.28614	4144.544
22	2013	2012	24692	16416.6003	5908.736
23	2014	2145	26782	18899.22021	6556.995
24	2015	2345	29892	21264.05415	7872.739

엑셀 데이터분석 결과에서 출력한 표준오차는 표준편차라고 표현해야 맞지만 여기서는 표준오차란 표현을 그대로 사용한다.

- 표준오차: 표본집단의 평균과 모집단의 평균 오차(표준오차가 적을수록 표본집단은 모집단을 잘 대표함)
- 표준편차: 평균으로부터 개별 관측치가 얼마나 떨어져 있는가에 대한 정보를 제공

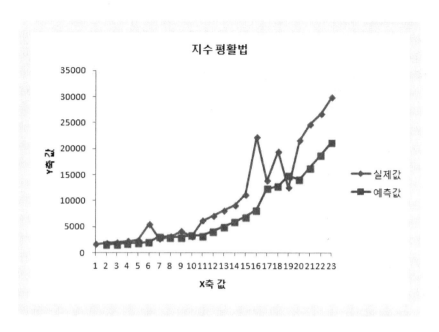

지수 평활법

10.1.2 직접 계산

커서를 G1에 놓는다. → Alpha 값(수준): 0.3

	A	B	C	D	E	F	G
1	연도	입원환자수	순이익	순이익 단순 지수평활법	표준오차	ALPHA	0.3
2	1993	245	1670				
3	1994	321	1890				
4	1995	356	2045				
5	1996	362	2245				
6	1997	378	2452				
7	1998	912	5567				
8	1999	256	2699				
9	2000	462	3114				
10	2001	472	4129				

커서를 G2에 놓는다.

G2 = 1 − 알파값 = 1 − G1 = 0.7

	G2	▾	f_x	=1-G1			
	A	B	C	D	E	F	G
1	연도	입원환자수	순이익	순이익 단순 지수평활법	표준오차	ALPHA	0.3
2	1993	245	1670				0.7
3	1994	321	1890				
4	1995	356	2045				
5	1996	362	2245				
6	1997	378	2452				
7	1998	912	5567				
8	1999	256	2699				
9	2000	462	3114				
10	2001	472	4129				

커서를 D3에 놓는다. → D3 = C2

전년도 순이익의 값을 불러들인다.

	D3	▾	f_x	=C2
	A	B	C	D
1	연도	입원환자수	순이익	순이익 단순 지수평활법
2	1993	245	1670	
3	1994	321	1890	1670
4	1995	356	2045	
5	1996	362	2245	
6	1997	378	2452	
7	1998	912	5567	
8	1999	256	2699	
9	2000	462	3114	
10	2001	472	4129	

⌘ 단순 지수평활법 계산

커서를 D4에 놓는다. → Alpha X 순이익 두 번째 + (1 − Alpha) X 순이익 단순 지수평활법
두 번째 = G1*C3+G2*D3

	D4			f_x	=G1*C3+G2*D3			
	A	B	C	D		E	F	G
1	연도	입원환자수	순이익	순이익 단순 지수평활법		표준오차	ALPHA	0.3
2	1993	245	1670					0.7
3	1994	321	1890	1670				
4	1995	356	2045	1736				
5	1996	362	2245					
6	1997	378	2452					
7	1998	912	5567					
8	1999	256	2699					
9	2000	462	3114					
10	2001	472	4129					
11	2002	389	3144					
12	2003	541	6159					
13	2004	693	7174					

Alpha 값(G1과 G2)을 절대참조로 변경한다.

Alpha 값이 있는 셀을 선택한 후 Key Board의 F4를 클릭해서 절대참조로 변경한다.

	D4			f_x	=$G$1*C3+$G$2*D3			
	A	B	C	D		E	F	G
1	연도	입원환자수	순이익	순이익 단순 지수평활법		표준오차	ALPHA	0.3
2	1993	245	1670					0.7
3	1994	321	1890	1670				
4	1995	356	2045	1736				
5	1996	362	2245					
6	1997	378	2452					
7	1998	912	5567					
8	1999	256	2699					
9	2000	462	3114					
10	2001	472	4129					
11	2002	389	3144					
12	2003	541	6159					
13	2004	693	7174					

아래로 드래그해서 자동으로 계산

	D24		f_x	=$G$1*C23+$G$2*D23		
	A	B	C	D	E	F	G
1	연도	입원환자수	순이익	순이익 단순 지수평활법	표준오차	ALPHA	0.3
2	1993	245	1670				0.7
3	1994	321	1890	1670			
4	1995	356	2045	1736			
5	1996	362	2245	1828.7			
6	1997	378	2452	1953.59			
7	1998	912	5567	2103.113			
8	1999	256	2699	3142.2791			
9	2000	462	3114	3009.29537			
10	2001	472	4129	3040.706759			
11	2002	389	3144	3367.194731			
12	2003	541	6159	3300.236312			
13	2004	693	7174	4157.865418			
14	2005	845	8189	5062.705793			
15	2006	997	9204	6000.594055			
16	2007	1012	11209	6961.615838			
17	2008	1234	22239	8235.831087			
18	2009	1123	13890	12436.78176			
19	2010	1675	19524	12872.74723			
20	2011	1056	12592	14868.12306			
21	2012	1945	21623	14185.28614			
22	2013	2012	24692	16416.6003			
23	2014	2145	26782	18899.22021			
24	2015	2345	29892	21264.05415			

⌘ 표준오차

커서를 E6(5번째 셀)에 놓는다.

E6 = SQRT(SUMXMY2(순이익 두 번째 관측값부터 3개, 순이익 단순 지수평활법 두 번째
값부터 3개)/3)

커서를 E6에 놓는다. → SQRT(SUMXMY2(C3:C5,D3:D5)/3)

	E6		f_x	=SQRT(SUMXMY2(C3:C5,D3:D5)/3)	
	A	B	C	D	E
1	연도	입원환자수	순이익	순이익 단순 지수평활법	표준오차
2	1993	245	1670		
3	1994	321	1890	1670	
4	1995	356	2045	1736	
5	1996	362	2245	1828.7	
6	1997	378	2452	1953.59	325.1598
7	1998	912	5567	2103.113	
8	1999	256	2699	3142.2791	
9	2000	462	3114	3009.29537	
10	2001	472	4129	3040.706759	
11	2002	389	3144	3367.194731	
12	2003	541	6159	3300.236312	
13	2004	693	7174	4157.865418	

아래로 드래그해서 자동으로 계산

	E24		f_x	=SQRT(SUMXMY2(C21:C23,D21:D23)/3)	
	A	B	C	D	E
1	연도	입원환자수	순이익	순이익 단순 지수평활법	표준오차
2	1993	245	1670		
3	1994	321	1890	1670	
4	1995	356	2045	1736	
5	1996	362	2245	1828.7	
6	1997	378	2452	1953.59	325.1598
7	1998	912	5567	2103.113	415.2105
8	1999	256	2699	3142.2791	2034.7179
9	2000	462	3114	3009.29537	2036.6166
10	2001	472	4129	3040.706759	2017.0914
11	2002	389	3144	3367.194731	681.1367
12	2003	541	6159	3300.236312	644.2466
13	2004	693	7174	4157.865418	1770.7558
14	2005	845	8189	5062.705793	2402.7355
15	2006	997	9204	6000.594055	3002.4053
16	2007	1012	11209	6961.615838	3116.2260
17	2008	1234	22239	8235.831087	3562.5739
18	2009	1123	13890	12436.78176	8648.5224
19	2010	1675	19524	12872.74723	8490.0109
20	2011	1056	12592	14868.12306	8989.6189
21	2012	1945	21623	14185.28614	4144.5443
22	2013	2012	24692	16416.6003	5908.7361
23	2014	2145	26782	18899.22021	6556.9953
24	2015	2345	29892	21264.05415	7872.7387

결과는 단순 지수평활법_결과에서 확인이 가능하다.

오차를 이용해서 MAD(MAE), MSE, MAPE, RMSE를 계산할 수 있다.

오차 = 관측값 - 예측값

10.1.3 최적의 ALPHA 값 구하기

어떻게 가장 적절한 Alpha 값을 구할 수 있을까?

잔차(관측값 − 예측값) 절대값의 평균(MAE)을 구한 후 엑셀의 해 찾기에서 잔차 절대값의 평균을 최소화하는 Alpha 값을 찾을 수 있다. 이렇게 찾은 결과는 단순 지수평활법_최적 Alpha 값_MAE_결과 파일에서 확인이 가능하다.

Alpha: 0.804052

여기서는 표준오차의 평균을 최소화하는 Alpha 값을 찾는다.

표준오차를 구한 이후부터 설명하고자 한다.

파일 이름: 단순 지수평활법_최적 ALPHA 값

	A	B	C	D	E	F	G
1	연도	입원환자수	순이익	순이익 단순 지수평활법	표준오차	ALPHA	0.3
2	1993	245	1670				0.7
3	1994	321	1890	1670			
4	1995	356	2045	1736			
5	1996	362	2245	1828.7			
6	1997	378	2452	1953.59	325.1598		
7	1998	912	5567	2103.113	415.2105		
8	1999	256	2699	3142.2791	2034.7179		
9	2000	462	3114	3009.29537	2036.6166		
10	2001	472	4129	3040.706759	2017.0914		
11	2002	389	3144	3367.194731	681.1367		
12	2003	541	6159	3300.236312	644.2466		
13	2004	693	7174	4157.865418	1770.7558		
14	2005	845	8189	5062.705793	2402.7355		
15	2006	997	9204	6000.594055	3002.4053		
16	2007	1012	11209	6961.615838	3116.2260		
17	2008	1234	22239	8235.831087	3562.5739		
18	2009	1123	13890	12436.78176	8648.5224		
19	2010	1675	19524	12872.74723	8490.0109		
20	2011	1056	12592	14868.12306	8989.6189		
21	2012	1945	21623	14185.28614	4144.5443		
22	2013	2012	24692	16416.6003	5908.7361		
23	2014	2145	26782	18899.22021	6556.9953		
24	2015	2345	29892	21264.05415	7872.7387		

D26에 표준오차의 평균 제목을 입력한다. → 커서를 E26에 놓는다.

표준오차의 평균 = AVERAGE(표준오차) = AVERAGE(E6:E24) = 3822.1075

	E26	▼	f_x	=AVERAGE(E6:E24)	
	A	B	C	D	E
1	연도	입원환자수	순이익	순이익 단순 지수평활법	표준오차
2	1993	245	1670		
3	1994	321	1890	1670	
4	1995	356	2045	1736	
5	1996	362	2245	1828.7	
6	1997	378	2452	1953.59	325.1598
7	1998	912	5567	2103.113	415.2105
8	1999	256	2699	3142.2791	2034.7179
9	2000	462	3114	3009.29537	2036.6166
10	2001	472	4129	3040.706759	2017.0914
11	2002	389	3144	3367.194731	681.1367
12	2003	541	6159	3300.236312	644.2466
13	2004	693	7174	4157.865418	1770.7558
14	2005	845	8189	5062.705793	2402.7355
15	2006	997	9204	6000.594055	3002.4053
16	2007	1012	11209	6961.615838	3116.2260
17	2008	1234	22239	8235.831087	3562.5739
18	2009	1123	13890	12436.78176	8648.5224
19	2010	1675	19524	12872.74723	8490.0109
20	2011	1056	12592	14868.12306	8989.6189
21	2012	1945	21623	14185.28614	4144.5443
22	2013	2012	24692	16416.6003	5908.7361
23	2014	2145	26782	18899.22021	6556.9953
24	2015	2345	29892	21264.05415	7872.7387
25					
26				표준오차의 평균	3822.1075

G3 = G1+G2 또는 SUM(G1:G2)

	G3	▼	f_x	=SUM(G1:G2)			
	A	B	C	D	E	F	G
1	연도	입원환자수	순이익	순이익 단순 지수평활법	표준오차	ALPHA	0.3
2	1993	245	1670				0.7
3	1994	321	1890	1670			1
4	1995	356	2045	1736			
5	1996	362	2245	1828.7			
6	1997	378	2452	1953.59	325.1598		
7	1998	912	5567	2103.113	415.2105		
8	1999	256	2699	3142.2791	2034.7179		
9	2000	462	3114	3009.29537	2036.6166		
10	2001	472	4129	3040.706759	2017.0914		
11	2002	389	3144	3367.194731	681.1367		
12	2003	541	6159	3300.236312	644.2466		
13	2004	693	7174	4157.865418	1770.7558		

해 찾기

데이터 → 해 찾기

표준오차의 평균을 최소화하는 알파 값을 찾는다.

⌘ 목표 셀: E26(표준오차의 평균)

⌘ 해의 조건: 최소값

⌘ 값을 바꿀 셀: G1:G2

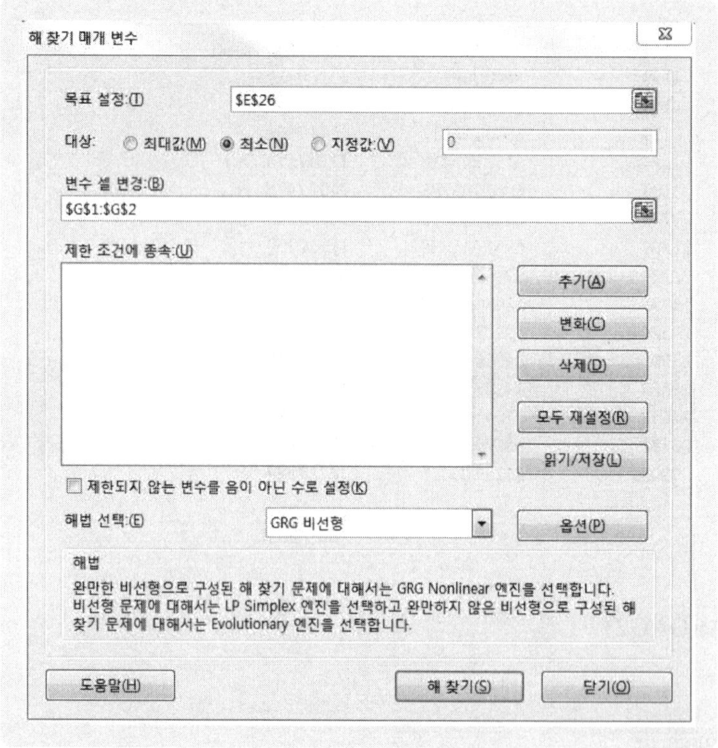

제한조건 → 추가

G3 = 1

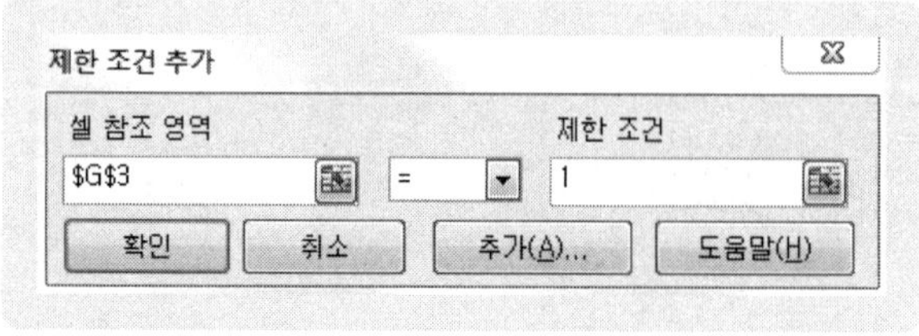

⌘ 제한되지 않는 변수를 음이 아닌 수로 설정: 체크 해제

⌘ 해법 선택: GRG 비선형

구한 해로 바꾸기 → 확인

최적의 Alpha 값은 0.63322이다.

Alpha를 0.3으로 임의 설정했을 때의 표준오차 평균보다 감소했다. 표준오차 평균이 작을수록 더 좋은 모형이다.

Alpha 0.3일 때 표준오차 평균: 3822.1075

최적의 Alpha 0.63322일 때 표준오차 평균: 3294.9453

결과는 단순 지수평활법_최적 ALPHA값_결과 파일에서 확인이 가능하다.

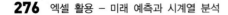

10.2 홀트 선형 지수평활법

홀트 선형 지수평활법은 모수가 두 개(Alpha, Beta)이므로 Two Parameter Exponential Smooting이라고도 한다.

10.2.1 계산 방법

A1의 연도 인덱스 삭제 → A1부터 B11까지 선택 → 삽입 → 꺾은 선형 → 첫 번째 꺾은 선형

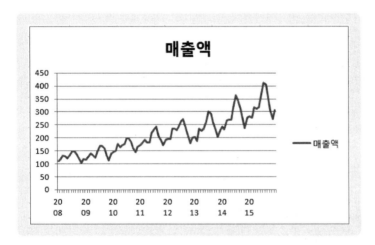

시계열 자료의 변화를 시각적으로 판단한다.

D1, E1, F1, G1, H1에 각각 알파(수준), 베타(추세), 예측값, 잔차, 잔차 제곱의 순서로 제목을 입력한다. → 0과 1 사이에서 임의의 알파 값과 베타 값을 입력한다.

Alpha: 0.2

Beta: 0.2

	J1			f_x	0.2					
	A	B	C	D	E	F	G	H	I	J
1	연도	월	매출액	알파(수준)	베타(추세)	예측값	잔차	잔차제곱	Alpha	0.20000
2	2008	1	112						Beta	0.20000
3		2	118							
4		3	132							
5		4	129							
6		5	121							
7		6	135							
8		7	148							
9		8	148							
10		9	136							
11		10	119							
12		11	104							
13		12	118							

커서를 D2에 놓는다.

C2의 값을 그대로 불러들인다. (첫 해의 1월 관측값)

D2 = C2

	D2			f_x	=C2					
	A	B	C	D	E	F	G	H	I	J
1	연도	월	매출액	알파(수준)	베타(추세)	예측값	잔차	잔차제곱	Alpha	0.20000
2	2008	1	112	112					Beta	0.20000
3		2	118							
4		3	132							
5		4	129							
6		5	121							
7		6	135							
8		7	148							
9		8	148							

커서를 D3에 놓는다.

D3 = 알파 X 첫 해의 2월 관측값 + (1 − 알파) X (알파 첫 해 1월 값 + 베타 첫 해 1월 값)

	D3			f_x	=J1*C3+(1-J1)*(D2+E2)					
	A	B	C	D	E	F	G	H	I	J
1	연도	월	매출액	알파(수준)	베타(추세)	예측값	잔차	잔차제곱	Alpha	0.20000
2	2008	1	112	112					Beta	0.20000
3		2	118	113.2						
4		3	132							
5		4	129							
6		5	121							
7		6	135							
8		7	148							
9		8	148							

수식란에서 알파(J1)를 선택하고 Key Board의 F4를 클릭해서 절대참조로 변경한다.

	D3	▼		f_x	=$J$1*C3+(1-$J$1)*(D2+E2)					
	A	B	C	D	E	F	G	H	I	J
1	연도	월	매출액	알파(수준)	베타(추세)	예측값	잔차	잔차제곱	Alpha	0.20000
2	2008	1	112	112					Beta	0.20000
3		2	118	113.2						
4		3	132							
5		4	129							
6		5	121							
7		6	135							
8		7	148							
9		8	148							

커서를 E2에 놓는다.

0을 입력한다.

	E2	▼		f_x	0	
	A	B	C	D	E	F
1	연도	월	매출액	알파(수준)	베타(추세)	예측값
2	2008	1	112	112	0	
3		2	118	113.2		
4		3	132			
5		4	129			
6		5	121			
7		6	135			

커서를 E3에 놓는다.

E3 = 베타 X (알파 첫 해의 2월 값 – 알파 첫 해의 1월 값) + (1 – 베타) X 베타 첫 해의 1월 값

	A	B	C	D	E	F	G
				fx	=J2*(D3-D2)+(1-J2)*E2		
1	연도	월	매출액	알파(수준)	베타(추세)	예측값	잔차
2	2008	1	112	112	0		
3		2	118	113.2	0.24		
4		3	132				
5		4	129				
6		5	121				
7		6	135				
8		7	148				
9		8	148				

수식란에서 베타(J2)를 선택하고 Key Board의 F4를 클릭해서 절대참조로 변경한다.

	A	B	C	D	E	F	G
				fx	=$J$2*(D3-D2)+(1-$J$2)*E2		
1	연도	월	매출액	알파(수준)	베타(추세)	예측값	잔차
2	2008	1	112	112	0		
3		2	118	113.2	0.24		
4		3	132				
5		4	129				
6		5	121				
7		6	135				

예측값 = 알파 + 베타 → F3 = D2 + E2

	A	B	C	D	E	F
				fx	=D2+E2	
1	연도	월	매출액	알파(수준)	베타(추세)	예측값
2	2008	1	112	112	0	
3		2	118	113.2	0.24	112
4		3	132			
5		4	129			
6		5	121			
7		6	135			
8		7	148			
9		8	148			

D3, E3, F3를 모두 동시에 선택 후 아래로 드래그하면 알파, 베타, 예측값을 모두 구할 수 있다. 여기서는 최적의 모수 구하기까지 연이어서 설명한다.

10.2.2 최적의 모수 구하기

① 홀트 모형에서 MAE(잔차 절대값의 평균)를 최소화하는 최적의 모수를 찾는다.
⌘ Alpha: 1.33639
⌘ Beta: −0.02487

MAE를 최소화하여 찾은 모수는 홀트 선형 지수 평활법_MAE_결과 파일에서 확인이 가능하다. 그러나 이 방법은 Alpha와 Beta 값이 0과 1 사이에 있다는 조건을 포함하지 않고 있다.

⌘ MAE를 최소화하는 모수를 찾을 때, J1 < = 1, J1 > = 0, J2 < = 1, J2 > = 0으로 제한 조건을 설정한 결과

⌘ Alpha: 1
⌘ Beta:　0

그러나 Alpha와 Beta는 0과 1을 포함하지 않은 사이에 있어야만 한다.

0 < Alpha < 1
0 < Beta < 1

⌘ Alpha, Beta 범위 설정

따라서 Alpha <= 0.0000, Beta >= 0.001로 설정을 변경한 결과

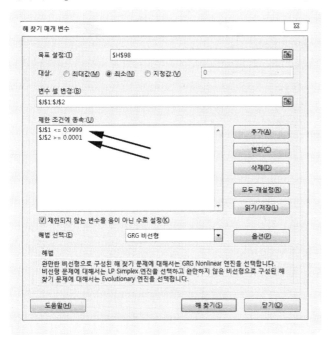

⌘ Alpha: 0.9999
⌘ Beta: 0.0001

② 홀트 선형 지수평활법을 계산할 때, 두 번째 알파(수준)을 두 번째 관측값과 동일하게 설정하고, 두 번째 베타(추세)를 두 번째 관측값에서 첫 번째 관측값을 뺀 값으로 계산해서 얻은 MAE(잔차 절대 평균)를 최소화하는 방식으로 최적의 모수를 찾는 방법은 홀트 선형 지수 평활법_Second베타_MAE_결과 파일에서 확인한다.

두 번째 알파(수준) = 두 번째 관측값
D3 = C3

D3	월	매출액	알파(수준)
2008	1	112	
	2	118	118
	3	132	133.94
	4	129	126.32
	5	121	118.27

두 번째 베타(추세) = 두 번째 관측값 – 첫 번째 관측값

E3 = C3 – C2

	A	B	C	D	E
	연도	월	매출액	알파(수준)	베타(추세)
1	2008	1	112		
2		2	118	118	6
3		3	132	132.00	6.08
4		4	129	129.00	5.99
5		5	121	121.00	5.85
6		6	135	135.00	5.93

셀 참조선: E3 fx =C3-C2

해 찾기

⌘ 목표 설정: H98

⌘ 변수 셀 변경: J1:J2

⌘ 제한 조건에 종속

J1 < = 1

J1 < = 1

⌘ 제한되지 않는 변수를 음이 아닌 수로 설정 체크

⌘ 해법 선택: GRG 비선형

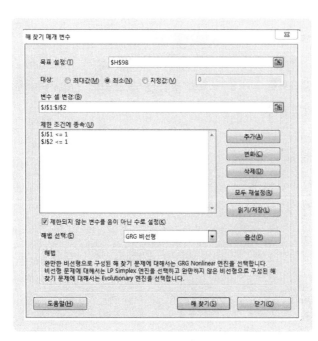

⌘ Alpha: 1

⌘ Beta: 0.00997

그러나 Alpha와 Beta는 0과 1을 제외한 0과 1 사이의 값이다.

⌘ Alpha ＜＝ 0.999

![해 찾기 매개 변수 대화 상자]

여기서는 MSE(잔차 제곱의 평균)을 기준으로 설명했으나, MAE(잔차 절대값의 평균), SSE(잔차 제곱의 합계)로도 최적의 모수를 찾을 수 있으며, 결과는 모두 동일하다.

홀트 선형 지수평활법_MAE_결과, SSE_결과 파일에서 계산 결과의 확인이 가능하다.

10.3 │ 윈터스 가법

윈터스 가법과 윈터스 승법은 모수가 3개(Alpha, Beta, Gamma)로 Triple Exponential Smoothing이라고 한다.

10.3.1 계산 방법

선형 추세이고 계절성이 있는 시계열에 적합하다. 시계열 변동의 폭이 시간이 경과함에 관계없이 일정하게 유지되므로 가법(Additive)인 계절적 변동이 존재한다.
윈터스 가법은 더미변수 회귀분석으로 예측이 가능한 자료에도 적용이 가능하다.

구분		특징
비계절모형	단순	추세나 계절성이 없는 시계열에 적합
	Holt 선형 추세	선형 추세이고, 계절성이 없는 시계열에 적합
	Brown 선형 추세	선형 추세이고, 계절성이 없는 시계열에 적합 Brown모형은 Holt모형의 특수한 케이스이다.
	진폭감소 추세	감소하는 선형 추세이고, 계절성이 없는 시계열에 적합
계절모형	단순 계절모형	추세가 없고 시간에 관계없이 일정한 계절효과를 갖는 시계열
	Winters 가법모형	선형 추세이고 계절성이 있는 시계열 시계열 변동의 폭이 시간이 경과함에 관계없이 일정하게 유지되므로 가법(Additive)인 계절적 변동이 존재한다.
	Winters 승법모형	선형 추세이고 계절성이 있는 시계열 시간이 경과함에 따라 계절적 주기 내의 변동의 폭이 갈수록 증가하므로 승법(Multiplicative)인 계절적 변동이 존재한다.

2008년 1월부터 2015년 12월까지 호텔 매출액을 조사했다.

🖱 파일 이름: 윈터스 가법

	A	B	C
1	연도	월	매출액
2	2008	1	112
3	2008	2	118
4	2008	3	132
5	2008	4	129
6	2008	5	121
7	2008	6	135
8	2008	7	148
9	2008	8	148
10	2008	9	136
11	2008	10	119
12	2008	11	104
13	2008	12	118
14	2009	1	115
15	2009	2	126
16	2009	3	141
17	2009	4	135
18	2009	5	125
19	2009	6	149
20	2009	7	170
21	2009	8	170
22	2009	9	158
23	2009	10	133
24	2009	11	114
25	2009	12	140

A1의 Index가 있으면 삭제 → A1:A97 선택 + Control Key + C1:C97 선택 → 삽입 → 꺾은선형 → 첫 번째 꺾은선형

시계열 자료에 증감이 반복되면서 증가하는 추세이므로 윈터스 가법보다는 윈터스 승법이 더 적합해 보인다.

D1부터 I2까지 알파(수준), 베타(추세), 감마(계절), 예측값, 잔차, 잔차 제곱을 입력한다. 0과 1 사이에서 임의의 알파, 베타, 감마 값을 입력한다.

⌘ 알파 수준: 0.2

⌘ 베타 추세: 0.2

⌘ 감마 계절: 0.2

	A	B	C	D	E	F	G	H	I	J	K
1	연도	월	매출액	알파(수준)	베타(추세)	감마(계절)	예측값	잔차	잔차제곱	Alpha	0.2
2	2008	1	112							Beta	0.2
3	2008	2	118							Gamma	0.2
4	2008	3	132								
5	2008	4	129								
6	2008	5	121								
7	2008	6	135								
8	2008	7	148								
9	2008	8	148								
10	2008	9	136								
11	2008	10	119								
12	2008	11	104								

커서를 D13에 놓는다. (알파 첫 해의 12월)

첫 해 매출의 평균을 계산한다.

D13 = AVERAGE(C2:C13)

D13			f_x	=AVERAGE(C2:C13)
	A	B	C	D	E
---	---	---	---	---	---
1	연도	월	매출액	알파(수준)	베타(추세)
2	2008	1	112		
3	2008	2	118		
4	2008	3	132		
5	2008	4	129		
6	2008	5	121		
7	2008	6	135		
8	2008	7	148		
9	2008	8	148		
10	2008	9	136		
11	2008	10	119		
12	2008	11	104		
13	2008	12	118	126.6666667	

커서를 D14에 놓는다. (알파 두 번째 해의 1월)

D14 = 알파 X (두 번째 해의 1월 관측값 - 감마 첫 해의 1월 값) + (1 - 알파) X (알파 첫 해의 12월 + 베타 첫 해의 12월 값) = K1*(C14-F2)+(1-K1)*(D13+E13)

	D14	▾	f_x	=K1*(C14-F2)+(1-K1)*(D13+E13)							
	A	B	C	D	E	F	G	H	I	J	K
1	연도	월	매출액	알파(수준)	베타(추세)	감마(계절)	예측값	잔차	잔차제곱	Alpha	0.2
2	2008	1	112							Beta	0.2
3	2008	2	118							Gamma	0.2
4	2008	3	132								
5	2008	4	129								
6	2008	5	121								
7	2008	6	135								
8	2008	7	148								
9	2008	8	148								
10	2008	9	136								
11	2008	10	119								
12	2008	11	104								
13	2008	12	118	126.6666667							
14	2009	1	115	124.3333333							

수식란에서 알파를 선택한 후 Key Board의 F4를 클릭해서 K1(알파)을 절대참조로 만든다.

	D14	▾	f_x	=$K$1*(C14-F2)+(1-$K$1)*(D13+E13)		
1	A	B	C	D	E	F
	연도	월	매출액	알파(수준)	베타(추세)	감마(계절)
2	2008	1	112			
3	2008	2	118			
4	2008	3	132			
5	2008	4	129			
6	2008	5	121			
7	2008	6	135			
8	2008	7	148			
9	2008	8	148			
10	2008	9	136			
11	2008	10	119			
12	2008	11	104			
13	2008	12	118	126.6666667		
14	2009	1	115	124.3333333		

아래로 드래그해서 자동으로 계산한다.

	D97		▾	f_x =$K$1*(C97-F85)+(1-$K$1)*(D96+E96)		
	A	B	C	D	E	F
83	2014	10	274	295.0778726		
84	2014	11	237	283.462298		
85	2014	12	278	282.3698384		
86	2015	1	284	282.6958707		
87	2015	2	277	281.5566966		
88	2015	3	317	288.6453573		
89	2015	4	313	293.5162858		
90	2015	5	318	298.4130287		
91	2015	6	374	313.5304229		
92	2015	7	413	333.4243383		
93	2015	8	405	347.7394707		
94	2015	9	355	349.1915765		
95	2015	10	306	340.5532612		
96	2015	11	271	326.642609		
97	2015	12	306	322.5140872		

커서를 E13에 놓는다. (베타의 12월)

D13 = (첫 해의 12월 관측값 – 첫 해의 1월 관측값)/11

D13 = (C13 – C2)/11

	E13		▾	f_x =(C13-C2)/11	
	A	B	C	D	E
1	연도	월	매출액	알파(수준)	베타(추세)
2	2008	1	112		
3	2008	2	118		
4	2008	3	132		
5	2008	4	129		
6	2008	5	121		
7	2008	6	135		
8	2008	7	148		
9	2008	8	148		
10	2008	9	136		
11	2008	10	119		
12	2008	11	104		
13	2008	12	118	126.6666667	0.545454545
14	2009	1	115	124.769697	
15	2009	2	126	125.0157576	

커서를 E14에 놓는다. (베타 두 번째 해의 1월)

E14 = 베타 X (알파 두 번째 해의 1월 – 알파 첫 해의 12월) + (1 – 베타) X 베타 첫 해의 12월 값 = K2*(D14−D13)+(1−K2)*E13

	E14		▼	f_x =K2*(D14-D13)+(1-K2)*E13							
	A	B	C	D	E	F	G	H	I	J	K
1	연도	월	매출액	알파(수준)	베타(추세)	감마(계절)	예측값	잔차	잔차제곱	Alpha	0.2
2	2008	1	112							Beta	0.2
3	2008	2	118							Gamma	0.2
4	2008	3	132								
5	2008	4	129								
6	2008	5	121								
7	2008	6	135								
8	2008	7	148								
9	2008	8	148								
10	2008	9	136								
11	2008	10	119								
12	2008	11	104								
13	2008	12	118	126.6666667	0.545454545						
14	2009	1	115	124.769697	0.056969697						

수식란에서 베타(K2)를 선택한 후 Key Board의 F4를 클릭해서 절대참조로 만든다.

	E14		▼	f_x =$K$2*(D14-D13)+(1-$K$2)*E13		
	A	B	C	D	E	F
1	연도	월	매출액	알파(수준)	베타(추세)	감마(계절)
2	2008	1	112			
3	2008	2	118			
4	2008	3	132			
5	2008	4	129			
6	2008	5	121			
7	2008	6	135			
8	2008	7	148			
9	2008	8	148			
10	2008	9	136			
11	2008	10	119			
12	2008	11	104			
13	2008	12	118	126.6666667	0.545454545	
14	2009	1	115	124.769697	0.056969697	

아래로 드래그해서 자동으로 계산한다.

	E97			f_x	=$K$2*(D97-D96)+(1-$K$2)*E96	
	A	B	C	D	E	F
82	2014	9	312	318.2771994	9.350449409	
83	2014	10	274	316.9021191	7.205343455	
84	2014	11	237	306.68597	3.721044953	
85	2014	12	278	303.925612	2.424764354	
86	2015	1	284	301.8803011	1.530749301	
87	2015	2	277	298.1288403	0.474307286	
88	2015	3	317	302.2825181	1.210181382	
89	2015	4	313	305.3941596	1.590473405	
90	2015	5	318	309.1877064	2.031088086	
91	2015	6	374	323.7750356	4.542336308	
92	2015	7	413	345.2538975	7.929641433	
93	2015	8	405	363.5468311	10.00229988	
94	2015	9	355	369.8393048	9.260334635	
95	2015	10	306	364.4797116	6.336349057	
96	2015	11	271	350.8528485	2.343706632	
97	2015	12	306	343.7572441	0.455844427	

커서를 F2에 놓는다. (감마 첫 해 1월)

F2 = (첫 해의 1월 관측값 – 알파 첫 해의 12월 값) → 알파 첫 해의 12월 값 주소(D13)를 절대참조로 변경한다.

F2 = C2 – $D$13

	F2			f_x	=C2-$D$13	
	A	B	C	D	E	F
1	연도	월	매출액	알파(수준)	베타(추세)	감마(계절)
2	2008	1	112			-14.66666667
3	2008	2	118			
4	2008	3	132			
5	2008	4	129			
6	2008	5	121			
7	2008	6	135			
8	2008	7	148			
9	2008	8	148			
10	2008	9	136			
11	2008	10	119			
12	2008	11	104			
13	2008	12	118	126.6666667	0.545454545	
14	2009	1	115	127.7030303	0.643636364	

감마 첫 해 12월까지(F13까지) 드래그해서 자동으로 계산한다.

	F13	▼		f_x	=C13-$D$13	
	A	B	C	D	E	F
1	연도	월	매출액	알파(수준)	베타(추세)	감마(계절)
2	2008	1	112			-14.66666667
3	2008	2	118			-8.666666667
4	2008	3	132			5.333333333
5	2008	4	129			2.333333333
6	2008	5	121			-5.666666667
7	2008	6	135			8.333333333
8	2008	7	148			21.33333333
9	2008	8	148			21.33333333
10	2008	9	136			9.333333333
11	2008	10	119			-7.666666667
12	2008	11	104			-22.66666667
13	2008	12	118	126.6666667	0.545454545	-8.666666667

커서를 F14에 놓는다. (감마 두 번째의 1월)

F14 = 감마 X (두 번째 해의 1월 관측값 - 알파 두 번째 해의 1월 값) + (1 - 감마) X 감마 첫 해의 1월 값 = K3*(C14-D14)+(1-K3)*F2

	F14	▼		f_x	=K3*(C14-D14)+(1-K3)*F2						
	A	B	C	D	E	F	G	H	I	J	K
1	연도	월	매출액	알파(수준)	베타(추세)	감마(계절)	예측값	잔차	잔차제곱	Alpha	0.2
2	2008	1	112			-14.66666667				Beta	0.2
3	2008	2	118			-8.666666667				Gamma	0.2
4	2008	3	132			5.333333333					
5	2008	4	129			2.333333333					
6	2008	5	121			-5.666666667					
7	2008	6	135			8.333333333					
8	2008	7	148			21.33333333					
9	2008	8	148			21.33333333					
10	2008	9	136			9.333333333					
11	2008	10	119			-7.666666667					
12	2008	11	104			-22.66666667					
13	2008	12	118	126.6666667	0.545454545	-8.666666667					
14	2009	1	115	127.7030303	0.643636364	-14.27393939					
15	2009	2	126	129.6106667	0.896436364						

수식란의 감마(K3)를 선택하고 Key Board의 F4를 클릭해서 절대참조로 만든다.

F14			fx =$K$3*(C14-D14)+(1-$K$3)*F2		
	A	B	C	D	E	F

	A	B	C	D	E	F
1	연도	월	매출액	알파(수준)	베타(추세)	감마(계절)
2	2008	1	112			-14.66666667
3	2008	2	118			-8.666666667
4	2008	3	132			5.333333333
5	2008	4	129			2.333333333
6	2008	5	121			-5.666666667
7	2008	6	135			8.333333333
8	2008	7	148			21.33333333
9	2008	8	148			21.33333333
10	2008	9	136			9.333333333
11	2008	10	119			-7.666666667
12	2008	11	104			-22.66666667
13	2008	12	118	126.6666667	0.545454545	-8.666666667
14	2009	1	115	127.7030303	0.643636364	-14.27393939
15	2009	2	126	129.6106667	0.896436364	

아래로 드래그해서 자동으로 계산한다.

F97			fx =$K$3*(C97-D97)+(1-$K$3)*F85		
	A	B	C	D	E	F

	A	B	C	D	E	F
83	2014	10	274	307.0650068	6.045788177	-19.88032278
84	2014	11	237	305.2071034	4.465049862	-42.91529035
85	2014	12	278	306.5959887	3.849816957	-18.75226224
86	2015	1	284	308.0955309	3.379762001	-16.5746516
87	2015	2	277	307.5735545	2.599414313	-18.08799145
88	2015	3	317	309.2879556	2.422411686	10.54408638
89	2015	4	313	310.949994	2.270337013	4.483200821
90	2015	5	318	313.8718971	2.400650229	2.043091487
91	2015	6	374	323.333924	3.812925581	28.06967033
92	2015	7	413	335.7900477	5.541565203	49.55171832
93	2015	8	405	347.0859912	6.692440852	39.49999842
94	2015	9	355	352.701406	6.477035655	5.745077103
95	2015	10	306	352.5188179	5.145110898	-25.20802181
96	2015	11	271	348.9142011	3.395165359	-49.9150725
97	2015	12	306	346.7979456	2.29288119	-23.16139892

커서를 G14에 놓는다. (두 번째 해의 1월)

예측값 = 알파 첫 해의 12월 값 + 베타 첫 해의 12월 값 + 감마 첫 해의 1월 값

G14 = D13+E13+F2

	G14		▼	f_x	=D13+E13+F2		
	A	B	C	D	E	F	G
1	연도	월	매출액	알파(수준)	베타(추세)	감마(계절)	예측값
2	2008	1	112			-14.66666667	
3	2008	2	118			-8.666666667	
4	2008	3	132			5.333333333	
5	2008	4	129			2.333333333	
6	2008	5	121			-5.666666667	
7	2008	6	135			8.333333333	
8	2008	7	148			21.33333333	
9	2008	8	148			21.33333333	
10	2008	9	136			9.333333333	
11	2008	10	119			-7.666666667	
12	2008	11	104			-22.66666667	
13	2008	12	118	126.6666667	0.545454545	-8.666666667	
14	2009	1	115	127.7030303	0.643636364	-14.27393939	112.5455

아래로 드래그해서 자동으로 예측값을 계산한다.

10.3.2 최적의 모수 구하기

⌘ 잔차

잔차 = 관측값 − 예측값 = C14 − G14

	H14		▼	f_x	=C14-G14			
	A	B	C	D	E	F	G	H
1	연도	월	매출액	알파(수준)	베타(추세)	감마(계절)	예측값	잔차
2	2008	1	112			-14.66666667		
3	2008	2	118			-8.666666667		
4	2008	3	132			5.333333333		
5	2008	4	129			2.333333333		
6	2008	5	121			-5.666666667		
7	2008	6	135			8.333333333		
8	2008	7	148			21.33333333		
9	2008	8	148			21.33333333		
10	2008	9	136			9.333333333		
11	2008	10	119			-7.666666667		
12	2008	11	104			-22.66666667		
13	2008	12	118	126.6666667	0.545454545	-8.666666667		
14	2009	1	115	127.7030303	0.643636364	-14.27393939	112.5455	2.454545455

아래로 드래그해서 자동으로 잔차를 계산한다.

⌘ 잔차제곱

잔차제곱 = 잔차 X 잔차 또는 잔차^2 = H14^2

	I14	▼	f_x	=H14^2					
	A	B	C	D	E	F	G	H	I
1	연도	월	매출액	알파(수준)	베타(추세)	감마(계절)	예측값	잔차	잔차제곱
2	2008	1	112			-14.66666667			
3	2008	2	118			-8.666666667			
4	2008	3	132			5.333333333			
5	2008	4	129			2.333333333			
6	2008	5	121			-5.666666667			
7	2008	6	135			8.333333333			
8	2008	7	148			21.33333333			
9	2008	8	148			21.33333333			
10	2008	9	136			9.333333333			
11	2008	10	119			-7.666666667			
12	2008	11	104			-22.66666667			
13	2008	12	118	126.6666667	0.545454545	-8.666666667			
14	2009	1	115	127.7030303	0.643636364	-14.27393939	112.5455	2.454545455	6.024793

아래로 드래그해서 자동으로 계산한다.

H98에 잔차제곱의 평균 제목 입력 → 커서를 I98에 놓는다. → I98 = AVERAGE(I14:I97) = 323.6971

	I98	▼		f_x	=AVERAGE(I14:I97)				
	A	B	C	D	E	F	G	H	I
82	2014	9	312	304.3153896	6.869830927	6.606697891	310.3158	1.684238282	2.836659
83	2014	10	274	307.0650068	6.045788177	-19.88032278	294.6011	-20.60106876	424.404
84	2014	11	237	305.2071034	4.465049862	-42.91529035	276.5185	-39.51845787	1561.709
85	2014	12	278	306.5959887	3.849816957	-18.75226224	293.3808	-15.38082262	236.5697
86	2015	1	284	308.0955309	3.379762001	-16.5746516	295.7514	-11.75137391	138.0948
87	2015	2	277	307.5735545	2.599414313	-18.08799145	296.5087	-19.5086922	380.5891
88	2015	3	317	309.2879556	2.422411686	10.54408638	321.4251	-4.425065661	19.58121
89	2015	4	313	310.949994	2.270337013	4.483200821	316.8019	-3.801866843	14.45419
90	2015	5	318	313.8718971	2.400650229	2.043091487	314.7422	3.257830407	10.61346
91	2015	6	374	323.333924	3.812925581	28.06967033	338.6931	35.3068838	1246.576
92	2015	7	413	335.7900477	5.541565203	49.55171832	369.784	43.21599054	1867.622
93	2015	8	405	347.0859912	6.692440852	39.49999842	376.2281	28.77189124	827.8217
94	2015	9	355	352.701406	6.477035655	5.745077103	360.3851	-5.385129925	28.99962
95	2015	10	306	352.5188179	5.145110898	-25.20802181	339.2981	-33.29811893	1108.765
96	2015	11	271	348.9142011	3.395165359	-49.9150725	314.7486	-43.74863847	1913.943
97	2015	12	306	346.7979456	2.29288119	-23.16139892	333.5571	-27.55710424	759.394
98								잔차 제곱의 평균	323.6971

커서로 I98(잔차의 제곱 평균) 선택 → 데이터 → 해 찾기

⌘ 목표 설정: 잔차제곱의 평균(I98)

⌘ 대상: 최소값

⌘ 변수 셀 변경: K1:K3 (알파, 베타, 감마)

제한 조건에 종속

K1 <= 1

K2 <= 1

K3 <= 1

⌘ 제한되지 않는 변수를 음이 아닌 수로 설정: 체크

⌘ 해법 선택: GRG 비선형

⌘ 제한 조건에 종속에 조건을 입력하는 방법

추가 → 셀 참조: K1   부등호: <=   제한 조건: 1 → 추가

셀 참조: K2   부등호: < =   제한 조건: 1 → 추가

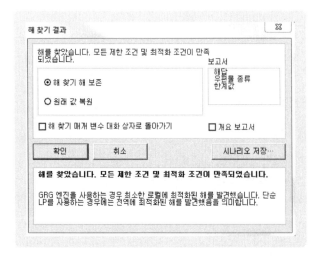

셀 참조: K3   부등호: < =   제한 조건: 1 → 확인(마지막 조건은 확인을 선택)

해 찾기 → 해 찾기 해 보존 → 확인

결과
⌘ 알파: 0.231759
⌘ 델타(베타): 0.068767
⌘ 감마: 1.0

그러나 Alpha, Beta, Gamma는 0과 1을 제외하고 0과 1 사이의 값이다.

0 < Alpha < 1

0 < Beta < 1

0 < Gamma < 1

⌘ Alpha, Beta, Gamma 범위 설정

Gamma <= 0.9999

⌘ Alpha: 0.231745
⌘ Beta: 0.06877
⌘ Gamma: 0.9999

잔차제곱의 평균: 121.7182

최적의 모수 찾기 전의 잔차제곱의 평균: 323.6971

최적의 모수를 찾았기 때문에 잔차제곱이 현저하게 줄어들었다.

만약 A1 셀에 연도 인덱스가 있으면 삭제한다. → A1부터 A97까지 선택 → Control Key를 누른 상태에서 C1부터 C97까지 선택 및 G1에서 G97까지 선택 → 삽입 → 꺽은선형 → 첫 번째 꺽은선형

🖱 결과

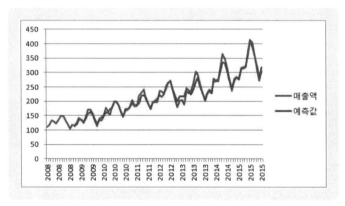

10.4 윈터스 승법

10.4.1 계산 방법

윈터스 승법은 Triple Exponential Smoothing(Holt Winters Method)이라고도 한다.

선형 추세이고 계절성이 있는 시계열에 적합하다. 시간이 경과함에 따라 계절적 주기 내의 변동의 폭이 갈수록 증가하므로 승법(Multiplicative)인 계절적 변동이 존재한다.

구분		특징
비계절모형	단순	추세나 계절성이 없는 시계열에 적합
	Holt 선형 추세	선형 추세이고, 계절성이 없는 시계열에 적합
	Brown 선형 추세	선형 추세이고, 계절성이 없는 시계열에 적합 Brown모형은 Holt모형의 특수한 케이스이다.
	진폭감소 추세	감소하는 선형 추세이고, 계절성이 없는 시계열에 적합
계절모형	단순 계절모형	추세가 없고 시간에 관계없이 일정한 계절효과를 갖는 시계열
	Winters 가법모형	선형 추세이고 계절성이 있는 시계열 시계열 변동의 폭이 시간이 경과함에 관계없이 일정하게 유지되므로 가법(Additive)인 계절적 변동이 존재한다.
	Winters 승법모형	선형 추세이고 계절성이 있는 시계열 시간이 경과함에 따라 계절적 주기 내의 변동의 폭이 갈수록 증가하므로 승법(Multiplicative)인 계절적 변동이 존재한다.

윈터스 가법의 자료를 그대로 사용한다.

2008년 1월부터 2015년 12월까지 호텔 매출액을 조사했다.

🖱 파일 이름: 윈터스 승법

	A	B	C
1	연도	월	매출액
2	2008	1	112
3	2008	2	118
4	2008	3	132
5	2008	4	129
6	2008	5	121
7	2008	6	135
8	2008	7	148
9	2008	8	148
10	2008	9	136
11	2008	10	119
12	2008	11	104
13	2008	12	118'
14	2009	1	115
15	2009	2	126
16	2009	3	141
17	2009	4	135
18	2009	5	125
19	2009	6	149
20	2009	7	170
21	2009	8	170
22	2009	9	158
23	2009	10	133
24	2009	11	114
25	2009	12	140

삽입 – 꺾은선형

시간이 지남에 따라서 변동폭이 더 커지는(높아지는) 것을 시각적으로 확인할 수 있다.

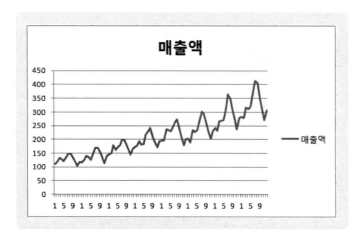

D1부터, I2까지 알파(수준), 베타(추세), 감마(계절), 예측값, 잔차, 잔차 제곱을 입력한다. 0과 1 사이에서 임의의 알파, 델타(베타), 감마 값을 입력한다. 베타를 델타로 표기하기도 한다.

⌘ 알파: 0.2

⌘ 베타: 0.2

⌘ 감마: 0.2

	A	B	C	D	E	F	G	H	I	J	K
1	연도	월	매출액	알파(수준)	베타(추세)	감마(계절)	예측값	잔차	잔차제곱	Alpha	0.2
2	2008	1	112							Beta	0.2
3	2008	2	118							Gamma	0.2
4	2008	3	132								
5	2008	4	129								
6	2008	5	121								
7	2008	6	135								
8	2008	7	148								
9	2008	8	148								
10	2008	9	136								
11	2008	10	119								
12	2008	11	104								
13	2008	12	118								

커서를 D13에 놓는다. (알파 수준의 첫 해 12월)

⌘ 첫 해 매출의 평균 계산

D13 = AVERAGE(C2:C13)

D13			f_x	=AVERAGE(C2:C13)
	A	B	C	D	E
---	---	---	---	---	---
1	연도	월	매출액	알파(수준)	베타(추세)
2	2008	1	112		
3	2008	2	118		
4	2008	3	132		
5	2008	4	129		
6	2008	5	121		
7	2008	6	135		
8	2008	7	148		
9	2008	8	148		
10	2008	9	136		
11	2008	10	119		
12	2008	11	104		
13	2008	12	118	126.6666667	

커서를 D14에 놓는다. (알파 두 번째 해의 1월)

D14 = 알파 X (두 번째 해의 1월 관측값/감마 첫 해의 1월 값) + (1 – 알파) X (알파 첫 해의 12월 값 + 베타 첫 해의 12월 값) = K1*(C14/F2)+(1−K1)*(D13+E13)

	D14	▼	f_x	=K1*(C14/F2)+(1-K1)*(D13+E13)							
	A	B	C	D	E	F	G	H	I	J	K
1	연도	월	매출액	알파(수준)	베타(추세)	감마(계절)	예측값	잔차	잔차제곱	Alpha	0.200000
2	2008	1	112							Beta	0.200000
3	2008	2	118							Gamma	0.200000
4	2008	3	132								
5	2008	4	129								
6	2008	5	121								
7	2008	6	135								
8	2008	7	148								
9	2008	8	148								
10	2008	9	136								
11	2008	10	119								
12	2008	11	104								
13	2008	12	118	126.6666667							

에러가 난 것처럼 결과가 나타난다. → 수식란에서 알파(K1)를 선택한 후 Key Board의 F4를 클릭해서 절대참조로 만든다.

	D14	▼	f_x	=$K$1*(C14/F2)+(1-$K$1)*(D13+E13)							
	A	B	C	D	E	F	G	H	I	J	K
1	연도	월	매출액	알파(수준)	베타(추세)	감마(계절)	예측값	잔차	잔차제곱	Alpha	0.200000
2	2008	1	112							Beta	0.200000
3	2008	2	118							Gamma	0.200000
4	2008	3	132								
5	2008	4	129								
6	2008	5	121								
7	2008	6	135								
8	2008	7	148								
9	2008	8	148								
10	2008	9	136								
11	2008	10	119								
12	2008	11	104								
13	2008	12	118	126.6666667							
14	2009	1	115	#DIV/0!							

커서를 E13에 놓는다. (베타의 12월)

E13 = (첫 해 12월 관측값 – 첫 해 1월 관측값)/11

E13 = (C13 – C2)/11

┃참고┃ 첫 해 베타(추세)를 0으로 설정해서 윈터스 승법을 계산하기도 한다.

즉, E13 = 0

E13을 0으로 설정하고 MAE(잔차 절대값 평균)을 최소화하는 알파(수준), 베타(추세), 감마(계절)를 찾은 결과는 윈터스 승법_First 베타 0_결과 파일에서 확인이 가능하다.

	E13		f_x	=(C13-C2)/11		
	A	B	C	D	E	F
1	연도	월	매출액	알파(수준)	베타(추세)	감마(계절)
2	2008	1	112			
3	2008	2	118			
4	2008	3	132			
5	2008	4	129			
6	2008	5	121			
7	2008	6	135			
8	2008	7	148			
9	2008	8	148			
10	2008	9	136			
11	2008	10	119			
12	2008	11	104			
13	2008	12	118	126.6666667	0.545454545	

커서를 E14에 놓는다. (베타 수준의 두 번째 해 1월)

E14 = 베타 X (알파 수준 두 번째 해 1월−알파 수준 첫 번째 해 12월) + (1 − 베타) X 베타 첫 해 12월 값 = K2*(D14−D13)+(1−K2)*E13

	E14		f_x	=K2*(D14-D13)+(1-K2)*E13							
	A	B	C	D	E	F	G	H	I	J	K
1	연도	월	매출액	알파(수준)	베타(추세)	감마(계절)	예측값	잔차	잔차제곱	Alpha	0.200000
2	2008	1	112							Beta	0.200000
3	2008	2	118							Gamma	0.200000
4	2008	3	132								
5	2008	4	129								
6	2008	5	121								
7	2008	6	135								
8	2008	7	148								
9	2008	8	148								
10	2008	9	136								
11	2008	10	119								
12	2008	11	104								
13	2008	12	118	126.6666667	0.545454545						
14	2009	1	115	#DIV/0!	#DIV/0!						

에러가 난 것처럼 화면에 보인다. → 수식란에서 베타(K2)를 선택한 후 Key Board의 F4를 클릭해서 절대참조로 만든다. → $K$2*(D14−D13)+(1−$K$2)*E13

	E14	▾		fx	=$K$2*(D14-D13)+(1-$K$2)*E13	
	A	B	C	D	E	F
1	연도	월	매출액	알파(수준)	베타(추세)	감마(계절)
2	2008	1	112			
3	2008	2	118			
4	2008	3	132			
5	2008	4	129			
6	2008	5	121			
7	2008	6	135			
8	2008	7	148			
9	2008	8	148			
10	2008	9	136			
11	2008	10	119			
12	2008	11	104			
13	2008	12	118	126.6666667	0.545454545	
14	2009	1	115	#DIV/0!	#DIV/0!	

커서를 F2에 놓는다. → 첫 해 1월 관측값/알파 첫 해 12월 값 → F2 = C2/D13 → D13(알파 첫 해 12월 값)을 선택하고 Key Board의 F4를 클릭해서 절대참조로 변경한다.

	F2	▾		fx	=C2/$D$13	
	A	B	C	D	E	F
1	연도	월	매출액	알파(수준)	베타(추세)	감마(계절)
2	2008	1	112			0.884210526
3	2008	2	118			
4	2008	3	132			
5	2008	4	129			
6	2008	5	121			
7	2008	6	135			
8	2008	7	148			
9	2008	8	148			
10	2008	9	136			
11	2008	10	119			
12	2008	11	104			
13	2008	12	118	126.6666667	0.545454545	

	F2	▾		f_x	=C2/$D$13	
	A	B	C	D	E	F
1	연도	월	매출액	알파(수준)	베타(추세)	감마(계절)
2	2008	1	112			0.884210526
3	2008	2	118			
4	2008	3	132			
5	2008	4	129			
6	2008	5	121			
7	2008	6	135			
8	2008	7	148			
9	2008	8	148			
10	2008	9	136			
11	2008	10	119			
12	2008	11	104			
13	2008	12	118	126.6666667	0.545454545	

드래그해서 F13(감마 첫 해 12월)까지 자동으로 계산한다.

	F13	▾		f_x	=C13/$D$13	
	A	B	C	D	E	F
1	연도	월	매출액	알파(수준)	베타(추세)	감마(계절)
2	2008	1	112			0.884210526
3	2008	2	118			0.931578947
4	2008	3	132			1.042105263
5	2008	4	129			1.018421053
6	2008	5	121			0.955263158
7	2008	6	135			1.065789474
8	2008	7	148			1.168421053
9	2008	8	148			1.168421053
10	2008	9	136			1.073684211
11	2008	10	119			0.939473684
12	2008	11	104			0.821052632
13	2008	12	118	126.6666667	0.545454545	0.931578947

커서를 F14에 놓는다.

감마 X (두 번째 해 1월 관측값/알파 1월 값) + (1 − 감마) X 감마 첫 해 1월 값

F14 = K3*(C14/D14)+(1−K3)*F2

	F14			f_x	=K3*(C14/D14)+(1-K3)*F2	
	A	B	C	D	E	F
3	2008	2	118			0.931578947
4	2008	3	132			1.042105263
5	2008	4	129			1.018421053
6	2008	5	121			0.955263158
7	2008	6	135			1.065789474
8	2008	7	148			1.168421053
9	2008	8	148			1.168421053
10	2008	9	136			1.073684211
11	2008	10	119			0.939473684
12	2008	11	104			0.821052632
13	2008	12	118	126.6666667	0.545454545	0.931578947
14	2009	1	115	130.0533655	0.575739715	0.887652904

수식란에서 K3(감마)를 선택하고 Key Board의 F4를 클릭해서 절대참조로 변경한다.

	F14			f_x	=$K$3*(C14/D14)+(1-$K$3)*F2	
	A	B	C	D	E	F
3	2008	2	118			0.931578947
4	2008	3	132			1.042105263
5	2008	4	129			1.018421053
6	2008	5	121			0.955263158
7	2008	6	135			1.065789474
8	2008	7	148			1.168421053
9	2008	8	148			1.168421053
10	2008	9	136			1.073684211
11	2008	10	119			0.939473684
12	2008	11	104			0.821052632
13	2008	12	118	126.6666667	0.545454545	0.931578947
14	2009	1	115	130.0533655	0.575739715	0.887652904

D14, E,14, F14를 동시에 선택한다.

	A	B	C	D	E	F
1	연도	월	매출액	알파(수준)	베타(추세)	감마(계절)
2	2008	1	112			0.884210526
3	2008	2	118			0.931578947
4	2008	3	132			1.042105263
5	2008	4	129			1.018421053
6	2008	5	121			0.955263158
7	2008	6	135			1.065789474
8	2008	7	148			1.168421053
9	2008	8	148			1.168421053
10	2008	9	136			1.073684211
11	2008	10	119			0.939473684
12	2008	11	104			0.821052632
13	2008	12	118	126.6666667	0.545454545	0.931578947
14	2009	1	115	127.7816017	0.659350649	0.887363034

아래로 드래그해서 한꺼번에 자동으로 계산한다.

F97 f_x =$K$3*(C97/D97)+(1-$K$3)*F85

	A	B	C	D	E	F
81	2014	8	347	296.3037856	1.614002661	1.160190843
82	2014	9	312	296.7825234	1.601901735	1.050566928
83	2014	10	274	291.9961209	1.53380802	0.9347545
84	2014	11	237	288.7298074	1.48264294	0.818434284
85	2014	12	278	298.824176	1.574436375	0.935032248
86	2015	1	284	304.8523992	1.621909831	0.933994206
87	2015	2	277	305.5488044	1.612044764	0.906082091
88	2015	3	317	297.6161433	1.51030658	1.059116715
89	2015	4	313	307.8057891	1.602820716	1.02192218
90	2015	5	318	321.9832408	1.736855241	0.994418269
91	2015	6	374	345.5138485	1.969157508	1.09446327
92	2015	7	413	349.1136105	1.986538321	1.183968648
93	2015	8	405	349.0848686	1.965057202	1.158997267
94	2015	9	355	337.9412012	1.825329708	1.043304883
95	2015	10	306	327.3855162	1.693358961	0.92845494
96	2015	11	271	331.115634	1.715069022	0.819331423
97	2015	12	306	327.2734852	1.65583396	0.932202882

커서를 G14에 놓는다. (두 번째 해 1월)

예측값 = (알파 첫 해 12월 값 + 베타 첫 해 12월 값)*감마 첫 해 1월 값

G14 = (D13+E13)*F2

	G14		▼	f_x =(D13+E13)*F2			
	A	B	C	D	E	F	G
1	연도	월	매출액	알파(수준)	베타(추세)	감마(계절)	예측값
2	2008	1	112			0.884210526	
3	2008	2	118			0.931578947	
4	2008	3	132			1.042105263	
5	2008	4	129			1.018421053	
6	2008	5	121			0.955263158	
7	2008	6	135			1.065789474	
8	2008	7	148			1.168421053	
9	2008	8	148			1.168421053	
10	2008	9	136			1.073684211	
11	2008	10	119			0.939473684	
12	2008	11	104			0.821052632	
13	2008	12	118	126.6666667	0.545454545	0.931578947	
14	2009	1	115	127.7816017	0.659350649	0.887363034	112.4823

10.4.2 최적의 모수 구하기

① 최적의 모수 구하기

⌘ 잔차 계산

커서를 H14에 놓는다.

잔차 = 관측값 – 예측값

H14 = C14 – G14

	H14		▼	f_x =C14-G14				
	A	B	C	D	E	F	G	H
1	연도	월	매출액	알파(수준)	베타(추세)	감마(계절)	예측값	잔차
2	2008	1	112			0.884210526		
3	2008	2	118			0.931578947		
4	2008	3	132			1.042105263		
5	2008	4	129			1.018421053		
6	2008	5	121			0.955263158		
7	2008	6	135			1.065789474		
8	2008	7	148			1.168421053		
9	2008	8	148			1.168421053		
10	2008	9	136			1.073684211		
11	2008	10	119			0.939473684		
12	2008	11	104			0.821052632		
13	2008	12	118	126.6666667	0.545454545	0.931578947		
14	2009	1	115	127.7816017	0.659350649	0.887363034	112.4823	2.517703349

⌘ 잔차의 제곱

커서를 I14에 놓는다.

= H14 ^ 2 또는 H14*H14

	I14		▼	f_x =H14^2					
	A	B	C	D	E	F	G	H	I
1	연도	월	매출액	알파(수준)	베타(추세)	감마(계절)	예측값	잔차	잔차제곱
2	2008	1	112			0.884210526			
3	2008	2	118			0.931578947			
4	2008	3	132			1.042105263			
5	2008	4	129			1.018421053			
6	2008	5	121			0.955263158			
7	2008	6	135			1.065789474			
8	2008	7	148			1.168421053			
9	2008	8	148			1.168421053			
10	2008	9	136			1.073684211			
11	2008	10	119			0.939473684			
12	2008	11	104			0.821052632			
13	2008	12	118	126.6666667	0.545454545	0.931578947			
14	2009	1	115	127.7816017	0.659350649	0.887363034	112.4823	2.517703349	6.33883

G14(예측값), H14(잔차), I14(잔차 제곱)을 동시에 선택하고 아래로 드래그해서 자동으로 계산한다.

	I97		▼	f_x =H97^2					
	A	B	C	D	E	F	G	H	I
84	2014	11	237	288.7298074	1.48264294	0.818434284	240.9488	-3.948797873	15.593
85	2014	12	278	298.824176	1.574436375	0.935032248	269.9715	8.028463296	64.45622
86	2015	1	284	304.8523992	1.621909831	0.933994206	279.842	4.15800198	17.28898
87	2015	2	277	305.5488044	1.612044764	0.906082091	277.8409	-0.840854664	0.707037
88	2015	3	317	297.6161433	1.51030658	1.059116715	327.1891	-10.18909981	103.8178
89	2015	4	313	307.8057891	1.602820716	1.02192218	304.1556	8.844391849	78.22327
90	2015	5	318	321.9832408	1.736855241	0.994418269	305.5551	12.4449352	154.8764
91	2015	6	374	345.5138485	1.969157508	1.09446327	350.3615	23.6384549	558.7765
92	2015	7	413	349.1136105	1.986538321	1.183968648	411.0668	1.93316006	3.737108
93	2015	8	405	349.0848686	1.965057202	1.158997267	407.3432	-2.34317753	5.490481
94	2015	9	355	337.9412012	1.825329708	1.043304883	368.8014	-13.80144193	190.4798
95	2015	10	306	327.3855162	1.693358961	0.92845494	317.5983	-11.59829373	134.5204
96	2015	11	271	331.115634	1.715069022	0.819331423	269.3294	1.670566333	2.790792
97	2015	12	306	327.2734852	1.65583396	0.932202882	311.2074	-5.207440372	27.11744

⌘ 잔차 제곱의 평균

H98에 잔차 제곱의 평균이라고 제목을 입력한다. → 커서를 I98에 놓는다.

I98 = AVERAGE(I14:I97)

	A	B	C	D	E	F	G	H	I
	I98	▾		f_x	=AVERAGE(I14:I97)				
84	2014	11	237	288.7298074	1.48264294	0.818434284	240.9488	-3.948797873	15.593
85	2014	12	278	298.824176	1.574436375	0.935032248	269.9715	8.028463296	64.45622
86	2015	1	284	304.8523992	1.621909831	0.933994206	279.842	4.15800198	17.28898
87	2015	2	277	305.5488044	1.612044764	0.906082091	277.8409	-0.840854664	0.707037
88	2015	3	317	297.6161433	1.51030658	1.059116715	327.1891	-10.18909981	103.8178
89	2015	4	313	307.8057891	1.602820716	1.02192218	304.1556	8.844391849	78.22327
90	2015	5	318	321.9832408	1.736855241	0.994418269	305.5551	12.4449352	154.8764
91	2015	6	374	345.5138485	1.969157508	1.09446327	350.3615	23.6384549	558.7765
92	2015	7	413	349.1136105	1.986538321	1.183968648	411.0668	1.93316006	3.737108
93	2015	8	405	349.0848686	1.965057202	1.158997267	407.3432	-2.34317753	5.490481
94	2015	9	355	337.9412012	1.825329708	1.043304883	368.8014	-13.80144193	190.4798
95	2015	10	306	327.3855162	1.693358961	0.92845494	317.5983	-11.59829373	134.5204
96	2015	11	271	331.115634	1.715069022	0.819331423	269.3294	1.670566333	2.790792
97	2015	12	306	327.2734852	1.65583396	0.932202882	311.2074	-5.207440372	27.11744
98								잔차 제곱 평균	93.9948

잔차 제곱의 평균: 93.9948

데이터 → 해 찾기

⌘ 목표 설정: 잔차 제곱의 평균(MSE: I98)

⌘ 대상: 최소

⌘ 변수 셀 변경: K1:K3(알파, 베타, 감마)

⌘ 제한되지 않는 변수를 음이 아닌 수로 설정: 체크 해제

⌘ 해법 선택: GRG 비선형

⌘ 제한 조건에 종속에 조건을 입력하는 방법

추가 → 셀 참조: K1   부등호: < =   제한조건: 1 → 추가

셀 참조: K2   부등호: < =   제한조건: 1 → 추가

셀 참조: K3   부등호: < =   제한조건: 1 → 확인

해 찾기 → 해 찾기 해 보존 → 확인

잔차 제곱의 평균(MSE)을 최소화하는 알파, 베타, 감마 값을 찾아준다.
베타 대산에 델타로 표현하는 학자도 있다.

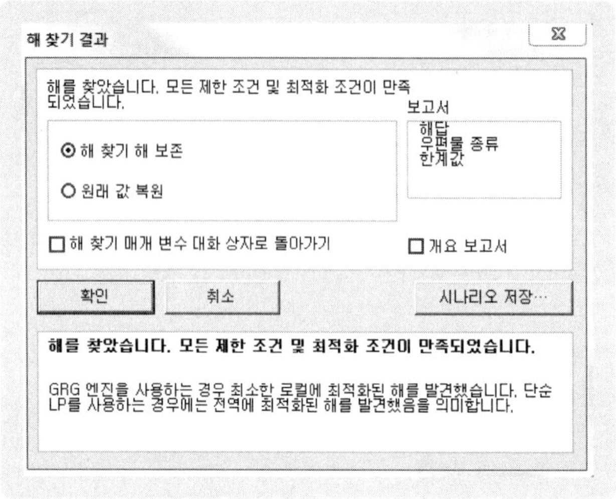

결과

⌘ 알파: 0.803699

⌘ 델타(베타): 0.01795

⌘ 감마: 1.0

⌘ 잔차 제곱의 평균(MSE): 90.37612

⌘ 해 찾기 전 잔차 제곱의 평균(MSE): 93.9948

그러나 Alpha, Beta(Delta), Gamma가 0과 1을 제외한 0과 1 사이의 값이다.

0 < Alpha < 1

0 < Beta(Delta) < 1

0 < Gamma < 1

⌘ Alpha, Beta(Delta), Gamma의 범위 설정

Gamma <= 0.9999

⌘ Alpha: 0.803683

⌘ Beta(Delta): 0.017951

⌘ Gamma: 0.9999

② 베타(추세)의 첫 번째 케이스를 0으로 설정해서 최적의 모수 구하기

결과는 윈터스 승법_First 베타_0_결과 파일에서 확인할 수 있다.

전년도 12월 베타 = 0

E13 = 0

	A	B	C	D	E
1	연도	월	매출액	알파(수준)	베타(추세)
2	2008	1	7		
3	2008	2	5		
4	2008	3	15		
5	2008	4	25		
6	2008	5	42		
7	2008	6	48		
8	2008	7	70		
9	2008	8	75		
10	2008	9	40		
11	2008	10	30		
12	2008	11	25		
13	2008	12	22	33.66666667	0

해 찾기 조건은 동일

⌘ 목표 설정: I98

⌘ 대상: 최소

⌘ 변수 셀 변경: K1:K3

⌘ 제한되지 않는 변수를 음이 아닌 수로 설정 체크

⌘ 해법 선택: GRG 비선형

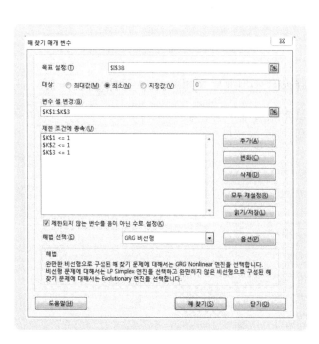

해 찾기 실시 → 결과

⌘ Alpha: 0.587107

⌘ Beta: 01.012682

⌘ Gamma: 1.0

그러나 Alpha, Beta, Gamma는 0과 1을 제외한 0과 1 사이의 값이다.

0 < Alpha < 1

0 < Beta < 1

0 < Gamma < 1

⌘ Alpha, Beta, Gamma 범위 설정

Gamma < = 0.9999

⌘ Alpha: 0.587135

⌘ Beta: 0.012683

⌘ Gamma: 0.9999

연도 인덱스 삭제 → A1부터 A97까지 선택 → Control Key를 누른 상태에서 C1부터 C97까지 선택 및 G1에서 G97까지 선택 → 삽입 → 꺾은선형 → 첫 번째 꺾은선형 → 결과

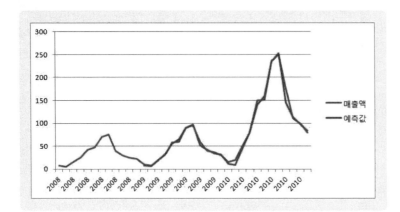

어떤 모형이 예측에 더 정확하고 더 적절한가에 대한 결정은 Chapter 15의 예측 정확도에서 설명한 MAD(MAE), MSE, MAPE, RMSE 값이 적은 모형을 가장 예측력이 높고 적절한 모형으로 선택한다.

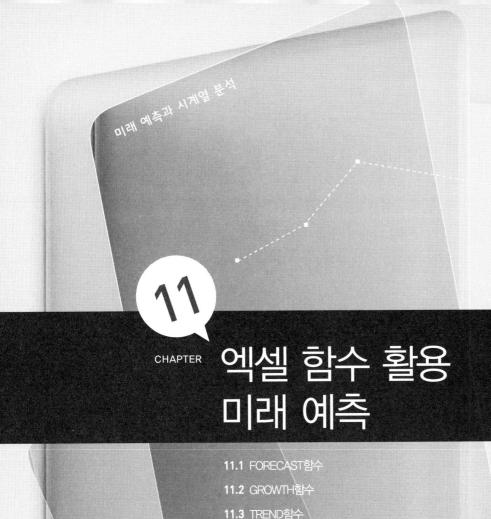

미래 예측과 시계열 분석

11

CHAPTER

엑셀 함수 활용
미래 예측

11 엑셀 함수 활용 미래 예측

Forecast, Growth, Trend 함수로 미래 예측이 가능하다.

Forecast, Growth, Trend 함수에 의한 예측은 꾸준히 성장하는 상품의 예측에 적합하다.

Forecast함수, Trend함수 그리고 연도 및 TIME 변수를 독립변수로 하는 선형 회귀분석의 결과는 동일하다.

11.1 FORECAST함수

1993년부터 2015년까지 호텔 순이익과 매출액을 조사했다.

파일 이름: Forecast함수

	A	B	C
1	연도	순이익	매출액
2	1993	8400	122276
3	1994	8232	113400
4	1995	8964	114524
5	1996	18896	325648
6	1997	9228	116772
7	1998	9560	117896
8	1999	9892	119020
9	2000	12620	167827
10	2001	11252	248900
11	2002	13782	224568
12	2003	10023	230000
13	2004	21678	408934
14	2005	12450	345678
15	2006	26724	620303
16	2007	28924	823457
17	2008	35907	936454
18	2009	22568	523456
19	2010	50023	930000
20	2011	44568	892560
21	2012	79113	1555120
22	2013	83658	2256780
23	2014	95678	2880240
24	2015	131789	3456768

⌘ Forecast함수 활용 미래 예측

A23과 A24를 동시에 선택하여 아래로 드래그해서 예측 연도를 자동 입력한다. →
커서를 예측하고자 하는 셀에 놓는다. (B25: 2016)

	A	B	C
13	2004	21678	408934
14	2005	12450	345678
15	2006	26724	620303
16	2007	28924	823457
17	2008	35907	936454
18	2009	22568	523456
19	2010	50023	930000
20	2011	44568	892560
21	2012	79113	1555120
22	2013	83658	2256780
23	2014	95678	2880240
24	2015	131789	3456768
25	2016		
26	2017		
27	2018		
28	2019		
29	2020		

B25

	A	B	C
13	2004	21678	408934
14	2005	12450	345678
15	2006	26724	620303
16	2007	28924	823457
17	2008	35907	936454
18	2009	22568	523456
19	2010	50023	930000
20	2011	44568	892560
21	2012	79113	1555120
22	2013	83658	2256780
23	2014	95678	2880240
24	2015	131789	3456768
25	2016		
26	2017		
27	2018		
28	2019		
29	2020		

수식 → 함수 추가 → 함수 마법사 → FORECAST → 검색

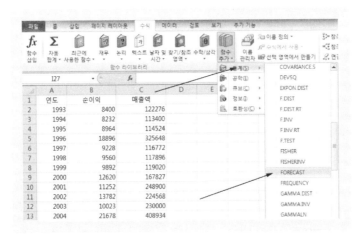

⌘ X: 첫 번째 미래 연도 (A25)

⌘ Known y's: 과거 관측값 모두 선택 (B2:B24)

⌘ Known x's: 과거 연도 모두 선택 (A2:A24)

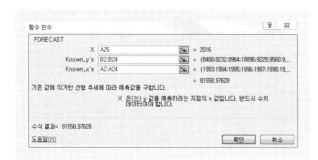

과거연도(B2:B24)을 절대참조로 변경한다. 선택하고 키보드의 F4를 클릭하면 절대참조로 변경할 수 있다.

과거 관측값(A2:A24)을 절대참조로 변경한다.

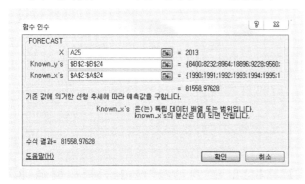

🐭 확인

B25		f_x	=FORECAST(A25,$B$2:$B$24,$A$2:$A$24)			
	A	B	C	D	E	F
1		순이익	매출액			
2	1993	8400	122276			
3	1994	8232	113400			
4	1995	8964	114524			
5	1996	18896	325648			
6	1997	9228	116772			
7	1998	9560	117896			
8	1999	9892	119020			
9	2000	12620	167827			
10	2001	11252	248900			
11	2002	13782	224568			
12	2003	10023	230000			
13	2004	21678	408934			
14	2005	12450	345678			
15	2006	26724	620303			
16	2007	28924	823457			
17	2008	35907	936454			
18	2009	22568	523456			
19	2010	50023	930000			
20	2011	44568	892560			
21	2012	79113	1555120			
22	2013	83658	2256780			
23	2014	95678	2880240			
24	2015	131789	3456768			
25	2016	81558.97628				

2016년 순이익은 81558.97628이다.

아래로 드래그해서 예측하고자 하는 연도까지 자동 계산

	B29		f_x =FORECAST(A29,$B$2:$B$24,$A$2:$A$24)			
	A	B	C	D	E	F
10	2001	11252	248900			
11	2002	13782	224568			
12	2003	10023	230000			
13	2004	21678	408934			
14	2005	12450	345678			
15	2006	26724	620303			
16	2007	28924	823457			
17	2008	35907	936454			
18	2009	22568	523456			
19	2010	50023	930000			
20	2011	44568	892560			
21	2012	79113	1555120			
22	2013	83658	2256780			
23	2014	95678	2880240			
24	2015	131789	3456768			
25	2016	81558.97628				
26	2017	85623.93083				
27	2018	89688.88538				
28	2019	93753.83992				
29	2020	97818.79447				

절대참조로 바꾸지 않고 그냥 수식을 복사하면 범위가 바뀐다. 미래를 예측을 할 때, 과거의 값의 범위를 토대로 예측을 해야 된다. 범위가 바뀌면, 한 단계씩 뒤로 밀려서 미래의 예측된 값을 포함해서 미래를 예측하게 되는 셈이 된다.

연도 Index를 삭제한다. → 연도 열과 순이익 열 선택(A, B) → 삽입 → 차트 → 꺾은선형 → 첫 번째 꺾은선형

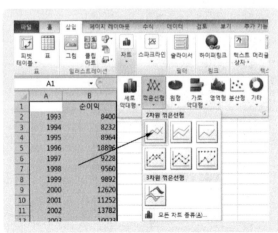

┃참고┃ 엑셀에는 왼쪽에 있는 변수가 X축으로 오른쪽에 있는 변수가 Y축으로 산점도를 만든다.

	A	B	C
1	Index(삭제)	X 축	Y 축
2			
3			
4			
5			

👆 결과

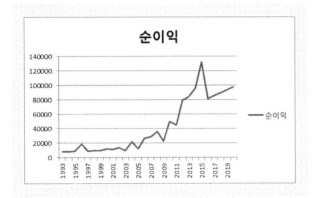

11.2 GROWTH함수

1993년부터 2015년까지 호텔 순이익과 매출액을 조사했다.

👆 파일 이름: Growth함수

	A	B	C
1	연도	순이익	매출액
2	1993	8400	122276
3	1994	8232	113400
4	1995	8964	114524
5	1996	18896	325648
6	1997	9228	116772
7	1998	9560	117896
8	1999	9892	119020
9	2000	12620	167827
10	2001	11252	248900
11	2002	13782	224568
12	2003	10023	230000
13	2004	21678	408934
14	2005	12450	345678
15	2006	26724	620303
16	2007	28924	823457
17	2008	35907	936454
18	2009	22568	523456
19	2010	50023	930000
20	2011	44568	892560
21	2012	79113	1555120
22	2013	83658	2256780
23	2014	95678	2880240
24	2015	131789	3456768

Growth함수는 지수곡선 추세이고, Trend함수는 선형 추세이다.

A23과 A24를 동시에 선택하여 아래로 드래그해서 예측 연도를 자동 입력한다.

	A	B	C
13	2004	21678	408934
14	2005	12450	345678
15	2006	26724	620303
16	2007	28924	823457
17	2008	35907	936454
18	2009	22568	523456
19	2010	50023	930000
20	2011	44568	892560
21	2012	79113	1555120
22	2013	83658	2256780
23	2014	95678	2880240
24	2015	131789	3456768
25	2016		
26	2017		
27	2018		
28	2019		
29	2020		

커서를 예측하고자 하는 셀에 놓는다. (B25)

수식 → 함수 삽입 → GROWTH 검색

	A	B	C
1	연도	순이익	매출액
2	1993	8400	122276
3	1994	8832	113400
4	1995	8964	114524
5	1996	18896	325648
6	1997	9228	116772
7	1998	9560	117896
8	1999	9892	119020
9	2000	12620	167827
10	2001	11252	248900

확인

⌘ Known y's: 과거 관측값 모두 선택 (B2:B24)

⌘ Known x's: 과거 연도 모두 선택 (A2:A24)

⌘ X: 첫 번째 미래 연도 (A25)

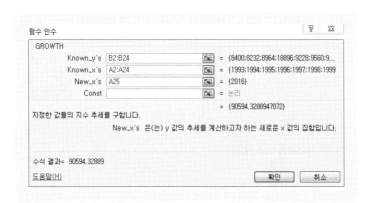

과거 연도(B2:B24)와 과거 관측값을 절대참조로 변경한다.

Known y's 및 Known x's를 각각 선택하고 Key Board의 F4를 클릭하면 절대참조로 변경할 수 있다.

확인

아래로 드래그해서 예측하고자 하는 연도(2020년)까지 자동 계산

	A	B	C	D	E	F
		B29		f_x =GROWTH($B$2:$B$24,$A$2:$A$24,A29)		
14	2005	12450	345678			
15	2006	26724	620303			
16	2007	28924	823457			
17	2008	35907	936454			
18	2009	22568	523456			
19	2010	50023	930000			
20	2011	44568	892560			
21	2012	79113	1555120			
22	2013	83658	2256780			
23	2014	95678	2880240			
24	2015	131789	3456768			
25	2016	90594.32889				
26	2017	101999.8215				
27	2018	114841.2235				
28	2019	129299.3109				
29	2020	145577.6182				

⭐ 절대참조로 바꾸지 않고 그냥 수식을 복사하면 범위가 바뀐다. 미래를 예측을 할 때, 과거의 값의 범위를 토대로 예측을 해야 된다. 범위가 바뀌면, 한 단계씩 뒤로 밀려서 미래의 예측된 값을 포함해서 미래를 예측하게 되는 셈이 된다.

연도 Index를 삭제한다.

	A	B	C	D
1		순이익	매출액	
2	1993	8400	122276	
3	1994	8232	113400	
4	1995	8964	114524	
5	1996	18896	325648	
6	1997	9228	116772	
7	1998	9560	117896	
8	1999	9892	119020	
9	2000	12620	167827	
10	2001	11252	248900	
11	2002	13782	224568	
12	2003	10023	230000	
13	2004	21678	408934	
14	2005	12450	345678	
15	2006	26724	620303	

연도 열과 순이익 열 선택(A, B) → 삽입 → 꺾은선형 → 첫 번째 꺾은선형

┃참고┃ 엑셀에는 왼쪽에 있는 변수가 X축으로 오른쪽에 있는 변수가 Y축으로 산점도를 만든다.

	A	B	C
1	Index(삭제)	X 축	Y 축
2			
3			
4			
5			

🖱 결과

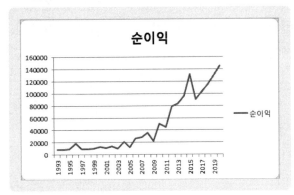

11.3 TREND함수

Trend함수는 선형 추세이고, Growth함수는 지수곡선 추세이다.
1993년부터 2015년까지 호텔 순이익과 매출액을 조사했다.

🖱 파일 이름: Trend함수

	A	B	C
1	연도	순이익	매출액
2	1993	8400	122276
3	1994	8232	113400
4	1995	8964	114524
5	1996	18896	325648
6	1997	9228	116772
7	1998	9560	117896
8	1999	9892	119020
9	2000	12620	167827
10	2001	11252	248900
11	2002	13782	224568
12	2003	10023	230000
13	2004	21678	408934
14	2005	12450	345678
15	2006	26724	620303
16	2007	28924	823457
17	2008	35907	936454
18	2009	22568	523456
19	2010	50023	930000
20	2011	44568	892560
21	2012	79113	1555120
22	2013	83658	2256780
23	2014	95678	2880240
24	2015	131789	3456768

A23과 A24를 동시에 선택하여 아래로 드래그해서 예측 연도를 자동 입력한다.

	A	B	C
	A23		2014
10	2001	11252	248900
11	2002	13782	224568
12	2003	10023	230000
13	2004	21678	408934
14	2005	12450	345678
15	2006	26724	620303
16	2007	28924	823457
17	2008	35907	936454
18	2009	22568	523456
19	2010	50023	930000
20	2011	44568	892560
21	2012	79113	1555120
22	2013	83658	2256780
23	2014	95678	2880240
24	2015	131789	3456768
25	2016		
26	2017		
27	2018		
28	2019		
29	2020		

커서를 예측하고자 하는 셀에 놓는다. (B25)

함수 삽입 → TREND 검색 → 함수 선택: TREND → 확인

⌘ Known y's: 과거 관측값 모두 선택 (B2:B24)

⌘ Known x's: 과거 연도 모두 선택 (A2:A24)

⌘ X: 첫 번째 미래 연도 (A25)

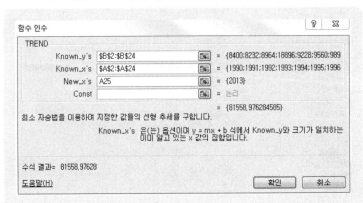

	TREND	▾	X ✓ fx	=**TREND(B2:B24,A2:A24,A25)**							
⊿	A	B	C	D	E	F	G	H	I	J	K
1	연도	순이익	매출액								
2	1993	8400	122276								
3	1994	8232	113400								
4	1995	8964	114524								
5	1996	18896	325648								
6	1997	9228	116772								
7	1998	9560	117896								
8	1999	9892	119020								
9	2000	12620	167827								
10	2001	11252	248900								
11	2002	13782	224568								
12	2003	10023	230000								
13	2004	21678	408934								
14	2005	12450	345678								
15	2006	26724	620303								
16	2007	28924	823457								
17	2008	35907	936454								
18	2009	22568	523456								
19	2010	50023	930000								
20	2011	44568	892560								
21	2012	79113	1555120								
22	2013	83658	2256780								
23	2014	95678	2880240								
24	2015	131789	3456768								
25	2016	:,A2:A24,A25)									
26	2017										
27	2018										
28	2019										
29	2020										

함수 인수

TREND

Known_y's B2:B24 = {8400;8232;8964;18896;9228;9560;9...

Known_x's A2:A24 = {1993;1994;1995;1996;1997;1998;1999

New_x's A25 = {2016}

Const = 논리

= {81558,976284585}

최소 자승법을 이용하여 지정한 값들의 선형 추세를 구합니다.

New_x's 은(는) y 값의 추세를 계산하고자 하는 새로운 x 값의 집합입니다.

수식 결과= 81558,97628

도움말(H)   확인   취소

과거연도(B2:B24)를 절대참조로 변경한다. 선택하고 키보드의 F4를 클릭하면 절대참조로 변경할 수 있다.

과거 관측값(A2:A24)을 절대참조로 변경한다.

함수 인수

TREND

Known_y's $B$2:$B$24 = {8400;8232;8964;18896;9228;9560;989

Known_x's $A$2:$A$24 = {1990;1991;1992;1993;1994;1995;1996

New_x's A25 = {2013}

Const = 논리

= {81558,976284585}

최소 자승법을 이용하여 지정한 값들의 선형 추세를 구합니다.

Known_x's 은(는) 옵션이며 y = mx + b 식에서 Known_y와 크기가 일치하는 이미 알고 있는 x 값의 집합입니다.

수식 결과= 81558,97628

도움말(H)   확인   취소

확인

	B25	▼	f_x	=TREND($B$2:$B$24,$A$2:$A$24,A25)		
	A	B	C	D	E	F
1	연도	순이익	매출액			
2	1993	8400	122276			
3	1994	8232	113400			
4	1995	8964	114524			
5	1996	18896	325648			
6	1997	9228	116772			
7	1998	9560	117896			
8	1999	9892	119020			
9	2000	12620	167827			
10	2001	11252	248900			
11	2002	13782	224568			
12	2003	10023	230000			
13	2004	21678	408934			
14	2005	12450	345678			
15	2006	26724	620303			
16	2007	28924	823457			
17	2008	35907	936454			
18	2009	22568	523456			
19	2010	50023	930000			
20	2011	44568	892560			
21	2012	79113	1555120			
22	2013	83658	2256780			
23	2014	95678	2880240			
24	2015	131789	3456768			
25	2016	81558.97628				

아래로 드래그해서 예측하고자 하는 연도까지 자동 계산

	B29	▼	f_x	=TREND($B$2:$B$24,$A$2:$A$24,A29)		
	A	B	C	D	E	F
13	2004	21678	408934			
14	2005	12450	345678			
15	2006	26724	620303			
16	2007	28924	823457			
17	2008	35907	936454			
18	2009	22568	523456			
19	2010	50023	930000			
20	2011	44568	892560			
21	2012	79113	1555120			
22	2013	83658	2256780			
23	2014	95678	2880240			
24	2015	131789	3456768			
25	2016	81558.97628				
26	2017	85623.93083				
27	2018	89688.88538				
28	2019	93753.83992				
29	2020	97818.79447				

절대참조로 바꾸지 않고 그냥 수식을 복사하면 범위가 바뀐다. 미래를 예측을 할 때, 과거의 값의 범위를 토대로 예측을 해야 된다. 범위가 바뀌면, 한 단계씩 뒤로 밀려서 미래의 예측된 값을 포함해서 미래를 예측하게 되는 셈이 된다.

연도 Index를 삭제한다. → 연도 열과 순이익 열 선택(A, B) → 삽입 → 꺾은선형 → 첫 번째 꺾은선형

	A	B	C
1		순이익	매출액
2	1993	8400	122276
3	1994	8232	113400
4	1995	8964	114524
5	1996	18896	325648
6	1997	9228	116772
7	1998	9560	117896
8	1999	9892	119020
9	2000	12620	167827
10	2001	11252	248900

‖참고‖ 엑셀에는 왼쪽에 있는 변수가 X축으로 오른쪽에 있는 변수가 Y축으로 산점도를 만든다.

	A	B	C
1	Index(삭제)	X 축	Y 축
2			
3			
4			
5			

🖱 결과

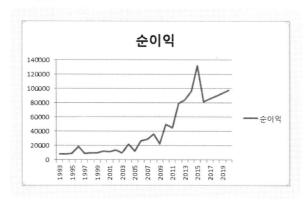

Forecast함수, Growth함수, Trend함수는 추세가 있는 시계열에 적합하다. 어떤 시계열 자료의 예측에 있어서 Forecast, Growth, Trend 함수 중에서 어떤 것이 예측력이 더 정확할까?

MAD(MAE), MSE, MAPE, RMSE 값이 적은 모형이 더 적절한 모형이며 계산 방법은 Chapter 15를 참고한다.

만약 추세는 없고 계절성이 있다면 더미변수 회귀분석 또는 윈터스 가법을 실시한다. 추세도 있고 계절성도 있다면 TIME 변수를 추가한 더미변수 회귀분석을 실시한다. 계절성도 있고 지속 성장하는 추세라면 윈터스 승법을 고려한다.

11.4 FORECAST함수 및 계절지수 활용 미래 예측

11.4.1 미래 예측

Forecast함수를 활용해서 다양한 분야의 미래 예측이 가능하다.

 • 다음 해 월별 판매량을 예측할 수 있을까?

 • 다음 해 월별 순이익을 예측할 수 있을까?

 • 다음 해 분기별 순이익을 예측할 수 있을까?

 • 다음 해 분기별 고객 수를 예측할 수 있을까?

• 다음 달 주별 신발 판매량을 예측할 수 있을까?

 • 다음 달 주별 맥주 판매량을 예측할 수 있을까?

2009년부터 2015년까지의 항공사 매출액을 조사했다.

2016년 1월부터 12월까지 항공사 매출액을 월별로 예측하고자 한다.

파일 이름: 월별 항공사 매출액

	A	B	C	D	E	F	G	H
1	Month	2009	2010	2011	2012	2013	2014	2015
2	1월	4180	4460	5678	3686	4789	5682	4680
3	2월	6950	8925	9267	4280	4890	5450	6780
4	3월	17825	18256	17812	14000	14500	14500	14260
5	4월	6740	7230	6892	6829	5780	5760	6892
6	5월	2040	2780	11678	5880	5180	3960	2890
7	6월	4750	12890	12782	7924	6580	6030	5890
8	7월	19270	20150	19267	11826	19260	14420	19989
9	8월	19630	19910	16782	18290	18790	19070	19350
10	9월	7600	7290	9267	8680	8490	8220	9450
11	10월	3630	3260	17820	5780	4950	4370	5680
12	11월	9270	5780	8267	4580	3856	4825	4870
13	12월	5060	5360	1567	7825	4780	4460	5680

오른쪽에 평균, 합계, 계절지수를 입력하고 아래에 평균 제목을 입력한다.

	A	B	C	D	E	F	G	H	I	J	K	L
1	Month	2009	2010	2011	2012	2013	2014	2015	2016	평균	합계	계절지수
2	1월	4180	4460	5678	3686	4789	5682	4680				
3	2월	6950	8925	9267	4280	4890	5450	6780				
4	3월	17825	18256	17812	14000	14500	14500	14260				
5	4월	6740	7230	6892	6829	5780	5760	6892				
6	5월	2040	2780	11678	5880	5180	3960	2890				
7	6월	4750	12890	12782	7924	6580	6030	5890				
8	7월	19270	20150	19267	11826	19260	14420	19989				
9	8월	19630	19910	16782	18290	18790	19070	19350				
10	9월	7600	7290	9267	8680	8490	8220	9450				
11	10월	3630	3260	17820	5780	4950	4370	5680				
12	11월	9270	5780	8267	4580	3856	4825	4870				
13	12월	5060	5360	1567	7825	4780	4460	5680				
14	합계											

커서를 J2에 놓는다. → 월별 평균을 계산한다.

J2 = AVERAGE(B2:H2)

	J2	▾	f_x	=AVERAGE(B2:H2)						
	A	B	C	D	E	F	G	H	I	J
1	Month	2009	2010	2011	2012	2013	2014	2015	2016	평균
2	1월	4180	4460	5678	3686	4789	5682	4680		4736.429
3	2월	6950	8925	9267	4280	4890	5450	6780		
4	3월	17825	18256	17812	14000	14500	14500	14260		
5	4월	6740	7230	6892	6829	5780	5760	6892		
6	5월	2040	2780	11678	5880	5180	3960	2890		
7	6월	4750	12890	12782	7924	6580	6030	5890		
8	7월	19270	20150	19267	11826	19260	14420	19989		
9	8월	19630	19910	16782	18290	18790	19070	19350		
10	9월	7600	7290	9267	8680	8490	8220	9450		
11	10월	3630	3260	17820	5780	4950	4370	5680		
12	11월	9270	5780	8267	4580	3856	4825	4870		
13	12월	5060	5360	1567	7825	4780	4460	5680		

커서를 K2에 놓는다. → 자동합계 → 합계

K2 = SUM(B2:H2)

	K2	▾	f_x	=SUM(B2:H2)							
	A	B	C	D	E	F	G	H	I	J	K
1	Month	2009	2010	2011	2012	2013	2014	2015	2016	평균	합계
2	1월	4180	4460	5678	3686	4789	5682	4680		4736.429	33155
3	2월	6950	8925	9267	4280	4890	5450	6780			
4	3월	17825	18256	17812	14000	14500	14500	14260			
5	4월	6740	7230	6892	6829	5780	5760	6892			
6	5월	2040	2780	11678	5880	5180	3960	2890			
7	6월	4750	12890	12782	7924	6580	6030	5890			
8	7월	19270	20150	19267	11826	19260	14420	19989			
9	8월	19630	19910	16782	18290	18790	19070	19350			
10	9월	7600	7290	9267	8680	8490	8220	9450			
11	10월	3630	3260	17820	5780	4950	4370	5680			
12	11월	9270	5780	8267	4580	3856	4825	4870			
13	12월	5060	5360	1567	7825	4780	4460	5680			

J2와 K2를 동시에 선택한 후 아래로 드래그해서 자동으로 평균과 합계를 계산한다.

⌘ 연도별 합계 계산
커서를 B14에 놓고 → 자동합계 → 합계

B14 = SUM(B1:B13)

엔터키 클릭 → 오른쪽으로 드래그해서 합계를 자동으로 계산한다.

	A	B	C	D	E	F	G	H
1	Month	2009	2010	2011	2012	2013	2014	2015
2	1월	4180	4460	5678	3686	4789	5682	4680
3	2월	6950	8925	9267	4280	4890	5450	6780
4	3월	17825	18256	17812	14000	14500	14500	14260
5	4월	6740	7230	6892	6829	5780	5760	6892
6	5월	2040	2780	11678	5880	5180	3960	2890
7	6월	4750	12890	12782	7924	6580	6030	5890
8	7월	19270	20150	19267	11826	19260	14420	19989
9	8월	19630	19910	16782	18290	18790	19070	19350
10	9월	7600	7290	9267	8680	8490	8220	9450
11	10월	3630	3260	17820	5780	4950	4370	5680
12	11월	9270	5780	8267	4580	3856	4825	4870
13	12월	5060	5360	1567	7825	4780	4460	5680
14	합계	108954	118301	139090	101592	103858	98761	108426

커서를 I14에 놓는다.

함수 삽입 → 함수 검색 → FORECAST → 검색 → 확인

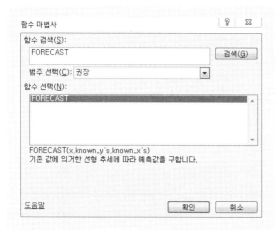

	A	B	C	D	E	F	G	H
1	Month	2009	2010	2011	2012	2013	2014	2015
2	1월	4180	4460	5678	3686	4789	5682	4680
3	2월	6950	8925	9267	4280	4890	5450	6780
4	3월	17825	18256	17812	14000	14500	14500	14260
5	4월	6740	7230	6892	6829	5780	5760	6892
6	5월	2040	2780	11678	5880	5180	3960	2890
7	6월	4750	12890	12782	7924	6580	6030	5890
8	7월	19270	20150	19267	11826	19260	14420	19989
9	8월	19630	19910	16782	18290	18790	19070	19350
10	9월	7600	7290	9267	8680	8490	8220	9450
11	10월	3630	3260	17820	5780	4950	4370	5680
12	11월	9270	5780	8267	4580	3856	4825	4870
13	12월	5060	5360	1567	7825	4780	4460	5680
14	합계	108954	118301	139090	101592	103858	98761	108426

⌘ X: I1

⌘ KNOWN Y'S: B14:H14

⌘ KNOWN X'S: B1:H1

함수 인수

FORECAST

X	I1		= 2016
Known_y's	B14:H14		= {108954,118301,139090,101592,103...
Known_x's	B1:H1		= {2009,2010,2011,2012,2013,2014,2...

= 100440.8571

기존 값에 의거한 선형 추세에 따라 예측값을 구합니다.

X 은(는) y 값을 예측하려는 지점의 x 값입니다. 반드시 수치 데이터여야 합니다.

수식 결과= 100440.8571

도움말(H)   확인   취소

확인

	I14		f_x	=FORECAST(I1,B14:H14,B1:H1)					
	A	B	C	D	E	F	G	H	I
1	Month	2009	2010	2011	2012	2013	2014	2015	2016
2	1월	4180	4460	5678	3686	4789	5682	4680	
3	2월	6950	8925	9267	4280	4890	5450	6780	
4	3월	17825	18256	17812	14000	14500	14500	14260	
5	4월	6740	7230	6892	6829	5780	5760	6892	
6	5월	2040	2780	11678	5880	5180	3960	2890	
7	6월	4750	12890	12782	7924	6580	6030	5890	
8	7월	19270	20150	19267	11826	19260	14420	19989	
9	8월	19630	19910	16782	18290	18790	19070	19350	
10	9월	7600	7290	9267	8680	8490	8220	9450	
11	10월	3630	3260	17820	5780	4950	4370	5680	
12	11월	9270	5780	8267	4580	3856	4825	4870	
13	12월	5060	5360	1567	7825	4780	4460	5680	
14	합계	108954	118301	139090	101592	103858	98761	108426	100440.86

커서를 K14에 놓고 월별 합계의 합계를 구한다.

K14 = SUM(K2:K13)

	K14		f_x	=SUM(K2:K13)							
	A	B	C	D	E	F	G	H	I	J	K
1	Month	2009	2010	2011	2012	2013	2014	2015	2016	평균	합계
2	1월	4180	4460	5678	3686	4789	5682	4680		4736.429	33155
3	2월	6950	8925	9267	4280	4890	5450	6780		6648.857	46542
4	3월	17825	18256	17812	14000	14500	14500	14260		15879	111153
5	4월	6740	7230	6892	6829	5780	5760	6892		6589	46123
6	5월	2040	2780	11678	5880	5180	3960	2890		4915.429	34408
7	6월	4750	12890	12782	7924	6580	6030	5890		8120.857	56846
8	7월	19270	20150	19267	11826	19260	14420	19989		17740.29	124182
9	8월	19630	19910	16782	18290	18790	19070	19350		18831.71	131822
10	9월	7600	7290	9267	8680	8490	8220	9450		8428.143	58997
11	10월	3630	3260	17820	5780	4950	4370	5680		6498.571	45490
12	11월	9270	5780	8267	4580	3856	4825	4870		5921.143	41448
13	12월	5060	5360	1567	7825	4780	4460	5680		4961.714	34732
14	합계	108954	118301	139090	101592	103858	98761	108426	100440.86		764898

커서를 L2에 놓는다. → 전체 합계를 월별 합계로 나눈다.

L2 = 1월 합계/전체 합계 =K2/K14

	L2			fx	=K2/K14						
	A	B	C	D	E	F	G	H	I	J	K	L
1	Month	2009	2010	2011	2012	2013	2014	2015	2016	평균	합계	계절지수
2	1월	4180	4460	5678	3686	4789	5682	4680		4736.429	33155	0.043346
3	2월	6950	8925	9267	4280	4890	5450	6780		6648.857	46542	
4	3월	17825	18256	17812	14000	14500	14500	14260		15879	111153	
5	4월	6740	7230	6892	6829	5780	5760	6892		6589	46123	
6	5월	2040	2780	11678	5880	5180	3960	2890		4915.429	34408	
7	6월	4750	12890	12782	7924	6580	6030	5890		8120.857	56846	
8	7월	19270	20150	19267	11826	19260	14420	19989		17740.29	124182	
9	8월	19630	19910	16782	18290	18790	19070	19350		18831.71	131822	
10	9월	7600	7290	9267	8680	8490	8220	9450		8428.143	58997	
11	10월	3630	3260	17820	5780	4950	4370	5680		6498.571	45490	
12	11월	9270	5780	8267	4580	3856	4825	4870		5921.143	41448	
13	12월	5060	5360	1567	7825	4780	4460	5680		4961.714	34732	
14	합계	108954	118301	139090	101592	103858	98761	108426	100440.86		764898	

K14(합계)를 절대참조로 변경한다. → K14를 선택한 후 키보드의 F4를 클릭한다.

	L2			fx	=K2/$K$14						
	A	B	C	D	E	F	G	H	I	J	K	L
1	Month	2009	2010	2011	2012	2013	2014	2015	2016	평균	합계	계절지수
2	1월	4180	4460	5678	3686	4789	5682	4680		4736.429	33155	0.043346
3	2월	6950	8925	9267	4280	4890	5450	6780		6648.857	46542	
4	3월	17825	18256	17812	14000	14500	14500	14260		15879	111153	
5	4월	6740	7230	6892	6829	5780	5760	6892		6589	46123	
6	5월	2040	2780	11678	5880	5180	3960	2890		4915.429	34408	
7	6월	4750	12890	12782	7924	6580	6030	5890		8120.857	56846	
8	7월	19270	20150	19267	11826	19260	14420	19989		17740.29	124182	
9	8월	19630	19910	16782	18290	18790	19070	19350		18831.71	131822	
10	9월	7600	7290	9267	8680	8490	8220	9450		8428.143	58997	
11	10월	3630	3260	17820	5780	4950	4370	5680		6498.571	45490	
12	11월	9270	5780	8267	4580	3856	4825	4870		5921.143	41448	
13	12월	5060	5360	1567	7825	4780	4460	5680		4961.714	34732	
14	합계	108954	118301	139090	101592	103858	98761	108426	100440.86		764898	

아래로 드래그해서 계절지수를 자동으로 계산한다.

커서를 L14에 놓는다. → 계절 지수의 합계를 계산한다. = SUM(L2:L13) 또는 L14까지 드래그
한다.

계절 지수의 합은 1이 되어야 한다.

	L14			f_x	=SUM(L2:L13)						
	A	B	C	D	E	F	G	H	I	J	K	L
1	Month	2009	2010	2011	2012	2013	2014	2015	2016	평균	합계	계절지수
2	1월	4180	4460	5678	3686	4789	5682	4680		4736.429	33155	0.043346
3	2월	6950	8925	9267	4280	4890	5450	6780		6648.857	46542	0.060847
4	3월	17825	18256	17812	14000	14500	14500	14260		15879	111153	0.145317
5	4월	6740	7230	6892	6829	5780	5760	6892		6589	46123	0.0603
6	5월	2040	2780	11678	5880	5180	3960	2890		4915.429	34408	0.044984
7	6월	4750	12890	12782	7924	6580	6030	5890		8120.857	56846	0.074318
8	7월	19270	20150	19267	11826	19260	14420	19989		17740.29	124182	0.162351
9	8월	19630	19910	16782	18290	18790	19070	19350		18831.71	131822	0.172339
10	9월	7600	7290	9267	8680	8490	8220	9450		8428.143	58997	0.077131
11	10월	3630	3260	17820	5780	4950	4370	5680		6498.571	45490	0.059472
12	11월	9270	5780	8267	4580	3856	4825	4870		5921.143	41448	0.054188
13	12월	5060	5360	1567	7825	4780	4460	5680		4961.714	34732	0.045407
14	합계	108954	118301	139090	101592	103858	98761	108426	100440.86		764898	1

커서를 I2에 놓는다. → 2016년 1월 예측값 = 1월 계절지수 X 2016년 예측값 = L2*I14 = 4354

	I2			f_x	=L2*I14						
	A	B	C	D	E	F	G	H	I	J	K	L
1	Month	2009	2010	2011	2012	2013	2014	2015	2016	평균	합계	계절지수
2	1월	4180	4460	5678	3686	4789	5682	4680	4354	4736.429	33155	0.043346
3	2월	6950	8925	9267	4280	4890	5450	6780		6648.857	46542	0.060847
4	3월	17825	18256	17812	14000	14500	14500	14260		15879	111153	0.145317
5	4월	6740	7230	6892	6829	5780	5760	6892		6589	46123	0.0603
6	5월	2040	2780	11678	5880	5180	3960	2890		4915.429	34408	0.044984
7	6월	4750	12890	12782	7924	6580	6030	5890		8120.857	56846	0.074318
8	7월	19270	20150	19267	11826	19260	14420	19989		17740.29	124182	0.162351
9	8월	19630	19910	16782	18290	18790	19070	19350		18831.71	131822	0.172339
10	9월	7600	7290	9267	8680	8490	8220	9450		8428.143	58997	0.077131
11	10월	3630	3260	17820	5780	4950	4370	5680		6498.571	45490	0.059472
12	11월	9270	5780	8267	4580	3856	4825	4870		5921.143	41448	0.054188
13	12월	5060	5360	1567	7825	4780	4460	5680		4961.714	34732	0.045407
14	합계	108954	118301	139090	101592	103858	98761	108426	100440.86		764898	1

I14를 절대참조로 변경한다. → I14를 선택한 후 Key Board의 F4를 클릭한다.

	I2			f_x	=L2*$I$14				
	A	B	C	D	E	F	G	H	I
1	Month	2009	2010	2011	2012	2013	2014	2015	2016
2	1월	4180	4460	5678	3686	4789	5682	4680	4354
3	2월	6950	8925	9267	4280	4890	5450	6780	
4	3월	17825	18256	17812	14000	14500	14500	14260	
5	4월	6740	7230	6892	6829	5780	5760	6892	
6	5월	2040	2780	11678	5880	5180	3960	2890	
7	6월	4750	12890	12782	7924	6580	6030	5890	
8	7월	19270	20150	19267	11826	19260	14420	19989	
9	8월	19630	19910	16782	18290	18790	19070	19350	
10	9월	7600	7290	9267	8680	8490	8220	9450	
11	10월	3630	3260	17820	5780	4950	4370	5680	
12	11월	9270	5780	8267	4580	3856	4825	4870	
13	12월	5060	5360	1567	7825	4780	4460	5680	
14	합계	108954	118301	139090	101592	103858	98761	108426	100440.86

아래로 드래그해서 월별 예측값을 자동 계산한다.

계절지수를 고려한 미래 예측은 '회귀분석과 중심화 이동평균법으로 계절지수 고려한 예측'에서도 다루었다.

만약 2016년에 6개월까지 자료가 있는 경우는 어떻게 하면 좋을까? 부분 시계열 예측에서 다룬다.

11.4.2 부분 시계열 예측

앞에서는 다음 해 1월부터 12월까지 월별 판매량을 예측하는 방법을 다루었다.
만약 1월부터 6월까지의 실적을 알고 있고 7월 이후부터 예측해야 할 경우는 어떻게 하면 좋을까?

2009년 1월부터 2015년 6월까지 화장품 판매량을 조사했다.

🖱️ 파일 이름: 월별 화장품 판매량

	A	B	C	D	E	F	G	H
1	월별	2009	2010	2011	2012	2013	2014	2015
2	1월	2780	4579	15890	3620	4680	5689	6789
3	2월	3200	5890	6780	6890	6780	6950	7700
4	3월	3750	6890	4500	4500	4260	5000	5250
5	4월	4290	6902	11780	15760	18890	19978	21167
6	5월	6840	7880	9180	14867	17890	19040	21080
7	6월	7950	8935	6580	6030	5890	4750	12890
8	7월	8690	11826	19260	14420	17800	11250	
9	8월	8230	12890	14790	17190	19350	19630	?
10	9월	9150	8680	8490	8220	9260	7600	
11	10월	5480	6900	4950	4370	5890	3630	
12	11월	3890	4580	12670	4780	8900	8892	
13	12월	3560	5780	4780	4460	4760	6890	

값이 모두 채워져 있을 때는 평균과 합계 중 어느 것을 선택하든지 가중치가 동일하다. 그러나 빈 값이 있을 때는 가중치를 구할 때 합계보다는 평균을 선택한다.

평균을 구한다.

커서를 I2에 놓는다. → I2는 AVERAGE(B2:H2)

	I2	▾	f_x	=AVERAGE(B2:H2)				
	A	B	C	D	E	F	G	H	I
1	월별	2009	2010	2011	2012	2013	2014	2015	평균
2	1월	2780	4579	15890	3620	4680	5689	6789	6289.571
3	2월	3200	5890	6780	6890	6780	6950	7700	
4	3월	3750	6890	4500	4500	4260	5000	5250	
5	4월	4290	6902	11780	15760	18890	19978	21167	
6	5월	6840	7880	9180	14867	17890	19040	21080	
7	6월	7950	8935	6580	6030	5890	4750	12890	
8	7월	8690	11826	19260	14420	17800	11250		
9	8월	8230	12890	14790	17190	19350	19630		
10	9월	9150	8680	8490	8220	9260	7600		
11	10월	5480	6900	4950	4370	5890	3630		
12	11월	3890	4580	12670	4780	8900	8892		
13	12월	3560	5780	4780	4460	4760	6890		

아래로 드래그해서 월별 평균을 자동 계산한다.

커서를 I14에 놓는다. → 평균의 전체 합계를 계산한다. I14 = SUM(I2:I13)

	I14	▾	f_x	=SUM(I2:I13)				
	A	B	C	D	E	F	G	H	I
1	월별	2009	2010	2011	2012	2013	2014	2015	평균
2	1월	2780	4579	15890	3620	4680	5689	6789	6289.571
3	2월	3200	5890	6780	6890	6780	6950	7700	6312.857
4	3월	3750	6890	4500	4500	4260	5000	5250	4878.571
5	4월	4290	6902	11780	15760	18890	19978	21167	14109.57
6	5월	6840	7880	9180	14867	17890	19040	21080	13825.29
7	6월	7950	8935	6580	6030	5890	4750	12890	7575
8	7월	8690	11826	19260	14420	17800	11250		13874.33
9	8월	8230	12890	14790	17190	19350	19630		15346.67
10	9월	9150	8680	8490	8220	9260	7600		8566.667
11	10월	5480	6900	4950	4370	5890	3630		5203.333
12	11월	3890	4580	12670	4780	8900	8892		7285.333
13	12월	3560	5780	4780	4460	4760	6890		5038.333
14									108305.5

⌘ 계절지수 계산

커서를 J2에 놓는다.

J2 = 1월 평균/평균의 합계 = I2/I14

	J2	▾		f_x	=I2/I14				
◢	A	B	C	D	E	F	G	H	I	J
1	월별	2009	2010	2011	2012	2013	2014	2015	평균	계절지수
2	1월	2780	4579	15890	3620	4680	5689	6789	6289.571	0.058072
3	2월	3200	5890	6780	6890	6780	6950	7700	6312.857	
4	3월	3750	6890	4500	4500	4260	5000	5250	4878.571	
5	4월	4290	6902	11780	15760	18890	19978	21167	14109.57	
6	5월	6840	7880	9180	14867	17890	19040	21080	13825.29	
7	6월	7950	8935	6580	6030	5890	4750	12890	7575	
8	7월	8690	11826	19260	14420	17800	11250		13874.33	
9	8월	8230	12890	14790	17190	19350	19630		15346.67	
10	9월	9150	8680	8490	8220	9260	7600		8566.667	
11	10월	5480	6900	4950	4370	5890	3630		5203.333	
12	11월	3890	4580	12670	4780	8900	8892		7285.333	
13	12월	3560	5780	4780	4460	4760	6890		5038.333	
14									108305.5	

I14(평균합계)를 선택한 후 Key Board의 F4를 클릭해서 절대참조로 변경한다.

	J2	▾		f_x	=I2/$I$14				
◢	A	B	C	D	E	F	G	H	I	J
1	월별	2009	2010	2011	2012	2013	2014	2015	평균	계절지수
2	1월	2780	4579	15890	3620	4680	5689	6789	6289.571	0.058072
3	2월	3200	5890	6780	6890	6780	6950	7700	6312.857	
4	3월	3750	6890	4500	4500	4260	5000	5250	4878.571	
5	4월	4290	6902	11780	15760	18890	19978	21167	14109.57	
6	5월	6840	7880	9180	14867	17890	19040	21080	13825.29	
7	6월	7950	8935	6580	6030	5890	4750	12890	7575	
8	7월	8690	11826	19260	14420	17800	11250		13874.33	
9	8월	8230	12890	14790	17190	19350	19630		15346.67	
10	9월	9150	8680	8490	8220	9260	7600		8566.667	
11	10월	5480	6900	4950	4370	5890	3630		5203.333	
12	11월	3890	4580	12670	4780	8900	8892		7285.333	
13	12월	3560	5780	4780	4460	4760	6890		5038.333	
14									108305.5	

아래로 드래그해서 자동으로 계산한다.

	J14	▼		*fx*	=I14/$I$14				
	A	B	C	D	E	F	G	H	I	J
1	월별	2009	2010	2011	2012	2013	2014	2015	평균	계절지수
2	1월	2780	4579	15890	3620	4680	5689	6789	6289.571	0.058072
3	2월	3200	5890	6780	6890	6780	6950	7700	6312.857	0.058287
4	3월	3750	6890	4500	4500	4260	5000	5250	4878.571	0.045045
5	4월	4290	6902	11780	15760	18890	19978	21167	14109.57	0.130276
6	5월	6840	7880	9180	14867	17890	19040	21080	13825.29	0.127651
7	6월	7950	8935	6580	6030	5890	4750	12890	7575	0.069941
8	7월	8690	11826	19260	14420	17800	11250		13874.33	0.128104
9	8월	8230	12890	14790	17190	19350	19630		15346.67	0.141698
10	9월	9150	8680	8490	8220	9260	7600		8566.667	0.079097
11	10월	5480	6900	4950	4370	5890	3630		5203.333	0.048043
12	11월	3890	4580	12670	4780	8900	8892		7285.333	0.067266
13	12월	3560	5780	4780	4460	4760	6890		5038.333	0.04652
14									108305.5	1

J14의 셀 값이 1로 표시되어야 한다.

Forecast함수를 활용해서 미래 예측

커서를 B14에 놓는다. → 2009년 화장품 매출액의 합계를 계산한다.

B14 = SUM(B2:B13)

	B14	▼		*fx*	=SUM(B2:B13)				
	A	B	C	D	E	F	G	H	I	J
1	월별	2009	2010	2011	2012	2013	2014	2015	평균	계절지수
2	1월	2780	4579	15890	3620	4680	5689	6789	6289.571	0.058072
3	2월	3200	5890	6780	6890	6780	6950	7700	6312.857	0.058287
4	3월	3750	6890	4500	4500	4260	5000	5250	4878.571	0.045045
5	4월	4290	6902	11780	15760	18890	19978	21167	14109.57	0.130276
6	5월	6840	7880	9180	14867	17890	19040	21080	13825.29	0.127651
7	6월	7950	8935	6580	6030	5890	4750	12890	7575	0.069941
8	7월	8690	11826	19260	14420	17800	11250		13874.33	0.128104
9	8월	8230	12890	14790	17190	19350	19630		15346.67	0.141698
10	9월	9150	8680	8490	8220	9260	7600		8566.667	0.079097
11	10월	5480	6900	4950	4370	5890	3630		5203.333	0.048043
12	11월	3890	4580	12670	4780	8900	8892		7285.333	0.067266
13	12월	3560	5780	4780	4460	4760	6890		5038.333	0.04652
14		67810							108305.5	1

옆으로 드래그해서 2014년까지 자동으로 합계를 계산한다.

G14 | =SUM(G2:G13)

	A	B	C	D	E	F	G	H	I	J
1	월별	2009	2010	2011	2012	2013	2014	2015	평균	계절지수
2	1월	2780	4579	15890	3620	4680	5689	6789	6289.571	0.058072
3	2월	3200	5890	6780	6890	6780	6950	7700	6312.857	0.058287
4	3월	3750	6890	4500	4500	4260	5000	5250	4878.571	0.045045
5	4월	4290	6902	11780	15760	18890	19978	21167	14109.57	0.130276
6	5월	6840	7880	9180	14867	17890	19040	21080	13825.29	0.127651
7	6월	7950	8935	6580	6030	5890	4750	12890	7575	0.069941
8	7월	8690	11826	19260	14420	17800	11250		13874.33	0.128104
9	8월	8230	12890	14790	17190	19350	19630		15346.67	0.141698
10	9월	9150	8680	8490	8220	9260	7600		8566.667	0.079097
11	10월	5480	6900	4950	4370	5890	3630		5203.333	0.048043
12	11월	3890	4580	12670	4780	8900	8892		7285.333	0.067266
13	12월	3560	5780	4780	4460	4760	6890		5038.333	0.04652
14		67810	91732	119650	105107	124350	119299		108305.5	1

커서를 H14에 놓는다. → 함수 삽입 선택

파일 | 홈 | 삽입 | 페이지 레이아웃 | 수식 | 데이터 | 검토 | 보기 | 추가 기능

fx 함수 삽입   Σ 자동 합계 ▾   📊 최근에 사용한 함수 ▾   📊 재무 ▾   🔤 논리 ▾   🔤 텍스트 ▾   🔤 날짜 및 시간 ▾   함수 라이브러리

이름 관리자   🔲 이름 정의 ▾   🔲 수식에서 사용 ▾   🔲 선택 영역에서 만들기   정의된 이름

참조되는 셀 추적   참조하는 셀 추적   연결선 제거 ▾   조사식 창   수식 분석

G14 | =SUM(G2:G13)

	A	B	C	D	E	F	G	H	I	J
1	월별	2009	2010	2011	2012	2013	2014	2015	평균	계절지수
2	1월	2780	4579	15890	3620	4680	5689	6789	6289.571	0.058072
3	2월	3200	5890	6780	6890	6780	6950	7700	6312.857	0.058287
4	3월	3750	6890	4500	4500	4260	5000	5250	4878.571	0.045045
5	4월	4290	6902	11780	15760	18890	19978	21167	14109.57	0.130276
6	5월	6840	7880	9180	14867	17890	19040	21080	13825.29	0.127651
7	6월	7950	8935	6580	6030	5890	4750	12890	7575	0.069941
8	7월	8690	11826	19260	14420	17800	11250		13874.33	0.128104
9	8월	8230	12890	14790	17190	19350	19630		15346.67	0.141698
10	9월	9150	8680	8490	8220	9260	7600		8566.667	0.079097
11	10월	5480	6900	4950	4370	5890	3630		5203.333	0.048043
12	11월	3890	4580	12670	4780	8900	8892		7285.333	0.067266
13	12월	3560	5780	4780	4460	4760	6890		5038.333	0.04652
14		67810	91732	119650	105107	124350	119299		108305.5	1

함수 마법사

⌘ 함수 검색: FORECAST → 검색

함수 마법사

함수 검색(S):

FORECAST
검색(G)

범주 선택(C): 권장

함수 선택(N):

FORECAST

FORECAST(x,known_y's,known_x's)
기존 값에 의거한 선형 추세에 따라 예측값을 구합니다.

도움말
확인
취소

확인

⌘ X: H1

⌘ Known Y's: B14:G14(연도별 합계)

⌘ Known X's: B1:G1(연도)

함수 인수

FORECAST

X H1 = 2015
Known_y's B14:G14 = {67810,91732,119650,105107,12435...
Known_x's B1:G1 = {2009,2010,2011,2012,2013,2014}

= 138733.6

기존 값에 의거한 선형 추세에 따라 예측값을 구합니다.

X 은(는) y 값을 예측하려는 지점의 x 값입니다. 반드시 수치
데이터여야 합니다.

수식 결과= 138733.6

도움말(H)
확인
취소

확인 → 결과

여기까지는 11.4 FORECAST함수 및 계절지수 활용 미래 예측에서 계절지수를 구하는 방법과 동일하다.

	H14			f_x	=FORECAST(H1,B14:G14,B1:G1)					
	A	B	C	D	E	F	G	H	I	J
1	월별	2009	2010	2011	2012	2013	2014	2015	평균	계절지수
2	1월	2780	4579	15890	3620	4680	5689	6789	6289.571	0.058072
3	2월	3200	5890	6780	6890	6780	6950	7700	6312.857	0.058287
4	3월	3750	6890	4500	4500	4260	5000	5250	4878.571	0.045045
5	4월	4290	6902	11780	15760	18890	19978	21167	14109.57	0.130276
6	5월	6840	7880	9180	14867	17890	19040	21080	13825.29	0.127651
7	6월	7950	8935	6580	6030	5890	4750	12890	7575	0.069941
8	7월	8690	11826	19260	14420	17800	11250		13874.33	0.128104
9	8월	8230	12890	14790	17190	19350	19630		15346.67	0.141698
10	9월	9150	8680	8490	8220	9260	7600		8566.667	0.079097
11	10월	5480	6900	4950	4370	5890	3630		5203.333	0.048043
12	11월	3890	4580	12670	4780	8900	8892		7285.333	0.067266
13	12월	3560	5780	4780	4460	4760	6890		5038.333	0.04652
14		67810	91732	119650	105107	124350	119299	138733.6	108305.5	1

2015년 1월부터 6월까지는 실제값(관측값)이 존재한다.

⭐ 계절지수는 그대로 적용하면 안 된다.

따라서 2015년 예측값에서 1월부터 6월까지의 실제값(관측값)을 뺀 나머지로 2015년 7월부터 12월을 예측하면 된다.

커서를 H15에 놓는다. → = 2015년 예측값 − (2015년 1월부터 6월 합계)
= H14 − (H2 + H3 + H4 + H5 + H6 + H7)

	H15			f_x	=H14-(H2+H3+H4+H5+H6+H7)					
	A	B	C	D	E	F	G	H	I	J
1	월별	2009	2010	2011	2012	2013	2014	2015	평균	계절지수
2	1월	2780	4579	15890	3620	4680	5689	6789	6289.571	0.058072
3	2월	3200	5890	6780	6890	6780	6950	7700	6312.857	0.058287
4	3월	3750	6890	4500	4500	4260	5000	5250	4878.571	0.045045
5	4월	4290	6902	11780	15760	18890	19978	21167	14109.57	0.130276
6	5월	6840	7880	9180	14867	17890	19040	21080	13825.29	0.127651
7	6월	7950	8935	6580	6030	5890	4750	12890	7575	0.069941
8	7월	8690	11826	19260	14420	17800	11250		13874.33	0.128104
9	8월	8230	12890	14790	17190	19350	19630		15346.67	0.141698
10	9월	9150	8680	8490	8220	9260	7600		8566.667	0.079097
11	10월	5480	6900	4950	4370	5890	3630		5203.333	0.048043
12	11월	3890	4580	12670	4780	8900	8892		7285.333	0.067266
13	12월	3560	5780	4780	4460	4760	6890		5038.333	0.04652
14		67810	91732	119650	105107	124350	119299	138733.6	108305.5	1
15								63857.6		

7월부터 12월까지의 계절지수가 1이 되도록 다시 계산한다.

커서를 K14에 놓는다. → K14 = SUM(J8:J13)

	K14	▼		f_x	=SUM(J8:J13)						
	A	B	C	D	E	F	G	H	I	J	K
1	월별	2009	2010	2011	2012	2013	2014	2015	평균	계절지수	조정
2	1월	2780	4579	15890	3620	4680	5689	6789	6289.571	0.058072	
3	2월	3200	5890	6780	6890	6780	6950	7700	6312.857	0.058287	
4	3월	3750	6890	4500	4500	4260	5000	5250	4878.571	0.045045	
5	4월	4290	6902	11780	15760	18890	19978	21167	14109.57	0.130276	
6	5월	6840	7880	9180	14867	17890	19040	21080	13825.29	0.127651	
7	6월	7950	8935	6580	6030	5890	4750	12890	7575	0.069941	
8	7월	8690	11826	19260	14420	17800	11250		13874.33	0.128104	
9	8월	8230	12890	14790	17190	19350	19630		15346.67	0.141698	
10	9월	9150	8680	8490	8220	9260	7600		8566.667	0.079097	
11	10월	5480	6900	4950	4370	5890	3630		5203.333	0.048043	
12	11월	3890	4580	12670	4780	8900	8892		7285.333	0.067266	
13	12월	3560	5780	4780	4460	4760	6890		5038.333	0.04652	
14		67810	91732	119650	105107	124350	119299	138733.6	108305.5	1	0.510728
15								63857.6			

커서를 K8에 놓는다. → K8 = 7월 계절지수/계절지수 합계(7월부터 12월까지의 계절지수 합계) = J8/K14

	K8	▼		f_x	=J8/K14						
	A	B	C	D	E	F	G	H	I	J	K
1	월별	2009	2010	2011	2012	2013	2014	2015	평균	계절지수	조정
2	1월	2780	4579	15890	3620	4680	5689	6789	6289.571	0.058072	
3	2월	3200	5890	6780	6890	6780	6950	7700	6312.857	0.058287	
4	3월	3750	6890	4500	4500	4260	5000	5250	4878.571	0.045045	
5	4월	4290	6902	11780	15760	18890	19978	21167	14109.57	0.130276	
6	5월	6840	7880	9180	14867	17890	19040	21080	13825.29	0.127651	
7	6월	7950	8935	6580	6030	5890	4750	12890	7575	0.069941	
8	7월	8690	11826	19260	14420	17800	11250		13874.33	0.128104	0.250826
9	8월	8230	12890	14790	17190	19350	19630		15346.67	0.141698	
10	9월	9150	8680	8490	8220	9260	7600		8566.667	0.079097	
11	10월	5480	6900	4950	4370	5890	3630		5203.333	0.048043	
12	11월	3890	4580	12670	4780	8900	8892		7285.333	0.067266	
13	12월	3560	5780	4780	4460	4760	6890		5038.333	0.04652	
14		67810	91732	119650	105107	124350	119299	138733.6	108305.5	1	0.510728
15								63857.6			

K14를 선택하고 Key Board의 F4를 클릭해서 절대참조로 변경한다.

						K8		▼	f_x	=J8/$K$14

	A	B	C	D	E	F	G	H	I	J	K
1	월별	2009	2010	2011	2012	2013	2014	2015 평균		계절지수	조정
2	1월	2780	4579	15890	3620	4680	5689	6789	6289.571	0.058072	
3	2월	3200	5890	6780	6890	6780	6950	7700	6312.857	0.058287	
4	3월	3750	6890	4500	4500	4260	5000	5250	4878.571	0.045045	
5	4월	4290	6902	11780	15760	18890	19978	21167	14109.57	0.130276	
6	5월	6840	7880	9180	14867	17890	19040	21080	13825.29	0.127651	
7	6월	7950	8935	6580	6030	5890	4750	12890	7575	0.069941	
8	7월	8690	11826	19260	14420	17800	11250		13874.33	0.128104	0.250826
9	8월	8230	12890	14790	17190	19350	19630		15346.67	0.141698	
10	9월	9150	8680	8490	8220	9260	7600		8566.667	0.079097	
11	10월	5480	6900	4950	4370	5890	3630		5203.333	0.048043	
12	11월	3890	4580	12670	4780	8900	8892		7285.333	0.067266	
13	12월	3560	5780	4780	4460	4760	6890		5038.333	0.04652	
14		67810	91732	119650	105107	124350	119299	138733.6	108305.5	1	0.510728
15								63857.6			

아래로 드래그해서 자동으로 계산한다.

						K13		▼	f_x	=J13/$K$14

	A	B	C	D	E	F	G	H	I	J	K
1	월별	2009	2010	2011	2012	2013	2014	2015 평균		계절지수	조정
2	1월	2780	4579	15890	3620	4680	5689	6789	6289.571	0.058072	
3	2월	3200	5890	6780	6890	6780	6950	7700	6312.857	0.058287	
4	3월	3750	6890	4500	4500	4260	5000	5250	4878.571	0.045045	
5	4월	4290	6902	11780	15760	18890	19978	21167	14109.57	0.130276	
6	5월	6840	7880	9180	14867	17890	19040	21080	13825.29	0.127651	
7	6월	7950	8935	6580	6030	5890	4750	12890	7575	0.069941	
8	7월	8690	11826	19260	14420	17800	11250		13874.33	0.128104	0.250826
9	8월	8230	12890	14790	17190	19350	19630		15346.67	0.141698	0.277443
10	9월	9150	8680	8490	8220	9260	7600		8566.667	0.079097	0.154872
11	10월	5480	6900	4950	4370	5890	3630		5203.333	0.048043	0.094068
12	11월	3890	4580	12670	4780	8900	8892		7285.333	0.067266	0.131707
13	12월	3560	5780	4780	4460	4760	6890		5038.333	0.04652	0.091085
14		67810	91732	119650	105107	124350	119299	138733.6	108305.5	1	0.510728
15								63857.6			

조정 결과값을 복사해서 붙여넣기하여 값(123)을 선택한다. → 수식은 사라지고 값만 남는다.

	K8			f_x	0.250825579713638					
	A	B	C	D	E	F	G	H	I	J	K
1	월별	2009	2010	2011	2012	2013	2014	2015	평균	계절지수	조정
2	1월	2780	4579	15890	3620	4680	5689	6789	6289.571	0.058072	
3	2월	3200	5890	6780	6890	6780	6950	7700	6312.857	0.058287	
4	3월	3750	6890	4500	4500	4260	5000	5250	4878.571	0.045045	
5	4월	4290	6902	11780	15760	18890	19978	21167	14109.57	0.130276	
6	5월	6840	7880	9180	14867	17890	19040	21080	13825.29	0.127651	
7	6월	7950	8935	6580	6030	5890	4750	12890	7575	0.069941	
8	7월	8690	11826	19260	14420	17800	11250		13874.33	0.128104	0.250826
9	8월	8230	12890	14790	17190	19350	19630		15346.67	0.141698	0.277443
10	9월	9150	8680	8490	8220	9260	7600		8566.667	0.079097	0.154872
11	10월	5480	6900	4950	4370	5890	3630		5203.333	0.048043	0.094068
12	11월	3890	4580	12670	4780	8900	8892		7285.333	0.067266	0.131707
13	12월	3560	5780	4780	4460	4760	6890		5038.333	0.04652	0.091085
14		67810	91732	119650	105107	124350	119299	138733.6	108305.5	1	0.510728
15									63857.6		

커서를 H8에 놓는다. → 7월의 화장품 판매량을 예측한다.

H8 = (2015년 예측값 – (2015년 1월부터 6월 합계)) X 조정된 계절지수(7월) = H15*K8

	H8			f_x	=H15*K8					
	A	B	C	D	E	F	G	H	I	J	K
1	월별	2009	2010	2011	2012	2013	2014	2015	평균	계절지수	조정
2	1월	2780	4579	15890	3620	4680	5689	6789	6289.571	0.057909	
3	2월	3200	5890	6780	6890	6780	6950	7700	6312.857	0.058123	
4	3월	3750	6890	4500	4500	4260	5000	5250	4878.571	0.044918	
5	4월	4290	6902	11780	15760	18890	19978	21167	14109.57	0.129908	
6	5월	6840	7880	9180	14867	17890	19040	21080	13825.29	0.127291	
7	6월	7950	8935	6580	6030	5890	4750	12890	7575	0.069744	
8	7월	8690	11826	19260	14420	17800	11250	16017.12	14180.45	0.130561	0.250826
9	8월	8230	12890	14790	17190	19350	19630		15346.67	0.141299	0.277443
10	9월	9150	8680	8490	8220	9260	7600		8566.667	0.078874	0.154872
11	10월	5480	6900	4950	4370	5890	3630		5203.333	0.047908	0.094068
12	11월	3890	4580	12670	4780	8900	8892		7285.333	0.067077	0.131707
13	12월	3560	5780	4780	4460	4760	6890		5038.333	0.046389	0.091085
14		67810	91732	119650	105107	124350	119299	138733.6	108611.6	1	0.512107
15									63857.6		

H15를 선택하고 Key Board의 F4를 클릭해서 절대참조로 변경한다.

	H8				f_x	=$H$15*K8				
	A	B	C	D	E	F	G	H	I	J	K
1	월별	2009	2010	2011	2012	2013	2014	2015 평균	계절지수	조정
2	1월	2780	4579	15890	3620	4680	5689	6789	6289.571	0.057909	
3	2월	3200	5890	6780	6890	6780	6950	7700	6312.857	0.058123	
4	3월	3750	6890	4500	4500	4260	5000	5250	4878.571	0.044918	
5	4월	4290	6902	11780	15760	18890	19978	21167	14109.57	0.129908	
6	5월	6840	7880	9180	14867	17890	19040	21080	13825.29	0.127291	
7	6월	7950	8935	6580	6030	5890	4750	12890	7575	0.069744	
8	7월	8690	11826	19260	14420	17800	11250	16017.12	14180.45	0.130561	0.250826
9	8월	8230	12890	14790	17190	19350	19630		15346.67	0.141299	0.277443
10	9월	9150	8680	8490	8220	9260	7600		8566.667	0.078874	0.154872
11	10월	5480	6900	4950	4370	5890	3630		5203.333	0.047908	0.094068
12	11월	3890	4580	12670	4780	8900	8892		7285.333	0.067077	0.131707
13	12월	3560	5780	4780	4460	4760	6890		5038.333	0.046389	0.091085
14		67810	91732	119650	105107	124350	119299	138733.6	108611.6	1	0.512107
15									63857.6		

아래로 드래그해서 자동으로 월별 화장품 판매량을 계산한다.

	H13				f_x	=$H$15*K13				
	A	B	C	D	E	F	G	H	I	J	K
1	월별	2009	2010	2011	2012	2013	2014	2015 평균	계절지수	조정
2	1월	2780	4579	15890	3620	4680	5689	6789	6289.571	0.057425	
3	2월	3200	5890	6780	6890	6780	6950	7700	6312.857	0.057638	
4	3월	3750	6890	4500	4500	4260	5000	5250	4878.571	0.044543	
5	4월	4290	6902	11780	15760	18890	19978	21167	14109.57	0.128824	
6	5월	6840	7880	9180	14867	17890	19040	21080	13825.29	0.126228	
7	6월	7950	8935	6580	6030	5890	4750	12890	7575	0.069162	
8	7월	8690	11826	19260	14420	17800	11250	16017.12	14180.45	0.129471	0.250826
9	8월	8230	12890	14790	17190	19350	19630	17716.84	15685.26	0.14321	0.277443
10	9월	9150	8680	8490	8220	9260	7600	9889.724	8755.675	0.079942	0.154872
11	10월	5480	6900	4950	4370	5890	3630	6006.949	5318.136	0.048556	0.094068
12	11월	3890	4580	12670	4780	8900	8892	8410.498	7446.071	0.067985	0.131707
13	12월	3560	5780	4780	4460	4760	6890	5816.466	5149.495	0.047016	0.091085
14		67810	91732	119650	105107	124350	119299	138733.6	109525.9	1	0.51618
15									63857.6		

11.4.3 급격한 증가 추세 및 부분 시계열 예측

만약 자료가 중간에 끊어져 있고 최근 판매량이 급격히 증가하는 추세에 있는 시계열 자료의 예측은 어떻게 하면 좋을까?

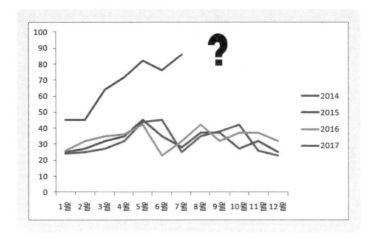

　1월부터 6월까지 판매량이 급격히 증가한 경우, Forecast함수로 예측한 전체 예측값에서 1월부터 6월까지의 판매량을 빼고 남은 값이 매우 적거나 또는 마이너스값이 나올 수도 있다. 이런 경우는 Forecast함수에서 정확한 답을 찾기 어렵다. 분산형 그래프의 추세선에서 지수 모형 등 급등 추세를 설명할 모형을 활용한다.

　⌘ 지수 모형

　A1의 월별 인덱스를 삭제한다. → A14에 화장품 매출액이라고 입력한다.

　🖱 파일 이름: 월별 화장품 판매량_급격한 증가

A14	▼	fx	화장품 매출액						
	A	B	C	D	E	F	G	H	I	J
1		2009	2010	2011	2012	2013	2014	2015 평균	계절지수
2	1월	2780	4579	15890	3620	4680	5689	6789	6289.571	0.058072
3	2월	3200	5890	6780	6890	6780	6950	7700	6312.857	0.058287
4	3월	3750	6890	4500	4500	4260	5000	5250	4878.571	0.045045
5	4월	4290	6902	11780	15760	18890	19978	21167	14109.57	0.130276
6	5월	6840	7880	9180	14867	17890	19040	21080	13825.29	0.127651
7	6월	7950	8935	6580	6030	5890	4750	12890	7575	0.069941
8	7월	8690	11826	19260	14420	17800	11250		13874.33	0.128104
9	8월	8230	12890	14790	17190	19350	19630		15346.67	0.141698
10	9월	9150	8680	8490	8220	9260	7600		8566.667	0.079097
11	10월	5480	6900	4950	4370	5890	3630		5203.333	0.048043
12	11월	3890	4580	12670	4780	8900	8892		7285.333	0.067266
13	12월	3560	5780	4780	4460	4760	6890		5038.333	0.04652
14	화장품 매출액	67810	91732	119650	105107	124350	119299		108305.5	1

　A1부터 G1까지 선택 → Control Key를 누른 상태에서 A14부터 G14까지 선택한다. → 삽입 → 분산형 → 표식만 있는 분산형(첫 번째 분산형)

A14 ▼ *fx* 화장품 매출액

	A	B	C	D	E		H	I	J
1		2009	2010	2011	2012		2015	평균	계절지수
2	1월	2780	4579	15890	3620		6789	6289.571	0.058072
3	2월	3200	5890	6780	6890		7700	6312.857	0.058287
4	3월	3750	6890	4500	4500		5250	4878.571	0.045045
5	4월	4290	6902	11780	15760		21167	14109.57	0.130276
6	5월	6840	7880	9180	14867	17890 19040	21080	13825.29	0.127651
7	6월	7950	8935	6580	6030	5890 4750	12890 7575		0.069941
8	7월	8690	11826	19260	14420	17800 11250		13874.33	0.128104
9	8월	8230	12890	14790	17190	19350 19630		15346.67	0.141698
10	9월	9150	8680	8490	8220	9260 7600		8566.667	0.079097
11	10월	5480	6900	4950	4370	5890 3630		5203.333	0.048043
12	11월	3890	4580	12670	4780	8900 8892		7285.333	0.067266
13	12월	3560	5780	4780	4460	4760 6890		5038.333	0.04652
14	화장품 매출액	67810	91732	119650	105107	124350 119299		108305.5	1

결과

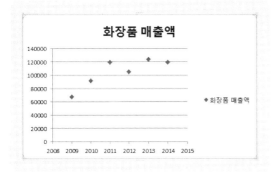

임의의 관측값을 선택 → 눈송이 모양으로 변한다. → 마우스 오른쪽 → 추세선 추가

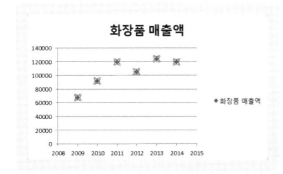

지수, 다항식, 거듭제곱을 선택해서 가장 높은 예측값을 찾는다.

여기서는 지수 모형을 선택한다.

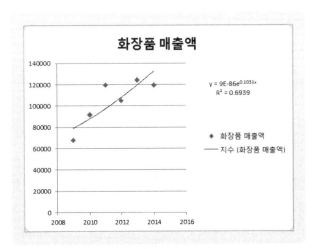

지수 모형식

= 9E−86*EXP(0.1031*연도)

2015년의 예측값 = 9E − 86*EXP(0.1031*2015) = 150453

엑셀에서는 E−는 소수점 이하 0의 수를 간략하게 표시해 준다.

예 9E−4: 0.0009

9E−5: 0.00009

9E−6: 0.000009

지수 모형의 예측값이 Forecast함수의 138733.6보다 높다.

	H14		f_x	=9E-86*EXP(0.1031*2015)						
	A	B	C	D	E	F	G	H	I	J
1		2009	2010	2011	2012	2013	2014	2015 평균		계절지수
2	1월	2780	4579	15890	3620	4680	5689	6789	6289.571	0.05807249
3	2월	3200	5890	6780	6890	6780	6950	7700	6312.857	0.05828749
4	3월	3750	6890	4500	4500	4260	5000	5250	4878.571	0.04504453
5	4월	4290	6902	11780	15760	18890	19978	21167	14109.57	0.13027564
6	5월	6840	7880	9180	14867	17890	19040	21080	13825.29	0.12765079
7	6월	7950	8935	6580	6030	5890	4750	12890	7575	0.069941031
8	7월	8690	11826	19260	14420	17800	11250		13874.33	0.128103654
9	8월	8230	12890	14790	17190	19350	19630		15346.67	0.141697913
10	9월	9150	8680	8490	8220	9260	7600		8566.667	0.079097228
11	10월	5480	6900	4950	4370	5890	3630		5203.333	0.048043102
12	11월	3890	4580	12670	4780	8900	8892		7285.333	0.067266498
13	12월	3560	5780	4780	4460	4760	6890		5038.333	0.046519634
14	화장품 매출액	67810	91732	119650	105107	124350	119299	150453.1	108305.5	1

계절지수의 조정을 계산한 다음에 2015년 예측값(150453.1)에서 2015년 1월부터 6월을 뺀 나머지 값을 새롭게 계산된 계절지수 조정을 곱해서 미래를 예측한다.

지수 모형으로 예측한 값에서 1월부터 6월까지의 관측값을 뺀다. →
H15 = H14 − (H2 + H3 + H4 + H5 + H6 + H7)

	H15		f_x	=H14-(H2+H3+H4+H5+H6+H7)			
	A	B	C	D	E	F	G	H
1		2009	2010	2011	2012	2013	2014	2015
2	1월	2780	4579	15890	3620	4680	5689	6789
3	2월	3200	5890	6780	6890	6780	6950	7700
4	3월	3750	6890	4500	4500	4260	5000	5250
5	4월	4290	6902	11780	15760	18890	19978	21167
6	5월	6840	7880	9180	14867	17890	19040	21080
7	6월	7950	8935	6580	6030	5890	4750	12890
8	7월	8690	11826	19260	14420	17800	11250	
9	8월	8230	12890	14790	17190	19350	19630	
10	9월	9150	8680	8490	8220	9260	7600	
11	10월	5480	6900	4950	4370	5890	3630	
12	11월	3890	4580	12670	4780	8900	8892	
13	12월	3560	5780	4780	4460	4760	6890	
14	화장품 매출액	67810	91732	119650	105107	124350	119299	150453.1
15								75577.08

계절지수를 재조정한다. → 7월부터 12월까지의 계절지수를 합계한다. →
K14 = SUM(J8:J13)

	K14		f_x	=SUM(J8:J13)						
	A	B	C	D	E	F	G	H	I	J	K
1		2009	2010	2011	2012	2013	2014	2015 평균		계절지수	
2	1월	2780	4579	15890	3620	4680	5689	6789	6289.571	0.05807249	
3	2월	3200	5890	6780	6890	6780	6950	7700	6312.857	0.05828749	
4	3월	3750	6890	4500	4500	4260	5000	5250	4878.571	0.04504453	
5	4월	4290	6902	11780	15760	18890	19978	21167	14109.57	0.13027564	
6	5월	6840	7880	9180	14867	17890	19040	21080	13825.29	0.12765079	
7	6월	7950	8935	6580	6030	5890	4750	12890	7575	0.069941031	
8	7월	8690	11826	19260	14420	17800	11250		13874.33	0.128103654	
9	8월	8230	12890	14790	17190	19350	19630		15346.67	0.141697913	
10	9월	9150	8680	8490	8220	9260	7600		8566.667	0.079097228	
11	10월	5480	6900	4950	4370	5890	3630		5203.333	0.048043102	
12	11월	3890	4580	12670	4780	8900	8892		7285.333	0.067266498	
13	12월	3560	5780	4780	4460	4760	6890		5038.333	0.046519634	
14	화장품 매출액	67810	91732	119650	105107	124350	119299	150453.1	108305.5	1	0.510728
15								75577.08			

7월 계절지수 조정 = 7월 계절지수/(7월부터 12월까지 계절지수 합계)
K8 = J8/K14

	K8		f_x	=J8/K14						
	A	B	C	D	E	F	G	H	I	J	K
1		2009	2010	2011	2012	2013	2014	2015 평균		계절지수	
2	1월	2780	4579	15890	3620	4680	5689	6789	6289.571	0.05807249	
3	2월	3200	5890	6780	6890	6780	6950	7700	6312.857	0.05828749	
4	3월	3750	6890	4500	4500	4260	5000	5250	4878.571	0.04504453	
5	4월	4290	6902	11780	15760	18890	19978	21167	14109.57	0.13027564	
6	5월	6840	7880	9180	14867	17890	19040	21080	13825.29	0.12765079	
7	6월	7950	8935	6580	6030	5890	4750	12890	7575	0.069941031	
8	7월	8690	11826	19260	14420	17800	11250		13874.33	0.128103654	0.250826
9	8월	8230	12890	14790	17190	19350	19630		15346.67	0.141697913	
10	9월	9150	8680	8490	8220	9260	7600		8566.667	0.079097228	
11	10월	5480	6900	4950	4370	5890	3630		5203.333	0.048043102	
12	11월	3890	4580	12670	4780	8900	8892		7285.333	0.067266498	
13	12월	3560	5780	4780	4460	4760	6890		5038.333	0.046519634	
14	화장품 매출액	67810	91732	119650	105107	124350	119299	150453.1	108305.5	1	0.510728
15								75577.08			

K14를 선택하고 Key Board의 F4를 클릭해서 절대참조로 변경한다. → K13까지 아래로 드래 그해서 자동으로 계산한다.

K13	fx	=J13/$K$14								
	A	B	C	D	E	F	G	H	I	J	K
1		2009	2010	2011	2012	2013	2014	2015	평균	계절지수	
2	1월	2780	4579	15890	3620	4680	5689	6789	6289.571	0.05807249	
3	2월	3200	5890	6780	6890	6780	6950	7700	6312.857	0.05828749	
4	3월	3750	6890	4500	4500	4260	5000	5250	4878.571	0.04504453	
5	4월	4290	6902	11780	15760	18890	19978	21167	14109.57	0.13027564	
6	5월	6840	7880	9180	14867	17890	19040	21080	13825.29	0.12765079	
7	6월	7950	8935	6580	6030	5890	4750	12890	7575	0.069941031	
8	7월	8690	11826	19260	14420	17800	11250		13874.33	0.128103654	0.250826
9	8월	8230	12890	14790	17190	19350	19630		15346.67	0.141697913	0.277443
10	9월	9150	8680	8490	8220	9260	7600		8566.667	0.079097228	0.154872
11	10월	5480	6900	4950	4370	5890	3630		5203.333	0.048043102	0.094068
12	11월	3890	4580	12670	4780	8900	8892		7285.333	0.067266498	0.131707
13	12월	3560	5780	4780	4460	4760	6890		5038.333	0.046519634	0.091085
14	화장품 매출액	67810	91732	119650	105107	124350	119299	150453.1	108305.5	1	0.510728
15								75577.08			

앞에서는 계절지수 조정한 셀을 복사해서 해당 셀에 붙여넣기를 했지만 이번에는 바로 옆 열에 복사해서 붙여넣기 한다.

K8부터 K13까지 복사 → 커서를 L8에 놓는다. → 선택하여 붙여넣기 → 값(123)

7월 예측값 = (지수 모형 예측값 – 1월부터 6월 관측값 합계) X 조정된 7월 계절지수

H8 = H15 X L8

H8 = H15*L8

H8	fx	=H15*L8									
	A	B	C	D	E	F	G	H	I	J	K	L
1		2009	2010	2011	2012	2013	2014	2015	평균	계절지수		
2	1월	2780	4579	15890	3620	4680	5689	6789	6289.571	0.057685782		
3	2월	3200	5890	6780	6890	6780	6950	7700	6312.857	0.05789935		
4	3월	3750	6890	4500	4500	4260	5000	5250	4878.571	0.044744576		
5	4월	4290	6902	11780	15760	18890	19978	21167	14109.57	0.129408127		
6	5월	6840	7880	9180	14867	17890	19040	21080	13825.29	0.126800756		
7	6월	7950	8935	6580	6030	5890	4750	12890	7575	0.06947529		
8	7월	8690	11826	19260	14420	17800	11250	18956.67	14600.38	0.133909662	0.260532	0.250826
9	8월	8230	12890	14790	17190	19350	19630		15346.67	0.140754338	0.273849	0.277443
10	9월	9150	8680	8490	8220	9260	7600		8566.667	0.078570515	0.152865	0.154872
11	10월	5480	6900	4950	4370	5890	3630		5203.333	0.04772318	0.092849	0.094068
12	11월	3890	4580	12670	4780	8900	8892		7285.333	0.066818567	0.130001	0.131707
13	12월	3560	5780	4780	4460	4760	6890		5038.333	0.046209857	0.089905	0.091085
14	화장품 매출액	67810	91732	119650	105107	124350	119299	150453.1	109031.6	1	0.513986	
15								75577.08				

H15를 클릭해서 Key Board의 F4를 클릭해서 절대참조로 변경한다.

아래로 드래그해서 12월까지 예측한다.

	H13		f_x =$H$15*L13									
	A	B	C	D	E	F	G	H	I	J	K	L
1		2009	2010	2011	2012	2013	2014	2015	평균	계절지수		
2	1월	2780	4579	15890	3620	4680	5689	6789	6289.571	0.056560815		
3	2월	3200	5890	6780	6890	6780	6950	7700	6312.857	0.056770219		
4	3월	3750	6890	4500	4500	4260	5000	5250	4878.571	0.043871984		
5	4월	4290	6902	11780	15760	18890	19978	21167	14109.57	0.126884458		
6	5월	6840	7880	9180	14867	17890	19040	21080	13825.29	0.124327936		
7	6월	7950	8935	6580	6030	5890	4750	12890	7575	0.068120409		
8	7월	8690	11826	19260	14420	17800	11250	18956.67	14600.38	0.131298206	0.250826	0.250826
9	8월	8230	12890	14790	17190	19350	19630	20968.33	16149.76	0.145231468	0.277443	0.277443
10	9월	9150	8680	8490	8220	9260	7600	11704.74	9014.963	0.081069695	0.154872	0.154872
11	10월	5480	6900	4950	4370	5890	3630	7109.376	5475.625	0.049241165	0.094068	0.094068
12	11월	3890	4580	12670	4780	8900	8892	9954.037	7666.577	0.068943939	0.131707	0.131707
13	12월	3560	5780	4780	4460	4760	6890	6883.934	5301.991	0.047679706	0.091085	0.091085
14	화장품 매출액	67810	91732	119650	105107	124350	119299	150453.1	111200.2	1	0.523464	
15								75577.08				

미래 예측과 시계열 분석

12

CHAPTER

바스 확산 모델

12 바스 확산 모델

거의 대부분의 신상품들은 도입기, 성장기, 성숙기, 쇠퇴기를 거치는 것이 일반적이다.

- 도입기(Introduction stage): 신제품이 처음 시장에 도입되는 시기
- 성장기(Growth stage): 판매가 급속히 증가하는 시기
- 성숙기(Maturity stage): 판매가 증가하여 가장 높은 판매량을 실현하나, 다수의 경쟁제품이나 신제품의 출현으로 판매성장률이 둔화되는 시기
- 쇠퇴기(Decline stage): 제품이 성숙기를 지나 판매가 줄어드는 시기. 제품기술의 진보, 소비자 욕구와 기호 변화, 경쟁제품 등의 원인

일반적으로 과거의 데이터를 참고해서 미래를 예측한다.

그런데 만약 신상품 및 신모델 개발, 새로운 관광지 개발, 새로운 도로·철도 신설과 같이 과거의 데이터가 전혀 없는 경우에 어떻게 하면 좋을까?

과거의 데이터를 토대로 미래를 예측한다.

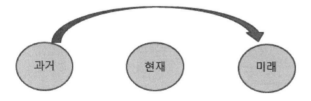

과거의 데이터가 없다.

과거에 시도해본 사례가 없을 때는 어떻게 예측이 가능할까?

- 판매를 해본 경험이 없기 때문에 과거의 자료가 없어서 예측에 어려움이 있다.
- 일반적인 통계적 수요예측이나 정량적 분석 방법이 어렵다. (시계열 분석, 중다 회귀분석 등)
- 유사한 제품에 대한 사례가 없는 경우 더욱 예측이 어렵다.
- 어느 누구도 예측을 하겠다고 나서기가 어렵다.
- 예측 근거를 찾기가 어렵다.

그러나 과거의 사례가 없지만 반드시 예측을 해야만 하는 상황이다. 어떻게 하면 좋을까?

Bass 확산 모델은 기술혁신에 의한 시장 적용, 새로운 기술의 투자 결정에 매우 유용하지만, 단일 산업에 근거하는 경우가 많아서 복합산업에 그대로 적용하기에는 한계가 있다.

 • 새로운 도로 건설에서의 차량 이용

 • 신발제조회사의 신모델 매출량

 • 새로운 전자제품 모델의 판매량

 • 새로운 제빵제과 매출액

 • 새로운 커피 메뉴 매출액

 • 새로운 피자 메뉴 판매액

 • 신간 서적 판매량

 • 노트북 신모델 판매량 예측

 • 새로운 뮤지컬 관람객 예측

 • 새로운 영화 관람객 예측

• 새 음반 판매량 예측

 • 새로운 항공노선 개설로 이용 승객수

 • 새로운 관광상품 이용 고객수

 • 새로운 금융상품 가입 고객수

 • 새로운 수출 지역의 매출액

 • 신용카드의 새로운 제휴로 인한 카드 발급량

 • 새로운 음식 메뉴의 매출

 • 새로운 놀이공원의 입장객수

 • 새로운 관광개발지의 방문객수

바스 확산 모델은 제품의 누적 구매자수가 시간이 지남에 따라 S자 곡선을 그리며 증가하는 현상을 반영한다. 지금까지 여러 종류의 바스 확산 모델이 개발되었다. 바스 확산 모델은 주로 신제품, 새로 나온 영화, 새로운 서비스가 시장에서 어느 정도 확산(Diffusion)하느냐를 알아보는 모형이다.

시계열 분석, 회귀분석은 과거의 데이터의 변동과 추세에 따라서 미래 예측하는 기법이나 만약 과거의 데이터가 전혀 없는 신제품이나 새로운 서비스의 경우 통계적인 모형으로는 해결이 어렵다.

본서는 초기 자료를 회귀분석하여 바스 확산 모델의 계수를 찾는 방법을 소개한다.

8주 동안 자동차 판매량을 조사했다.
최대 판매량은 18,000대이다.
22주 후의 판매량은 어떻게 될까?

🖰 파일 이름: 바스 확산 모델

	A	B
1	기간	현수요
2	1	22
3	2	35
4	3	58
5	4	62
6	5	74
7	6	70
8	7	66
9	8	64

⌘ 현수요 누적

커서를 C2 → C2 = B2

C2		f_x	=B2

	A	B	C
1	기간	현수요	현수요누적
2	1	22	22
3	2	35	
4	3	58	
5	4	62	
6	5	74	
7	6	70	
8	7	66	
9	8	64	

커서를 C3에 놓는다. → 현수요 누적 = 첫 번째 현수요 누적 + 두 번째 현수요 = (C2 + B3) → 아래로 드래그해서 자동으로 현수요 누적을 계산한다.

C3		f_x	=(C2+B3)

	A	B	C
1	기간	현수요	현수요누적
2	1	22	22
3	2	35	57
4	3	58	
5	4	62	
6	5	74	
7	6	70	
8	7	66	
9	8	64	

C9		f_x	=(C8+B9)

	A	B	C
1	기간	현수요	현수요누적
2	1	22	22
3	2	35	57
4	3	58	115
5	4	62	177
6	5	74	251
7	6	70	321
8	7	66	387
9	8	64	451

⌘ 현 수요 누적제곱

커서를 D2에 놓는다. → 현수요 누적제곱 = 현수요 누적 ^ 2 또는 현수요 누적 X 현수요 누적

D2 = C2^2 또는 C2*C2

	D2	▼	f_x	=C2^2
	A	B	C	D
1	기간	현수요	현수요누적	현수요누적제곱
2	1	22	22	484
3	2	35	57	
4	3	58	115	
5	4	62	177	
6	5	74	251	
7	6	70	321	
8	7	66	387	
9	8	64	451	

아래로 드래그해서 자동으로 현수요 누적제곱을 자동으로 계산한다.

⌘ 데이터 → 데이터분석 → 회귀분석

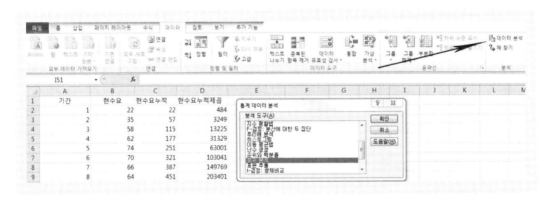

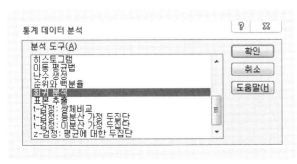

확인

⌘ Y축 입력 범위: B1:B9 (현수요)

⌘ X축 입력 범위: C1:D9 (현수요 누적, 현수요 누적제곱)

⌘ 이름표 체크

⌘ 출력 옵션: A11

회귀 분석

입력
- Y축 입력 범위(Y): $B$1:$B$9
- X축 입력 범위(X): $C$1:$D$9
- ☑ 이름표(L)   ☐ 상수에 0을 사용(Z)
- ☐ 신뢰 수준(F)   95 %

출력 옵션
- ◉ 출력 범위(O): $A$11
- ○ 새로운 워크시트(P):
- ○ 새로운 통합 문서(W)

잔차
- ☐ 잔차(R)   ☐ 잔차도(D)
- ☐ 표준 잔차(T)   ☐ 선적합도(I)

정규 확률
- ☐ 정규 확률도(N)

[확인] [취소] [도움말(H)]

확인 → 결과

	A	B	C	D	E	F	G	H	I
11	요약 출력								
12									
13	회귀분석 통계량								
14	다중 상관계수	0.979779507							
15	결정계수	0.959967883							
16	조정된 결정계수	0.943955037							
17	표준 오차	4.30974493							
18	관측수	8							
19									
20	분산 분석								
21		자유도	제곱합	제곱 평균	F 비	유의한 F			
22	회귀	2	2227.005493	1113.502747	59.94986	0.000321			
23	잔차	5	92.86950681	18.57390136					
24	계	7	2319.875						
25									
26		계수	표준 오차	t 통계량	P-값	하위 95%	상위 95%	하위 95.0%	상위 95.0%
27	Y 절편	16.61199643	4.018287257	4.134098776	0.009049	6.28266	26.94133	6.28266	26.94133
28	현수요누적	0.374421438	0.042765295	8.755263701	0.000322	0.26449	0.484353	0.26449	0.484353
29	현수요누적제곱	-0.000614522	8.92073E-05	-6.888695261	0.000987	-0.00084	-0.00039	-0.00084	-0.00039

A32, A33, A34, A35에 상수, 현수요 누적, 현수요 누적제곱, 최대 판매량 제목을 입력하고 B32부터 B35까지 해당 값을 셀 주소로 입력한다.

상수: Y 절편 = B27

현수요 누적 계수 = B28

현수요 누적제곱 계수 = B29

최대 판매량: 18000

	A	B	C
25		계수	표준 오차
26	Y 절편	16.61199643	4.018287257
27	현수요누적	0.374421438	0.042765295
28	현수요누적제곱	-0.000614522	8.92073E-05
29			
30			
31			
32	상수	16.61199643	
33	현수요누적	0.374421438	
34	현수요누적제곱	-0.000614522	
35	최대 판매량	18000	

⌘ 혁신계수와 모방계수 계산

= 상수/((−현수요 누적 계수 − SQRT(현수요 누적 계수^2−4*상수*현수요 누적제곱 계수))/(2*현수요 누적제곱 계수))

한번에 계산하는 것보다 분모(N)를 먼저 계산한다.

분모(N): (−현수요 누적 계수 − SQRT(현수요 누적 계수^2−4*상수*현수요 누적제곱 계수))/(2*현수요 누적제곱 계수)

B39		f_x	=(-B33-SQRT(B33^2-4*B32*B34))/(2*B34)	
	A	B	C	D	E
32	상수	16.61199643			
33	현수요누적	0.374421438			
34	현수요누적제곱	-0.000614522			
35	최대 판매량	18000			
36					
37	혁신계수와 모방계수 계산				
38					
39	분모	650.8246271			
40	p				
41	q				
42	최대 판매량				

⌘ 혁신계수 = 상수/분모(N)

B40 = B32/B39

	B40	▼	f_x	=B32/B39
	A	**B**	**C**	
32	상수	16.61199643		
33	현수요누적	0.374421438		
34	현수요누적제곱	-0.000614522		
35	최대 판매량	18000		
36				
37	혁신계수와 모방계수 계산			
38				
39	분모	650.8246271		
40	p	0.025524536		
41	q			
42	최대 판매량			

⌘ 모방계수 = 혁신계수 + 현수요 누적 계수

B41 = B40 + B33

	B41	▼	f_x	=B40+B33
	A	**B**	**C**	
32	상수	16.61199643		
33	현수요누적	0.374421438		
34	현수요누적제곱	-0.000614522		
35	최대 판매량	18000		
36				
37	혁신계수와 모방계수 계산			
38				
39	분모	650.8246271		
40	p	0.025524536		
41	q	0.399945974		
42	최대 판매량			

기간은 22주까지 나열하고, 현수요, 혁신계수, 모방계수, 예측판매량, 누적 판매량 제목을 입력한다.

	A	B	C	D	E	F
39	분모	650.8246271				
40	p	0.025524536				
41	q	0.399945974				
42	최대 판매량	18000				
43						
44	기간	현수요	혁신계수	모방계수	예측판매량	누적 판매량
45	1	22				
46	2	35				
47	3	58				
48	4	62				
49	5	74				
50	6	70				
51	7	66				
52	8	64				
53	9					
54	10					
55	11					
56	12					
57	13					
58	14					
59	15					
60	16					
61	17					
62	18					
63	19					
64	20					
65	21					
66	22					

혁신계수를 입력한다. → C45 = B40

모방계수를 입력한다. → D45 = B41

C45		f_x	=B40	
	A	B	C	
39	분모	650.8246271		
40	p	0.025524536		
41	q	0.399945974		
42	최대 판매량	18000		
43				
44	기간	현수요	혁신계수	
45	1	22	0.025524536	
46	2	35		
47	3	58		
48	4	62		
49	5	74		

D45		f_x	=B41	
	A	B	C	D
39	분모	650.8246271		
40	p	0.025524536		
41	q	0.399945974		
42	최대 판매량	18000		
43				
44	기간	현수요	혁신계수	모방계수
45	1	22	0.025524536	0.399945974
46	2	35		
47	3	58		
48	4	62		
49	5	74		

C45를 선택하고 수식란에 있는 B40을 선택한 후 Key Board의 F4를 클릭해서 절대참조로 변경한다.

D45를 선택하고 수식란에 있는 B41을 선택한 후 Key Board의 F4를 클릭해서 절대참조로 변경한다.

C45와 D45를 동시에 선택한 후 아래로 드래그해서 혁신계수와 모방계수를 복사한다.

예측판매량

기간 1의 예측판매량 = 혁신계수*최대 판매량 + (모방계수–혁신계수)*0 – (모방계수/최대 판매량)*0^2

	E45	▾	f_x	=C45*B42+(D45-C45)*0-(D45/B42)*0^2	
	A	B	C	D	E
40	p	0.025524536			
41	q	0.399945974			
42	최대 판매량	18000			
43					
44		현수요	혁신계수	모방계수	예측판매량
45	1	22	0.025524536	0.399945974	459.4416427
46	2	35	0.025524536	0.399945974	
47	3	58	0.025524536	0.399945974	
48	4	62	0.025524536	0.399945974	
49	5	74	0.025524536	0.399945974	
50	6	70	0.025524536	0.399945974	
51	7	66	0.025524536	0.399945974	
52	8	64	0.025524536	0.399945974	

기간 2의 예측판매량 = 혁신계수*최대 판매량 + (모방계수–혁신계수)* 기간 1의 누적 판매량 – (모방계수/최대 판매량)*기간 1의 누적 판매량^2

	E46	▾	f_x	=C46*B42+(D46-C46)*F45-(D46/B42)*F45^2		
	A	B	C	D	E	F
40	p	0.025524536				
41	q	0.399945974				
42	최대 판매량	18000				
43						
44		현수요	혁신계수	모방계수	예측판매량	누적 판매량
45	1	22	0.025524536	0.399945974	459.4416427	
46	2	35	0.025524536	0.399945974	459.4416427	
47	3	58	0.025524536	0.399945974		
48	4	62	0.025524536	0.399945974		
49	5	74	0.025524536	0.399945974		
50	6	70	0.025524536	0.399945974		
51	7	66	0.025524536	0.399945974		
52	8	64	0.025524536	0.399945974		

누적 판매량의 값이 없기 때문에 기간 1과 기간 2의 값이 동일하다.

최대 판매량이 있는 셀(B42)을 선택한 후 Key Board의 F4를 클릭해서 절대참조로 변경한다.

	E46	▼	f_x	=C46*$B$42+(D46-C46)*F45-(D46/$B$42)*F45^2	
	A	B	C	D	E	F
40	p	0.025524536				
41	q	0.399945974				
42	최대 판매량	18000				
43						
44		현수요	혁신계수	모방계수	예측판매량	누적 판매량
45	1	22	0.025524536	0.399945974	459.4416427	
46	2	35	0.025524536	0.399945974	459.4416427	
47	3	58	0.025524536	0.399945974		
48	4	62	0.025524536	0.399945974		
49	5	74	0.025524536	0.399945974		
50	6	70	0.025524536	0.399945974		
51	7	66	0.025524536	0.399945974		
52	8	64	0.025524536	0.399945974		

아래로 드래그한다.

	E46	▼	f_x	=C46*$B$42+(D46-C46)*F45-(D46/$B$42)*F45^2	
	A	B	C	D	E	F
40	p	0.025524536				
41	q	0.399945974				
42	최대 판매량	18000				
43						
44		현수요	혁신계수	모방계수	예측판매량	누적 판매량
45	1	22	0.025524536	0.399945974	459.4416427	
46	2	35	0.025524536	0.399945974	459.4416427	
47	3	58	0.025524536	0.399945974	459.4416427	
48	4	62	0.025524536	0.399945974	459.4416427	
49	5	74	0.025524536	0.399945974	459.4416427	
50	6	70	0.025524536	0.399945974	459.4416427	
51	7	66	0.025524536	0.399945974	459.4416427	
52	8	64	0.025524536	0.399945974	459.4416427	
53	9		0.025524536	0.399945974	459.4416427	
54	10		0.025524536	0.399945974	459.4416427	
55	11		0.025524536	0.399945974	459.4416427	
56	12		0.025524536	0.399945974	459.4416427	
57	13		0.025524536	0.399945974	459.4416427	
58	14		0.025524536	0.399945974	459.4416427	
59	15		0.025524536	0.399945974	459.4416427	
60	16		0.025524536	0.399945974	459.4416427	
61	17		0.025524536	0.399945974	459.4416427	
62	18		0.025524536	0.399945974	459.4416427	
63	19		0.025524536	0.399945974	459.4416427	
64	20		0.025524536	0.399945974	459.4416427	
65	21		0.025524536	0.399945974	459.4416427	
66	22		0.025524536	0.399945974	459.4416427	

누적 판매량의 첫 번째 셀(F45)에 커서를 놓는다. → F45 = E45를 입력한다.

	F45	▾	f_x	=E45	
	A	B	C	D	E	F
40	p	0.025524536				
41	q	0.399945974				
42	최대 판매량	18000				
43						
44		현수요	혁신계수	모방계수	예측판매량	누적 판매량
45	1	22	0.025524536	0.399945974	459.4416427	459.4416427
46	2	35	0.025524536	0.399945974	626.776263	
47	3	58	0.025524536	0.399945974	459.4416427	
48	4	62	0.025524536	0.399945974	459.4416427	
49	5	74	0.025524536	0.399945974	459.4416427	
50	6	70	0.025524536	0.399945974	459.4416427	
51	7	66	0.025524536	0.399945974	459.4416427	
52	8	64	0.025524536	0.399945974	459.4416427	

누적 판매량의 두 번째 셀에 커서를 놓는다. → F46 = F45+E46

	F46	▾	f_x	=F45+E46	
	A	B	C	D	E	F
40	p	0.025524536				
41	q	0.399945974				
42	최대 판매량	18000				
43						
44		현수요	혁신계수	모방계수	예측판매량	누적 판매량
45	1	22	0.025524536	0.399945974	459.4416427	459.4416427
46	2	35	0.025524536	0.399945974	626.776263	1086.217906
47	3	58	0.025524536	0.399945974	839.9291357	
48	4	62	0.025524536	0.399945974	459.4416427	
49	5	74	0.025524536	0.399945974	459.4416427	
50	6	70	0.025524536	0.399945974	459.4416427	
51	7	66	0.025524536	0.399945974	459.4416427	
52	8	64	0.025524536	0.399945974	459.4416427	
53	9		0.025524536	0.399945974	459.4416427	
54	10		0.025524536	0.399945974	459.4416427	

F46을 선택 후 아래로 드래그해서 누적 판매량을 자동으로 계산한다.

	F46		f_x	=F45+E46		
	A	B	C	D	E	F
40	p	0.025524536				
41	q	0.399945974				
42	최대 판매량	18000				
43						
44		현수요	혁신계수	모방계수	예측판매량	누적 판매량
45	1	22	0.025524536	0.399945974	459.4416427	459.4416427
46	2	35	0.025524536	0.399945974	626.776263	1086.217906
47	3	58	0.025524536	0.399945974	839.9291357	1926.147041
48	4	62	0.025524536	0.399945974	1098.198136	3024.345178
49	5	74	0.025524536	0.399945974	1388.589572	4412.93475
50	6	70	0.025524536	0.399945974	1679.042066	6091.976816
51	7	66	0.025524536	0.399945974	1915.804608	8007.781424
52	8	64	0.025524536	0.399945974	2032.92885	10040.71027
53	9		0.025524536	0.399945974	1978.84891	12019.55918
54	10		0.025524536	0.399945974	1749.815831	13769.37502
55	11		0.025524536	0.399945974	1402.322382	15171.6974
56	12		0.025524536	0.399945974	1025.621234	16197.31863
57	13		0.025524536	0.399945974	694.7828446	16892.10148
58	14		0.025524536	0.399945974	444.105408	17336.20688
59	15		0.025524536	0.399945974	272.634133	17608.84102
60	16		0.025524536	0.399945974	163.0269518	17771.86797
61	17		0.025524536	0.399945974	95.90706913	17867.77504
62	18		0.025524536	0.399945974	55.86935323	17923.64439
63	19		0.025524536	0.399945974	32.35751744	17956.00191
64	20		0.025524536	0.399945974	18.67687736	17974.67879
65	21		0.025524536	0.399945974	10.75918335	17985.43797
66	22		0.025524536	0.399945974	6.191002643	17991.62897

누적 판매량에 따라서 예측판매량이 자동으로 계산된다. 순서는 예측판매량을 먼저 계산한 후 반대로 누적 판매량을 나중에 계산해도 상관없다. 결과는 동일하다.

최대 판매량에 도달하는 시점을 알 수 있다.
22주에는 6.19대가 판매될 것으로 예측된다.

만약 주당 100대 이상 판매해야만 Break Even Point가 된다고 가정한다면 17번째 주 이전에 새로운 판매전략이 요구된다.

A44에 Index가 있으면 삭제한다. → A44에서 A66까지 선택 → Control Key를 누른 상태에서 E44에서 E66까지 선택한다. → 삽입 → 꺾은선형 → 첫 번째 꺾은선형

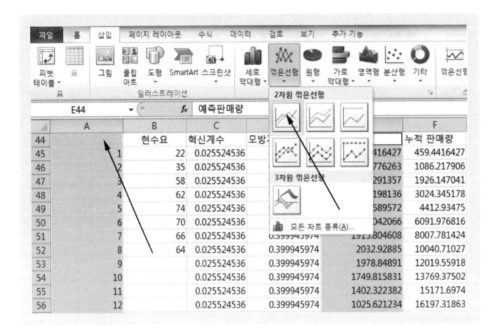

┃참고┃ 엑셀에는 왼쪽에 있는 변수가 X축으로 오른쪽에 있는 변수가 Y축으로 산점도를 만든다.

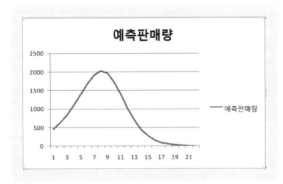

계산 결과는 바스 확산 모델_결과 파일에서 확인한다.

13

CHAPTER

곰페르츠 곡선

13 \ 곰페르츠 곡선

곰페리츠 곡선은 어느 분야에서 활용될 수 있을까?

새로운 TV 모델, 신형 냉장고, 새로운 핸드폰 모델, 새로운 여행상품, 신규 항공 노선 등 새로운 상품이 시장에 나올 때 초기에는 판매량을 늘리면서(시장 진입기) 점차 인기를 얻어서 판매량이 최대치에 도달(성숙기)한 후에 인기가 시들(쇠퇴기)해지면서 판매량이 감소하는 경우가 있다.

신상품이 시장 진입기에 있을 때, 최대 판매량에 도달하는 시점을 예측할 수 있을까?

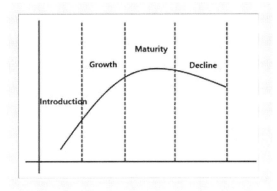

로지스틱 곡선과 곰페르츠 곡선(Gompertz curve)은 상한선(최대값)을 설정해서 분석한다. 곰페르츠 곡선이 로지스틱 곡선에 비해서 조금 일찍 반응한다.

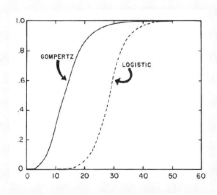

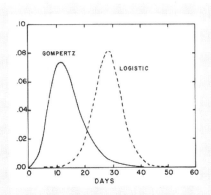

16주 동안 여행상품 판매량을 조사했다.

⊞ 파일 이름: 곰페르츠 곡선

	A	B
1	Time	신규판매량
2	1	150
3	2	16
4	3	166
5	4	54
6	5	178
7	6	332
8	7	214
9	8	366
10	9	154
11	10	680
12	11	528
13	12	1400
14	13	1407
15	14	2288
16	15	2825
17	16	3110

● 미래 예측

장기 예측	회귀분석, Bass모형, 로지스틱 회귀모형, Gompertz모형, 확산모형
중(단)기 예측	지수평활법
단기 예측	ARIMA모형, 개입 모형

로지스틱 곡선과 비교해서 수렴이 늦고 도달값이 커지는 특징이 있다.

임의의 모수 값을 설정한다.

⊞ 모수

a: 10000 (최대 누적 판매량을 입력한다.)

b: 5

c: 0.5 (기울기)

	A	B
1		신규판매량
33	모수	
34	a	10000
35	b	5
36	c	0.5

판매량 누적 계산

C2 = B2

C3 = C2 + B3 → 아래로 드래그해서 자동으로 누적을 계산한다.

C2		f_x	=B2

	A	B	C
1		신규판매량	판매량누적
2	1	150	150
3	2	16	
4	3	166	

C3		f_x	=C2+B3

	A	B	C
1		신규판매량	판매량누적
2	1	150	150
3	2	16	166
4	3	166	

D1에 예측값이라고 입력한다.

커서를 D2에 놓는다

D2 = 모수a X EXP(−모수b X 모수c ^ TIME 1)

D2 = B34*EXP(−B35*B36 ^ A2)

D2			f_x	=B34*EXP(-B35*B36^A2)	
	A	B	C	D	E	F
1		신규판매량	판매량누적	예측값	잔차	잔차의 제곱
2	1	150	150	820.85		
24	23					
25	24					
26	25					
27	26					
28	27					
29	28					
30	29					
31	30					
32						
33	모수					
34	a	10000				
35	b	5				
36	c	0.5				

모수 a(B34), b(B35), c(B36)를 모두 절대참조로 변경한다.

D2			f_x	=$B$34*EXP(-$B$35*$B$36^A2)	
	A	B	C	D	E	F
1		신규판매량	판매량누적	예측값	잔차	잔차의 제곱
2	1	150	150	820.85		
24	23					
25	24					
26	25					
27	26					
28	27					
29	28					
30	29					
31	30					
32						
33	모수					
34	a	10000				
35	b	5				
36	c	0.5				

아래로 드래그해서 자동 계산한다.

	D17	▼	f_x	=$B$34*EXP(-$B$35*$B$36^A17)		
	A	B	C	D	E	F
1		신규판매량	판매량누적	예측값	잔차	잔차의 제곱
2	1	150	150	820.85		
3	2	16	166	2865.048		
4	3	166	332	5352.614		
5	4	54	386	7316.156		
6	5	178	564	8553.453		
7	6	332	896	9248.488		
8	7	214	1110	9616.906		
9	8	366	1476	9806.582		
10	9	154	1630	9902.819		
11	10	680	2310	9951.291		
12	11	528	2838	9975.616		
13	12	1400	4238	9987.8		
14	13	1407	5645	9993.898		
15	14	2288	7933	9996.949		
16	15	2825	10758	9998.474		
17	16	3110	13868	9999.237		
33	모수					
34	a	10000				
35	b	5				
36	c	0.5				

⌘ 잔차 계산

잔차 = 관측값 누적 - 예측값

커서를 E2에 놓는다. → E2 = C2 - D2

	E2	▼	f_x	=C2-D2		
	A	B	C	D	E	F
1		신규판매량	판매량누적	예측값	잔차	잔차의 제곱
2	1	150	150	820.85	-670.85	
3	2	16	166	2865.048		
4	3	166	332	5352.614		
5	4	54	386	7316.156		
6	5	178	564	8553.453		
7	6	332	896	9248.488		
8	7	214	1110	9616.906		
9	8	366	1476	9806.582		
10	9	154	1630	9902.819		
11	10	680	2310	9951.291		

⌘ 잔차의 제곱

F2 = E2^2

	A	B	C	D	E	F
F2				f_x	=E2^2	
1		신규판매량	판매량누적	예측값	잔차	잔차의 제곱
2	1	150	150	820.85	-670.85	450039.704
3	2	16	166	2865.048		
4	3	166	332	5352.614		
5	4	54	386	7316.156		
6	5	178	564	8553.453		
7	6	332	896	9248.488		
8	7	214	1110	9616.906		
9	8	366	1476	9806.582		
10	9	154	1630	9902.819		
11	10	680	2310	9951.291		

E2와 F2를 동시에 선택하고 아래로 드래그해서 잔차와 잔차의 제곱을 자동으로 계산한다.

🖱 잔차의 제곱 합계

커서를 F18에 놓는다. → F18 = SUM(F2:F17)

	A	B	C	D	E	F
F18				f_x	=SUM(F2:F17)	
1		신규판매량	판매량누적	예측값	잔차	잔차의 제곱
2	1	150	150	820.85	-670.85	450039.704
3	2	16	166	2865.048	-2699.05	7284859.937
4	3	166	332	5352.614	-5020.61	25206567.8
5	4	54	386	7316.156	-6930.16	48027066.2
6	5	178	564	8553.453	-7989.45	63831363.6
7	6	332	896	9248.488	-8352.49	69764058
8	7	214	1110	9616.906	-8506.91	72367449.97
9	8	366	1476	9806.582	-8330.58	69398604.65
10	9	154	1630	9902.819	-8272.82	68439534.85
11	10	680	2310	9951.291	-7641.29	58389326.47
12	11	528	2838	9975.616	-7137.62	50945558.1
13	12	1400	4238	9987.8	-5749.8	33060204.83
14	13	1407	5645	9993.898	-4348.9	18912916.83
15	14	2288	7933	9996.949	-2063.95	4259884.268
16	15	2825	10758	9998.474	759.5258	576879.3839
17	16	3110	13868	9999.237	3868.763	14967326.46
18	17				합계	605881641

해 찾기

데이터 → 해 찾기

	A	B	C	D	E	F	G
		신규판매량	판매량누적	예측값	잔차	잔차의 제곱	
1							
2	1	150	150	820.85	-670.85	450039.704	
3	2	16	166	2865.048	-2699.05	7284859.937	
4	3	166	332	5352.614	-5020.61	25206567.8	
5	4	54	386	7316.156	-6930.16	48027066.2	
6	5	178	564	8553.453	-7989.45	63831363.6	
7	6	332	896	9248.488	-8352.49	69764058	
8	7	214	1110	9616.906	-8506.91	72367449.97	
9	8	366	1476	9806.582	-8330.58	69398604.65	
10	9	154	1630	9902.819	-8272.82	68439534.85	
11	10	680	2310	9951.291	-7641.29	58389326.47	
12	11	528	2838	9975.616	-7137.62	50945558.1	
13	12	1400	4238	9987.8	-5749.8	33060204.83	
14	13	1407	5645	9993.898	-4348.9	18912916.83	
15	14	2288	7933	9996.949	-2063.95	4259884.268	
16	15	2825	10758	9998.474	759.5258	576879.3839	
17	16	3110	13868	9999.237	3868.763	14967326.46	
18	17				합계	605881641	

⌘ 목표 설정: 잔차 제곱 합계

⌘ 값을 바꿀 셀: 모수 a, b, c

⌘ 해법 선택: GRG 비선형

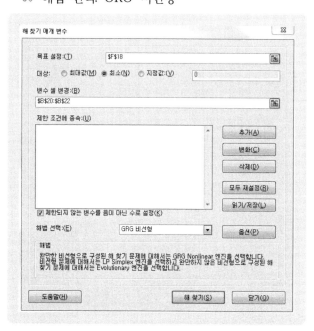

옵션

⌘ 모든 해법

⌘ 단위 자동 설정 사용

⌘ 반복횟수: 100

최대 누적 판매량을 설정해서 예측할 경우 → 추가

B34 <= 1000000

확인 → 해 찾기 실행

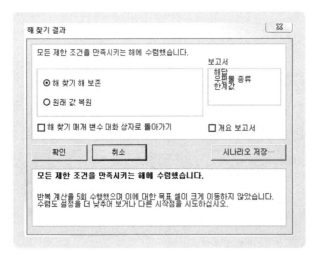

해 찾기 해 보존 → 확인

	A	B
33	모수	
34	a	1000000
35	b	10.9545969
36	c	0.943078406

🖱 미래의 판매량 누적 및 신규 판매량

TIME 30에서의 신규 판매량은 어떻게 될까?

A16:A17을 동시에 선택한 후 A31까지 드래그해서 TIME을 자동생성한다.

미래의 판매량 누적 = a X exp(− b X c^미래 TIME)

C18 = a X exp(−b X c^미래 TIME) = B34*EXP(−B35*B36^A18)

C18	▾	:	✕	✓	f_x	=B34*EXP(-B35*B36^A18)

	A	B	C	D	E	F
1	TIME	신규판매량	판매량누적	예측값	잔차	잔차의 제곱
16	15	2825	10758	10589.14	168.8593	28513.47969
17	16	3110	13868	13717.94	150.0634	22519.0122
18	17		17511.25543		합계	1112209.599
19	18					
20	19					
21	20					
22	21					
23	22					
24	23					
25	24					
26	25					
27	26					
28	27					
29	28					
30	29					
31	30					
32						
33	모수					
34	a	1000000				
35	b	10.9545969				
36	c	0.943078406				

모수 a, b, c를 절대참조로 변경 → 아래로 드래그해서 자동 계산

30번째 TIME(30번째 주)의 신규 판매량

커서를 B18에 놓는다.

B18 = 현 TIME 누계 - 전 TIME 누계

B18 = C18 - C17

	B18		f_x	=C18-C17		
	A	B	C	D	E	F
1	TIME	신규판매량	판매량누적	예측값	잔차	잔차의 제곱
16	15	2825	10758	10589.14	168.8593	28513.47969
17	16	3110	13868	13717.94	150.0634	22519.0122
18	17	3643.3	17511.25543		합계	1112209.599
19	18		22045.01826			
20	19		27391.25125			
21	20		33615.9581			
22	21		40777.15034			
23	22		48923.12145			
24	23		58091.03324			
25	24		68305.86268			
26	25		79579.73524			
27	26		91911.65028			
28	27		105287.5848			
29	28		119680.946			
30	29		135053.3306			
31	30		151355.5404			
32						
33	모수					
34	a	1000000				
35	b	10.9545969				
36	c	0.943078406				

아래로 드래그해서 미래의 신규 판매량 자동 계산

누적 판매량의 꺾은선형

TIME 인덱스가 있으면 삭제한다. → TIME 전체 선택 및 판매량 누적 전체 선택 → A1부터
A31 선택 → Control Key를 누른 상태에서 C1부터 C31 선택 → 삽입 →꺾은 선형 → 첫 번째
꺾은선형

신규 판매량의 꺾은선형 그래프

A1의 Index 삭제 → A1부터 B31까지 선택(TIME과 신규 판매량) → 삽입 → 꺾은선형 → 첫 번째 꺾은선형

🖱 결과

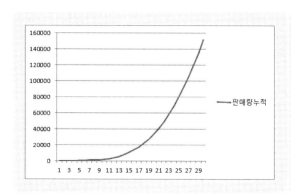
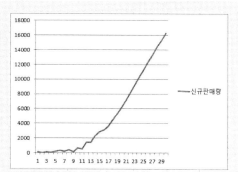

최대 신규 판매량과 최대 신규 판매량에 도달하는 시점을 알고자 한다면 어떻게 해야 할까?

TIME 변수를 200까지 늘린다. → TIME을 늘릴 때 행을 삽입하면 수식은 변하지 않는다. → 앞에서 계산한 B31과 C31을 선택하고 아래로 드래그한다. 최대 누적 판매량을 알기 위해서 Maximum을 계산한다.

G2 = MAX(B2:B201)

G2 ▼		f_x	=MAX(B2:B201)			
	A	B	C	D	E	F	G
1	TIME	신규판매량	판매량누적	예측값	잔차	잔차의 제곱	Maximum
2	1	150	150	32.60504	117.395	13781.57747	21552.3
3	2	16	166	58.70508	107.2949	11512.20011	
4	3	166	332	102.2185	229.7815	52799.54903	
5	4	54	386	172.454	213.546	45601.88169	

H2 = IF(B2 >= \$G\$2,1) → TIME 41이 신규 판매량 최대치에 도달하는 시점임을 정확히 알 수 있다.

	A	B	C	D	E	F	G	H
							fx	=IF(B2>=\$G\$2,1)
1	TIME	신규판매량	판매량누적	예측값	잔차	잔차의 제곱	Maximum	IF
2	1	150	150	32.60504	117.395	13781.57747	21552.3	FALSE
3	2	16	166	58.70508	107.2949	11512.20011		FALSE
4	3	166	332	102.2185	229.7815	52799.54903		FALSE
5	4	54	386	172.454	213.546	45601.88169		FALSE
6	5	178	564	282.4151	281.5849	79290.06234		FALSE

TIME 41 이후로 판매량이 감소할 것으로 예측되므로 이 시점에 판매량을 다시 촉진시킬 수 있는 새로운 마케팅 전략이 요구된다.

결과는 곰페르츠 곡선_최대 판매량_결과에서 확인한다.

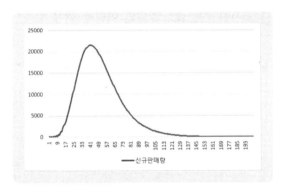
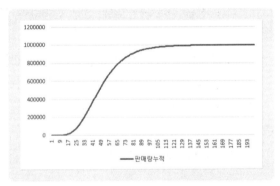

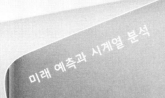

14

CHAPTER

로그 선형 회귀모형
(연평균 증가율)

14 로그 선형 회귀모형 (연평균 증가율)

연평균 증가율을 어떻게 계산할 수 있을까?

연평균 증가율을 계산하는 방법에는 CAGR 수식 활용, 로그 선형 회귀모형, 산점도 활용이 있다.

 • 커피숍 매출액의 연평균 증가율은 몇 %일까?

 • 호텔 순이익의 연평균 증가율은 몇 %일까?

 • 항공사 순이익의 연평균 증가율은 몇 %일까?

 • 여행사의 매출액 연평균 증가율은 몇 %일까?

 • 프린터 판매량의 연평균 증가율은 몇 %일까?

 • 출판사 매출액의 연평균 증가율은 몇 %일까?

 • 노트북 판매량의 연평균 증가율은 몇 %일까?

 • 핸드폰 판매량의 연평균 증가율은 몇 %일까?

14.1 로그 선형 회귀모형

연평균 증가율을 계산하려면 어떻게 해야 할까? 로그 선형 회귀모형, 해 찾기로 연평균 증가율을 계산할 수 있다.

D1에 호텔매출(로그)라고 입력한다. → 커서를 D2에 놓는다.

파일 이름: 연평균 증가율

	A	B	C	D
1	연도	호텔 매출	순이익	호텔매출(로그)
2	1986	689	126	
3	1987	703	136	
4	1988	717	146	
5	1989	731	156	
6	1990	1145	326	
7	1991	759	176	
8	1992	773	186	
9	1993	787	196	
10	1994	801	206	

자연로그 변환 = LN(B2) → 아래로 드래그해서 자동으로 계산한다.

	A	B	C	D
1	연도	호텔 매출	순이익	호텔매출(로그)
2	1986	689	126	6.535241271
3	1987	703	136	
4	1988	717	146	
5	1989	731	156	
6	1990	1145	326	
7	1991	759	176	
8	1992	773	186	
9	1993	787	196	
10	1994	801	206	

데이터 → 데이터분석 → 회귀분석

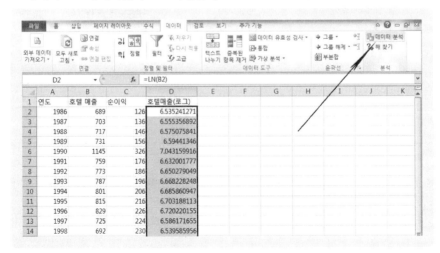

	A	B	C	D	E	F	G	H	I	J	K
1	연도	호텔 매출	순이익	호텔매출(로그)							
2	1986	689	126	6.535241271							
3	1987	703	136	6.555356892							
4	1988	717	146	6.575075841							
5	1989	731	156	6.59441346							
6	1990	1145	326	7.043159916							
7	1991	759	176	6.632001777							
8	1992	773	186	6.650279049							
9	1993	787	196	6.668228248							
10	1994	801	206	6.685860947							
11	1995	815	216	6.703188113							
12	1996	829	226	6.720220155							
13	1997	725	224	6.586171655							
14	1998	692	230	6.539585956							

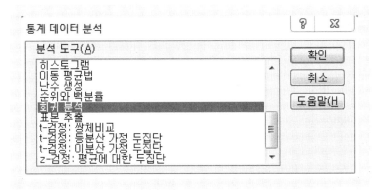

확인

⌘ Y축 입력 범위: D1:D28

⌘ X축 입력 범위: A1:A28

⌘ 이름표

⌘ 출력 옵션 → 출력 범위: F1

⌘ 잔차: 잔차, 표준 잔차

확인 → 결과

	F	G	H	I	J	K	L	M	N
1	요약 출력								
2									
3		회귀분석 통계량							
4	다중 상관계수	0.775122403							
5	결정계수	0.60081474							
6	조정된 결정계수	0.584847329							
7	표준 오차	0.330122055							
8	관측수	27							
9									
10	분산 분석								
11		자유도	제곱합	제곱 평균	F 비	유의한 F			
12	회귀	1	4.100673	4.100673	37.62756	2.06E-06			
13	잔차	25	2.724514	0.108981					
14	계	26	6.825188						
15									
16		계수	표준 오차	t 통계량	P-값	하위 95%	상위 95%	하위 95.0%	상위 95.0%
17	Y 절편	-93.01995794	16.30548	-5.70483	6.09E-06	-126.602	-59.4382	-126.602	-59.4382
18	연도	0.050034623	0.008157	6.134131	2.06E-06	0.033235	0.066834	0.033235	0.066834

결정계수 (R 제곱): 0.60081474

회귀 방정식은 독립변수의 값 변화로 인한 종속변수의 값 변화를 60.08% 설명하고 있다.

분산분석의 유의한 F(유의확률)가 2.06E-06이므로 유의수준 0.05보다 작다. 따라서 회귀 방정식은 선형이다.

┃참고┃ 2.06E-06 = 0.00000206

연평균 증가율은 회귀계수를 읽으면 된다. 회귀계수가 0.050034623이므로 연평균 증가율은 5.0034623%이다.

TIME 변수를 새로 생성한 후 새로 생성된 TIME 변수를 독립변수로 해도 결과는 동일하게 얻을 수 있다. TIME 변수를 만들고, 자연로그 변환 후 얻은 결과는 연평균 증가율_TIME 변수_결과 파일에서 확인할 수 있다.

14.2 산점도 활용 지수 모형

산점도 그래프를 활용한 지수 모형으로 연평균 증가율을 알 수 있다.

파일 이름: 연평균 증가율

	A	B	C
	A1	fx	연도
1	연도	호텔 매출	순이익
2	1986	689	126
3	1987	703	136
4	1988	717	146
5	1989	731	156
6	1990	1145	326
7	1991	759	176
8	1992	773	186
9	1993	787	196
10	1994	801	206

연도 제목 삭제 → 자료 선택(A1:B28)

	A	B	C
	A1		fx
1		호텔 매출	순이익
2	198	689	126
3	1987	703	136
4	1988	717	146
5	1989	731	156
6	1990	1145	326
7	1991	759	176
8	1992	773	186
9	1993	787	196
10	1994	801	206

	A	B	C
1		호텔 매출	순이익
2	1986	689	126
3	1987	703	136
4	1988	717	146
5	1989	731	156
6	1990	1145	326
7	1991	759	176
8	1992	773	186
9	1993	787	196
10	1994	801	206
11	1995	815	216
12	1996	829	226
13	1997	725	224
14	1998	692	230
15	1999	568	314
16	2000	1167	345
17	2001	782	425
18	2002	3162	1524
19	2003	1267	626
20	2004	972	728
21	2005	1156	831
22	2006	1256	933
23	2007	1467	1035
24	2008	1678	1137
25	2009	2546	1240
26	2010	2100	1342
27	2011	2567	1444
28	2012	3278	1546

┃참고┃ 엑셀에는 왼쪽에 있는 변수가 X축으로 오른쪽
에 있는 변수가 Y축으로 산점도를 만든다.

	A	B	C
1	Index(삭제)	X 축	Y 축
2			
3			
4			
5			

⌘ 삽입 → 분산형 – 첫 번째 분산형

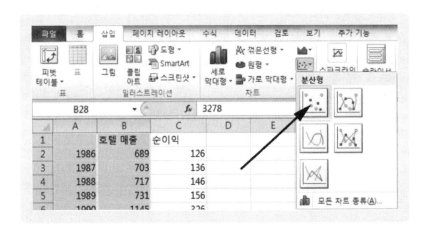

⌘ 결과 → 관측치 중 임의의 하나를 선택 → 눈송이 모양으로 변한다.

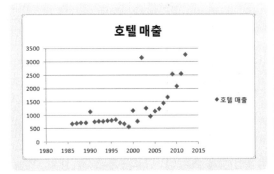

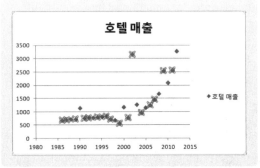

마우스 오른쪽 클릭 → 추세선 추가 → 추세선 옵션 → 추세/회귀 유형 → 지수 선택 및 수식을 차트에 표시 선택

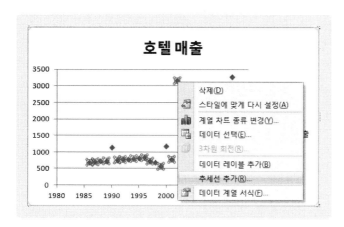

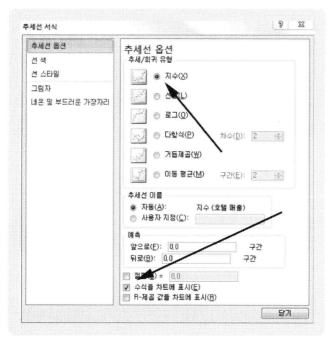

닫기

수식의 지수가 연평균 증가율이다.

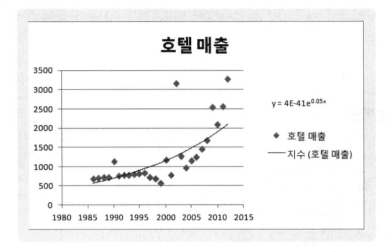

$Y = 4E{-}41e^{0.05x}$에서 0.05는 연평균 증가율을 의미한다.

CHAPTER

예측 정확도 및 최적 모형 선택

15 예측 정확도 및 최적 모형 선택

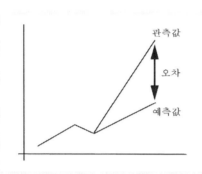

예측값과 관측값의 오차가 적을수록 정확한 예측이라고 볼 수 있다.

여러 예측 모형들의 예측 정확도는 어떻게 비교할 수 있을까?

여러 예측 모형 중에서 어떤 것을 선택해야 할까?

어떤 모형이 더 예측력이 좋은지 어떻게 구별할 수 있을까?

선형 회귀분석, 자기회귀 모형, 더미변수 회귀분석, 곡선추정 회귀분석, 윈터스 가법, 윈터스 승법, 홀트 선형추세 중에서 어떤 모형이 더 정확할까?

모형이 적절하지 못해서 예측력이 떨어진다면 모형을 재검토할 필요가 있다.

예측력을 평가하는 방법에는 어떤 것들이 있을까?

15.1 잔차 산점도

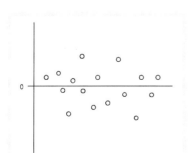

관측값과 예측값의 차이인 잔차를 구한 후, 독립변수를 X축으로 설정하고 잔차를 Y축으로 설정한 산점도로 출력해서 잔차가 0을 중심으로 랜덤하게 분포되어 있으면 적절한 모형이다.

예 Trend가 고려되지 않은 시계열의 잔차

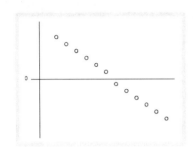

예 계절성이 고려되지 않은 시계열의 잔차

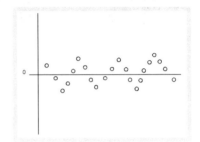

산점도

잔차 = 관측값 – 예측값

여기서는 Chapter 3의 회귀분석에서 3.1.1의 연도를 독립변수로 선택하고 데이터분석에 의해서 자동으로 계산된 잔차를 활용해서 산점도를 해석하는 방법을 설명한다.

파일 이름: 단순 회귀분석_연도 독립변수_결과

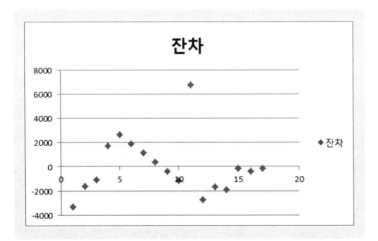

잔차가 0을 중심으로 랜덤하게 분포되어 있지 않고 올라갔다 내려갔다가 다시 올라가는 모양이 므로 선형보다는 3차 다항식이 더 적합할 것으로 판단된다.

15.2 잔차의 자기상관(더빈왓슨 값 해석)

잔차(오차항)에서 얻은 더빈왓슨 값에서 자기상관 여부를 검증해서 만약 잔차의 자기상관이 있
으면 모형을 다시 탐색해야 된다.

회귀분석 실시 → 잔차 계산(관측값 – 예측값) → 더빈왓슨 값 계산 → 해석(dL보다 작으면
양의 자기상관, 4−dL보다 크면 음의 자기상관이 있음) → 잔차(오차항)에 자기상관이 없다는 귀
무가설을 기각(자기상관이 있음) → 자기회귀 모형을 탐색한다.

더빈왓슨 계산 방법과 해석 방법은 Chapter 3 회귀분석을 참고한다.

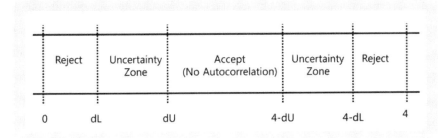

만약 종속변수가 1개이고, 케이스가 22개인 자료를 분석한 결과, 잔차(관측값 – 예측값)의 더
빈왓슨 값이 1.026이라면 Sample size 20의 유의수준 0.05를 기준으로 dL(1.2)보다 작거나
2.8(4−dL: 4−1.2)보다 크면 잔차(오차항)에 자기상관이 없다는 귀무가설을 기각한다. 즉, 자기상
관이 있다.

더빈왓슨 값이 1.026으로 1.2보다 작기 때문에 양의 자기상관이 있으므로 자기회귀 모형을 탐
색해 본다.

Critical Values of the Durbin-Watson Statistic

Sample Size	Probability in Lower Tail (Significance Level= α)	k = Number of Regressors (Excluding the Intercept)									
		1		2		3		4		5	
		d_L	d_U	d_L	d_U	d_L	d_U	d_L	d_U	d_L	d_U
15	.01	.81	1.07	.70	1.25	.59	1.46	.49	1.70	.39	1.96
	.025	.95	1.23	.83	1.40	.71	1.61	.59	1.84	.48	2.09
	.05	1.08	1.36	.95	1.54	.82	1.75	.69	1.97	.56	2.21
20	.01	.95	1.15	.86	1.27	.77	1.41	.63	1.57	.60	1.74
	.025	1.08	1.28	.99	1.41	.89	1.55	.79	1.70	.70	1.87
	.05	1.20	1.41	1.10	1.54	1.00	1.68	.90	1.83	.79	1.99
25	.01	1.05	1.21	.98	1.30	.90	1.41	.83	1.52	.75	1.65
	.025	1.13	1.34	1.10	1.43	1.02	1.54	.94	1.65	.86	1.77
	.05	1.29	1.45	1.21	1.55	1.12	1.66	1.04	1.77	.95	1.89
30	.01	1.13	1.26	1.07	1.34	1.01	1.42	.94	1.51	.88	1.61
	.025	1.25	1.38	1.18	1.46	1.12	1.54	1.05	1.63	.98	1.73
	.05	1.35	1.49	1.28	1.57	1.21	1.65	1.14	1.74	1.07	1.83
40	.01	1.25	1.34	1.20	1.40	1.15	1.46	1.10	1.52	1.05	1.58
	.025	1.35	1.45	1.30	1.51	1.25	1.57	1.20	1.63	1.15	1.69
	.05	1.44	1.54	1.39	1.60	1.34	1.66	1.29	1.72	1.23	1.79
50	.01	1.32	1.40	1.28	1.45	1.24	1.49	1.20	1.54	1.16	1.59
	.025	1.42	1.50	1.38	1.54	1.34	1.59	1.30	1.64	1.26	1.69
	.05	1.50	1.59	1.46	1.63	1.42	1.67	1.38	1.72	1.34	1.77
60	.01	1.38	1.45	1.35	1.48	1.32	1.52	1.28	1.56	1.25	1.60
	.025	1.47	1.54	1.44	1.57	1.40	1.61	1.37	1.65	1.33	1.69
	.05	1.55	1.62	1.51	1.65	1.48	1.69	1.44	1.73	1.41	1.77
80	.01	1.47	1.52	1.44	1.54	1.42	1.57	1.39	1.60	1.36	1.62
	.025	1.54	1.59	1.52	1.62	1.49	1.65	1.47	1.67	1.44	1.70
	.05	1.61	1.66	1.59	1.69	1.56	1.72	1.53	1.74	1.51	1.77
100	.01	1.52	1.56	1.50	1.58	1.48	1.60	1.45	1.63	1.44	1.65
	.025	1.59	1.63	1.57	1.65	1.55	1.67	1.53	1.70	1.51	1.72
	.05	1.65	1.69	1.63	1.72	1.61	1.74	1.59	1.76	1.57	1.78

15.3 R SQUARE(결정계수)

R SQUARE값으로 모형이 관측값을 얼마만큼 설명할 수 있는지 알 수 있다. 따라서 R SQUARE값(결정계수)가 높을수록 좋은 모형이라고 볼 수 있다.

1999년부터 2015년까지 광고 홍보비를 조사했다.

🖱 파일 이름: R SQUARE

	A	B
1	연도	광고.홍보비
2	1999	512
3	2000	565
4	2001	551
5	2002	663
6	2003	810
7	2004	850
8	2005	845
9	2006	960
10	2007	1055
11	2008	1250
12	2009	1875
13	2010	2146
14	2011	2567
15	2012	2888
16	2013	3109
17	2014	3830
18	2015	4281

회귀분석 방법은 Chapter 3 단순 회귀분석의 설명을 참고한다.

A열에 TIME변수 삽입 → 데이터 → 데이터분석 → 회귀분석 → 확인

⌘ Y축 입력 범위: C1:C18

⌘ X축 입력 범위: A1:A18

⌘ 이름표

⌘ 출력 범위: D1

⌘ 잔차, 표준잔차

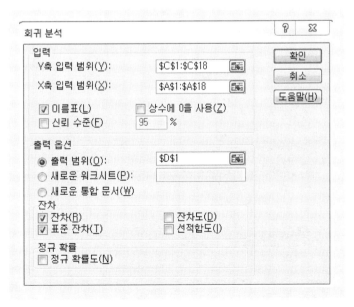

결정계수: 0.875463

R SQUARE(결정계수)를 직접 계산하는 방법

A20, A21에 R SQUARE (결정계수), CORREL(상관계수) 제목을 입력한다.
커서를 A21에 놓는다.
수식 → 함수 삽입

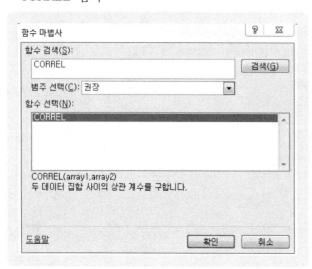

CORREL 검색

확인

⌘ ARRAY1: C2:C18 (관측값)

⌘ ARRAY2: E25:E41 (예측값)

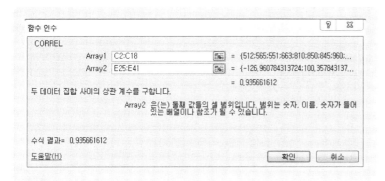

확인 - 결과

	A	B	C	D	E	F
12		11	2009	1875 회귀	1	21082893
13		12	2010	2146 잔차	15	2999109
14		13	2011	2567 계	16	24082002
15		14	2012	2888		
16		15	2013	3109	계수	표준 오차
17		16	2014	3830 Y 절편	-354.2794118	226.8376
18		17	2015	4281 TIME	227.3186275	22.13708
19						
20	R SQUARE(결정계수)					
21	CORREL(상관계수)	0.935662				
22				잔차 출력		
23						
24				관측수	예측치 광고.홍보비	잔차
25				1	-126.9607843	638.9608
26				2	100.3578431	464.6422
27				3	327.6764706	223.3235
28				4	554.995098	108.0049
29				5	782.3137255	27.68627
30				6	1009.632353	-159.632
31				7	1236.95098	-391.951
32				8	1464.269608	-504.27
33				9	1691.588235	-636.588
34				10	1918.906863	-668.907
35				11	2146.22549	-271.225
36				12	2373.544118	-227.544
37				13	2600.862745	-33.8627
38				14	2828.181373	59.81863
39				15	3055.5	53.5
40				16	3282.818627	547.1814
41				17	3510.137255	770.8627

B21 = CORREL(C2:C18,E25:E41)

상관계수: 0.935662

상관계수 해석

구분	해석
0.81 이상	매우 강한 상관관계
0.61 ~ 0.80	강한 상관관계
0.41 ~ 0.60	중도의 상관관계
0.21 ~ 0.40	약한 상관관계
0.20 이하	상관관계 없음

커서를 B20에 놓는다. → 결정계수 = 상관관계^2 = B21*B21 또는 B21^2

	B20	▼	f_x	=B21^2	
	A	B	C	D	E
1	TIME	연도	광고.홍보비	요약 출력	
2	1	1999	512		
3	2	2000	565	회귀분석 통계량	
4	3	2001	551	다중 상관계수	0.935661612
5	4	2002	663	결정계수	0.875462651
6	5	2003	810	조정된 결정계수	0.867160161
7	6	2004	850	표준 오차	447.1471567
8	7	2005	845	관측수	17
9	8	2006	960		
10	9	2007	1095	분산 분석	
11	10	2008	1250		자유도
12	11	2009	1875	회귀	1
13	12	2010	2146	잔차	15
14	13	2011	2567	계	16
15	14	2012	2888		
16	15	2013	3109		계수
17	16	2014	3830	Y 절편	-354.2794118
18	17	2015	4281	TIME	227.3186275
19					
20	R SQUARE(결정계수)	0.875462651			
21	CORREL(상관계수)	0.935661612			
22				잔차 출력	
23					
24				관측수	예측치 광고.홍보비
25				1	-126.9607843
26				2	100.3578431
27				3	327.6764706
28				4	554.995098

분석 도구의 회귀분석 결과에서 얻은 결정계수(E5)와 결과가 동일하다.

15.4 MAD 및 MAE

MAD(MAE), MSE, MAPE, RMSE 값이 적을수록 보다 정확한 예측력을 갖고 있다고 할 수 있다.

MAD: Mean Average Deviation

MAE: Mean Absolute Error(MAD와 MAE는 방법이 동일하다.)

MSE: Mean Squared Error

MAPE: Mean Absolute Percentage Error

MAD(MAE), MSE, MAPE, RMSE의 순서로 계산을 할 수 있다. MAD(MAE) 결과에서 MSE를 얻고, RMSE는 MSE 결과에서 ROOT를 씌워서 얻는다.

구분	특징	계산 방법
MAD (MAE)	잔차의 절대값 평균	잔차 계산 → ABS(잔차) → 평균
MSE	잔차의 제곱 평균	잔차 제곱 → 평균
MAPE	잔차의 비율 절대값 평균	(잔차/관측값) X 100 → 평균
RMSE	MSE 결과에 ROOT를 씌운다.	SQRT(MSE)

12개월 동안 자동차 매출액을 조사했다.

 파일 이름: 예측 정확도

	A	B
1	MONTH	매출액
2	1	17
3	2	21
4	3	19
5	4	23
6	5	18
7	6	16
8	7	20
9	8	18
10	9	22
11	10	20
12	11	15
13	12	22

예측은 단순이동평균, 가중이동평균, 단순지수평활, 회귀분석 등으로 예측값을 찾을 수 있다. 여기서는 간단하게 시간을 한 단계씩 아래로 복사해서 붙여넣기를 한다.

	A	B	C
1	MONTH	매출액	예측
2	1	17	
3	2	21	17
4	3	19	21
5	4	23	19
6	5	18	23
7	6	16	18
8	7	20	16
9	8	18	20
10	9	22	18
11	10	20	22
12	11	15	20
13	12	22	15

잔차를 계산한다.

잔차: 관측값 – 예측값

커서를 D3에 놓는다. → = B3 – C3 → 아래로 드래그해서 자동으로 계산한다.

D3			f_x	=B3-C3

	A	B	C	D
1	MONTH	매출액	예측	잔차
2	1	17		
3	2	21	17	4
4	3	19	21	
5	4	23	19	
6	5	18	23	
7	6	16	18	
8	7	20	16	
9	8	18	20	
10	9	22	18	
11	10	20	22	
12	11	15	20	
13	12	22	15	

D13			f_x	=B13-C13

	A	B	C	D
1	MONTH	매출액	예측	잔차
2	1	17		
3	2	21	17	4
4	3	19	21	-2
5	4	23	19	4
6	5	18	23	-5
7	6	16	18	-2
8	7	20	16	4
9	8	18	20	-2
10	9	22	18	4
11	10	20	22	-2
12	11	15	20	-5
13	12	22	15	7

MAD 계산

커서를 D14에 놓는다. → = AVERAGE(D2:D13)

	A	B	C	D	E
1	Week	매출액	예측	잔차	잔차 절대값
2	1	17			
3	2	21	17	4	4
4	3	19	21	-2	2
5	4	23	19	4	4
6	5	18	23	-5	5
7	6	16	18	-2	2
8	7	20	16	4	4
9	8	18	20	-2	2
10	9	22	18	4	4
11	10	20	22	-2	2
12	11	15	20	-5	5
13	12	22	15	7	7
14				MAD	
15					3.727

MAD(오차 절대값 평균)를 비교해서 MAD 값이 작으면 작을수록 좋은 모형이다.

Chapter 9 이동평균법의 9.2 가중 이동평균법에서 MAD(MAE)를 적용해서 최적의 가중치를 구하는 사례를 소개했다.

잔차 절대값의 합계(SAE)는 SUM(E3:E13)으로 구할 수 있다.

15.5 MSE

15.5.1 계산으로 MSE 구하기

MSE(Mean Square Error)는 모형의 정확도를 측정할 때 사용된다.
앞에서 구한 잔차 절대값에 연이어서 설명하고자 한다.

🖱 잔차 절대값 제곱
F3 = E3 ^ 2 또는 E3*E3

	F3			fx	=E3^2	
	A	B	C	D	E	F
1	MONTH	매출액	예측	잔차	잔차 절대값	잔차 절대값 제곱
2	1	17				
3	2	21	17	4	4	16
4	3	19	21	-2	2	
5	4	23	19	4	4	
6	5	18	23	-5	5	
7	6	16	18	-2	2	
8	7	20	16	4	4	
9	8	18	20	-2	2	
10	9	22	18	4	4	
11	10	20	22	-2	2	
12	11	15	20	-5	5	
13	12	22	15	7	7	

아래로 드래그해서 잔차 절대값 제곱을 자동으로 계산한다.

⌘ 잔차 절대값 제곱의 합계를 계산

	F14			fx	=SUM(F2:F13)	
	A	B	C	D	E	F
1	MONTH	매출액	예측	잔차	잔차 절대값	잔차 절대값 제곱
2	1	17				
3	2	21	17	4	4	16
4	3	19	21	-2	2	4
5	4	23	19	4	4	16
6	5	18	23	-5	5	25
7	6	16	18	-2	2	4
8	7	20	16	4	4	16
9	8	18	20	-2	2	4
10	9	22	18	4	4	16
11	10	20	22	-2	2	4
12	11	15	20	-5	5	25
13	12	22	15	7	7	49
14			합계	5	41	179

잔차 제곱의 합계(SSE)는 Chapter 13 곰페리츠 곡선에서 최적의 모수를 찾을 때, Chapter 8에서 비선형 회귀분석의 2차 다항식 및 거듭제곱 모형의 최적 모수를 찾을 때 활용하는 사례를 소개했다.

⌘ MSE 계산

F16 = F14/11

또는 AVERAGE(F3:F13) = 16.27272727

	A	B	C	D	E	F
					F16	=F14/11
1	MONTH	매출액	예측	잔차	잔차 절대값	잔차 절대값 제곱
2	1	17				
3	2	21	17	4	4	16
4	3	19	21	-2	2	4
5	4	23	19	4	4	16
6	5	18	23	-5	5	25
7	6	16	18	-2	2	4
8	7	20	16	4	4	16
9	8	18	20	-2	2	4
10	9	22	18	4	4	16
11	10	20	22	-2	2	4
12	11	15	20	-5	5	25
13	12	22	15	7	7	49
14			합계	5	41	179
15					MAE	MSE
16					3.727	16.27272727

잔차 절대값 제곱 평균(MSE)을 비교해서 잔차 절대값 제곱의 평균이 적을수록 좋은 시계열 모형이다.

15.5.2 함수로 구하기

SUMXMY2 및 COUNT 함수로 MSE를 구할 수 있다.

E17과 E18, E19에 각각 SUMXMY2, COUNT, MSE 제목을 입력한다. → 커서를 F17에 놓는다.

	A	B	C	D	E	F
1	Week	매출액	예측	잔차	잔차 절대값	잔차 절대값 제곱
2	1	17				
3	2	21	17	4	4	16
4	3	19	21	-2	2	4
5	4	23	19	4	4	16
12	11	15	20	-5	5	25
13	12	22	15	7	7	49
14			합계	5	41	179
15					MAE	MSE
16					3.727	16.2727
17					SUMXMY2	
18					COUNT	
19					MSE	

F17 = SUMXMY2(관측값 배열, 예측값 배열)

F17 = SUMXMY2(B3:B13, C3:C13)

주의 배열의 범위가 같아야 한다. 따라서 B2에 있는 관측값은 범위에서 제외한다.

	F17			f_x	=SUMXMY2(B3:B13,C3:C13)	
	A	B	C	D	E	F
1	Week	매출액	예측	잔차	잔차 절대값	잔차 절대값 제곱
2	1	17				
3	2	21	17	4	4	16
4	3	19	21	-2	2	4
5	4	23	19	4	4	16
12	11	15	20	-5	5	25
13	12	22	15	7	7	49
14			합계	5	41	179
15				MAE	MSE	
16					3.727	16.2727
17				SUMXMY2		179
18				COUNT		
19				MSE		

커서를 F18에 놓는다.

F18 = COUNT(관측값 범위 전체) = COUNT(B3:B13)

	F18			f_x	=COUNT(B3:B13)	
	A	B	C	D	E	F
1	Week	매출액	예측	잔차	잔차 절대값	잔차 절대값 제곱
2	1	17				
3	2	21	17	4	4	16
4	3	19	21	-2	2	4
5	4	23	19	4	4	16
12	11	15	20	-5	5	25
13	12	22	15	7	7	49
14			합계	5	41	179
15				MAE	MSE	
16					3.727	16.2727
17				SUMXMY2		179
18				COUNT		11
19				MSE		

커서를 F19에 놓는다.

MSE = SUMXMY2/COUNT

	F19		▼		f_x	=F17/F18	
	A	B	C	D	E	F	
1	Week	매출액	예측	잔차	잔차 절대값	잔차 절대값 제곱	
2	1	17					
3	2	21	17	4	4	16	
4	3	19	21	-2	2	4	
5	4	23	19	4	4	16	
12	11	15	20	-5	5	25	
13	12	22	15	7	7	49	
14			합계	5	41	179	
15					MAE	MSE	
16						3.727	16.2727
17					SUMXMY2	179	
18					COUNT	11	
19					MSE	16.2727	

계산 결과는 예측정확도_MSE_MAPE_결과 파일에서 확인한다.

MSE는 Chapter 10의 윈터스 가법, 윈터스 승법에서 최적의 모수를 찾을 때 활용하는 사례로 소개했다.

15.6 MAPE

MAPE(Mean Absolute Percentage Error)도 모델의 예측 정확도를 판단하는 기준으로 활용된다.

앞에서 구한 잔차 절대값 제곱에 연이어서 설명하고자 한다.

🔘 잔차 비율 계산

잔차 비율 = ((관측값 − 예측값)/관측값) X 100

G3 = ((B3−C3)/B3)*100

	G3	▼		f_x	=((B3-C3)/B3)*100		
	A	B	C	D	E	F	G
1	MONTH	매출액	예측	잔차	잔차 절대값	잔차 절대값 제곱	잔차 비율
2	1	17					
3	2	21	17	4	4	16	19.048
4	3	19	21	-2	2	4	
5	4	23	19	4	4	16	
6	5	18	23	-5	5	25	
7	6	16	18	-2	2	4	
8	7	20	16	4	4	16	
9	8	18	20	-2	2	4	
10	9	22	18	4	4	16	
11	10	20	22	-2	2	4	
12	11	15	20	-5	5	25	
13	12	22	15	7	7	49	

아래로 드래그해서 잔차 비율을 자동으로 계산한다.

잔차 비율이 20이면 관측값과 예측값의 차이가 20%라는 의미가 된다.

🖱 잔차비율의 절대값

H3 = ABS(G3)

	H3	▼		f_x	=ABS(G3)			
	A	B	C	D	E	F	G	H
1	MONTH	매출액	예측	잔차	잔차 절대값	잔차 절대값 제곱	잔차 비율	잔차 비율 절대값
2	1	17						
3	2	21	17	4	4	16	19.048	19.048
4	3	19	21	-2	2	4	-10.526	
5	4	23	19	4	4	16	17.391	
6	5	18	23	-5	5	25	-27.778	
7	6	16	18	-2	2	4	-12.500	
8	7	20	16	4	4	16	20.000	
9	8	18	20	-2	2	4	-11.111	
10	9	22	18	4	4	16	18.182	
11	10	20	22	-2	2	4	-10.000	
12	11	15	20	-5	5	25	-33.333	
13	12	22	15	7	7	49	31.818	

아래로 드래그해서 자동으로 잔차 비율의 절대값을 계산한다.

🖱 합계를 계산한다.

커서를 H14에 놓는다.

H14 = SUM(H2:H13)

	H14		f_x	=SUM(H2:H13)				
	A	B	C	D	E	F	G	H
1	MONTH	매출액	예측	잔차	잔차 절대값	잔차 절대값 제곱	잔차 비율	잔차 비율 절대값
2	1	17						
3	2	21	17	4	4	16	19.048	19.048
4	3	19	21	-2	2	4	-10.526	10.526
5	4	23	19	4	4	16	17.391	17.391
6	5	18	23	-5	5	25	-27.778	27.778
7	6	16	18	-2	2	4	-12.500	12.500
8	7	20	16	4	4	16	20.000	20.000
9	8	18	20	-2	2	4	-11.111	11.111
10	9	22	18	4	4	16	18.182	18.182
11	10	20	22	-2	2	4	-10.000	10.000
12	11	15	20	-5	5	25	-33.333	33.333
13	12	22	15	7	7	49	31.818	31.818
14			합계	5	41	179	1.190	211.687

MAPE 계산

H14/11 = 19.244%(관측값과 예측값의 차이가 19.244%라는 의미)

또는 합계 계산 후 케이스 수로 나누는 과정을 거칠 필요 없이 바로 평균을 계산해도 된다.
AVERAGE(H3:H13)

	H16		f_x	=H14/11				
	A	B	C	D	E	F	G	H
1	MONTH	매출액	예측	잔차	잔차 절대값	잔차 절대값 제곱	잔차 비율	잔차 비율 절대값
2	1	17						
3	2	21	17	4	4	16	19.048	19.048
4	3	19	21	-2	2	4	-10.526	10.526
5	4	23	19	4	4	16	17.391	17.391
6	5	18	23	-5	5	25	-27.778	27.778
7	6	16	18	-2	2	4	-12.500	12.500
8	7	20	16	4	4	16	20.000	20.000
9	8	18	20	-2	2	4	-11.111	11.111
10	9	22	18	4	4	16	18.182	18.182
11	10	20	22	-2	2	4	-10.000	10.000
12	11	15	20	-5	5	25	-33.333	33.333
13	12	22	15	7	7	49	31.818	31.818
14			합계	5	41	179	1.190	211.687
15					MAE	MSE		MAPE
16					3.727	16.27272727		19.244

MAPE를 비교해서 MAPE 값이 적을수록 좋은 모형이다.

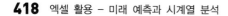

15.7 RMSE

RMSE(Root Mean Squared Error)는 MSE 결과에 Root를 씌우면 계산할 수 있다.

RMSE 계산방법은 MSE 결과부터 설명한다.

F18에 RMSE를 입력 → 커서를 F19에 놓는다.

⌘ RMSE = SQRT(MSE)
F19 = SQRT(F16)

	F19			f_x	=SQRT(F16)	
	A	B	C	D	E	F
1	Week	매출액	예측	잔차	잔차 절대값	잔차 절대값 제곱
2	1	17				
3	2	21	17	4	4	16
4	3	19	21	-2	2	4
5	4	23	19	4	4	16
6	5	18	23	-5	5	25
7	6	16	18	-2	2	4
8	7	20	16	4	4	16
9	8	18	20	-2	2	4
10	9	22	18	4	4	16
11	10	20	22	-2	2	4
12	11	15	20	-5	5	25
13	12	22	15	7	7	49
14			합계	5	41	179
15					MSE	
16						16.2727
17						
18					RMSE	
19						4.03395

MAE(MAD), MSE, RMSE, MAPE를 합계 계산을 생략하고 AVERAGE함수로만 계산하고 종합적으로 비교한 결과 샘플은 본서와 함께 제공되는 CD의 예측정확도 비교_결과 파일을 참고한다.

	A	B	C	D	E	F	G	H	I
1	연간	관측값	예측값	오차	오차 절대값	오차 절대값 제곱	루트 오차 절대값 제곱	퍼센트	퍼센트 절대값
2	2007	17	15	2.0	2.0	4.0	2.0	11.76	11.76
3	2008	20	17	3.0	3.0	9.0	3.0	15.00	15.00
4	2009	19	20	-1.0	1.0	1.0	1.0	-5.26	5.26
5	2010	23	19	4.0	4.0	16.0	4.0	17.39	17.39
6	2011	18	23	-5.0	5.0	25.0	5.0	-27.78	27.78
7	2012	16	18	-2.0	2.0	4.0	2.0	-12.50	12.50
8	2013	20	16	4.0	4.0	16.0	4.0	20.00	20.00
9	2014	18	20	-2.0	2.0	4.0	2.0	-11.11	11.11
10	2015	22	18	4.0	4.0	16.0	4.0	18.18	18.18
11	2016	21	22	-1.0	1.0	1.0	1.0	-4.76	4.76
12	2017	15	21	-6.0	6.0	36.0	6.0	-40.00	40.00
13	2018	23	15	8.0	8.0	64.0	8.0	34.78	34.78
14					MAE(MAD)	MSE	RMSE		MAPE
15					AVERAGE(E2:E13)	AVERAGE(F2:F12)	AVERAGE(G2:G13)		AVERAGE(I2:I12)

　　최적은 모형을 찾기 위해서 최근 자료 10~20%를 삭제한 후 모형별로 예측값과 실제값(관측값: 삭제했던 10~20%)의 잔차를 기준으로 MAE(MAD), MSE, RMSE, MAPE를 비교해서 최적의 모형을 찾는 방법도 있다.

한 광 종

한국의료관광·컨벤션연구원 원장
Email: fatherofsusie@hanmail.net

〈저서〉
Excel 활용 의료병원 통계분석
Excel 활용 마케팅 통계조사분석
Excel 활용 미래 예측과 시계열 분석
SPSS 활용 마케팅 통계조사분석
SPSS 활용 미래 예측과 시계열 분석
국가자격시험 컨벤션기획사 1차 필기시험 문제풀이 해설집
국가자격시험 컨벤션기획사 2차 실기시험 문제풀이 해설집
국제의료관광코디네이터 1차 필기시험 예상문제집
의료관광 실무영어
의료관광 실무영어회화
컨벤션영어
컨벤션 실무영어회화

저자와의
합의하에
인지첩부
생략

엑셀 활용 – 미래 예측과 시계열 분석

2014년   3월 20일 초판 1쇄 발행
2020년 10월 30일 초판 3쇄 발행

지은이 한광종
펴낸이 진욱상
펴낸곳 백산출판사
교　정 편집부
본문디자인 구효숙
표지디자인 오정은

등　록 1974년 1월 9일 제406-1974-000001호
주　소 경기도 파주시 회동길 370(백산빌딩 3층)
전　화 02-914-1621(代)
팩　스 031-955-9911
이메일 edit@ibaeksan.kr
홈페이지 www.ibaeksan.kr

ISBN 978-89-6183-905-1　93310
값 25,000원

◆ 소방 분야

강좌명	수강료	학습일	강사
소방기술사 1차 대비반	620,000원	365일	유창범
[쌍기사 평생연장반] 소방설비기사 전기 x 기계 동시 대비	549,000원	합격할 때까지	공하성
소방설비기사 필기+실기+기출문제풀이	370,000원	170일	공하성
소방설비기사 필기	180,000원	100일	공하성
소방설비기사 실기 이론+기출문제풀이	280,000원	180일	공하성
소방설비산업기사 필기+실기	280,000원	130일	공하성
소방설비산업기사 필기	130,000원	100일	공하성
소방설비산업기사 실기+기출문제풀이	200,000원	100일	공하성
소방시설관리사 1차+2차 대비 평생연장반	850,000원	합격할 때까지	공하성
소방공무원 소방관계법규 문제풀이	89,000원	60일	공하성
화재감식평가기사·산업기사	240,000원	120일	김인범

◆ 위험물 · 화학 분야

강좌명	수강료	학습일	강사
위험물기능장 필기+실기	280,000원	180일	현성호,박병호
위험물산업기사 필기+실기	245,000원	150일	박수경
위험물산업기사 필기+실기[대학생 패스]	270,000원	최대4년	현성호
위험물산업기사 필기+실기+과년도	350,000원	180일	현성호
위험물기능사 필기+실기[프리패스]	270,000원	365일	현성호
화학분석기사 필기+실기 1트 완성반	310,000원	240일	박수경
화학분석기사 실기(필답형+작업형)	200,000원	60일	박수경
화학분석기능사 실기(필답형+작업형)	80,000원	60일	박수경

기술사
Premium 과정

소방기술사 유창범 교수

소방 기초 이론부터 최신 출제 패턴 분석
쉬운 이해를 돕기 위해
다양한 사례로 쉽게 풀어낸 강의
답안 작성을 위한 체크리스트부터 노하우까지 제시

~~1,000,000원~~
620,000원

산업위생관리기술사 임대성 교수

최신 기출 기반 문제풀이
계리한 출제 예상문제 예측
파트별 중요도, 답안 구성법 제시

~~1,200,000원~~
1,000,000원

도로 및 공항기술사 박효성 교수

단답형/논술형 완벽 대응
파트별 모의시험 자료 제시
최근 정책 동향 특강 제공

~~2,000,000원~~
1,400,000원

건축전기설비기술사 양재학 교수

기설비 설계/감리 지식 배양
율적 답안기록법 제시
상문항에 대한 치밀한 접근

~~940,000원~~
790,000원

전기안전기술사 양재학 교수

기출로 해석하는 이론 학습
효율적 답안기록법 제시
연상기법을 활용한 전기 지식 이해

~~940,000원~~
790,000원

◆ 그 외 더 다양한 성안당 기술사 과정은 상단 QR 스캔 시 확인하실 수 있습니다.

◆ 기계 · 역학 분야

강좌명	수강료	학습일	강사
건설기계기술사 1차 대비반	630,000원	350일	김순채
산업기계설비기술사 1차 대비반	495,000원	360일	김순채
기계안전기술사 1차 대비반	612,000원	360일	김순채
금형기술사 1차 대비반	630,000원	360일	이재석 외
공조냉동기계기사 필기+실기(필답형)	250,000원	180일	허원회
공조냉동기계산업기사 필기	180,000원	90일	허원회
[합격할 때까지] 공조냉동기계기사 필기+실기(필답형)	300,000원	합격할 때까지	허원회
에너지관리기사 필기+실기(필답형)	290,000원	240일	허원회
[합격할 때까지] 에너지관리기사 필기+실기(필답형)	340,000원	합격할 때까지	허원회
[스펙업 패키지] 일반기계기사 필기+실기(필답형+작업형)	280,000원	합격할 때까지	허원회
[무한연장] 전산응용기계제도기능사 필기+실기+CBT 모의고사	170,000원	60일	박미향, 탁덕기
핵심 공유압기능사 필기+과년도	210,000원	210일	김순채
공조냉동기계기능사 필기+과년도	280,000원	240일	김순채

◆ 기타 분야

강좌명	수강료	학습일	강사
지텔프 킬링 포인트 65점 목표 달성	130,000원	90일	오정석
지텔프 킬링 포인트 50점 목표 달성	99,000원	60일	오정석
지텔프 킬링 포인트 43점반	60,000원	30일	오정석
PMP 자격대비	350,000원	60일	강신봉, 김정수
이러닝운영관리사	90,000원	90일	최정빈

강좌명	수강료	학습일	강사
전자기사 필기+실기(작업형)	360,000원	240일	김태영

◆ 건축 · 토목 · 농림 분야

강좌명	수강료	학습일	강사
[정규반] 토목시공기술사 1차 대비반	1,000,000원	180일	권유동
[All PASS] 토목시공기술사 1차 대비반	700,000원	180일	장준득
건설안전기술사 1차 대비반	540,000원	365일	장두섭
건축전기설비기술사 1차 대비반	750,000원	365일	양재학
건축시공기술사 1차 대비반	567,000원	360일	심영보
도로 및 공항기술사 1차 대비반	1,400,000원	365일	박효성
건축기사 필기+실기 패키지[프리패스]	280,000원	180일	안병관 외
건축산업기사 필기	190,000원	120일	안병관 외
건축기사 필기	260,000원	90일	정하정
산림기사 필기+실기 대비반	350,000원	180일	김정호
유기농업기사 필기	200,000원	90일	이영복
식물보호기사 필기+실기(필답형)	270,000원	240일	이영복
지적기사·산업기사 필기 대비반	250,000원	180일	송용희
농산물품질관리사 1차+2차 대비반	110,000원	180일	고송남, 김봉호
수산물품질관리사 1차+2차 대비반	110,000원	180일	고송남, 김봉호

◆ 사회복지 분야

강좌명	수강료	학습일	강사
직업상담사 1급 필기+실기	360,000원	최대 1년	이시현 외
직업상담사 1급 필기 단기합격반	160,000원	90일	이시현 외
직업상담사 1급 실기	280,000원	최대 1년	이시현 외

성안당 e러닝 BEST 강의

전기/전자
오우진, 문영철, 류선희, 김영복, 김태영 교수

전기기능장, 전기(공사)기사·산업기사
전기기능사, 전자기사

소방
공하성, 유창범 교수

소방기술사
소방설비기사·산업기사
소방시설관리사, 소방공무원

G-TELP
오정석 교수

G-TELP LEVEL 2
문법·독해&어휘, 모의고사

산업위생/환경
**서영민, 임대성,
박기학, 김서현 교수**

산업위생관리기술사
산업위생관리기사·산업기사
산업보건지도사, 온실가스관리기사

사회복지/교육
이시현, 김재진, 최정빈 교수

직업상담사 1급
이러닝운영관리사

품질/화학/위험물
염경철, 박수경, 현성호 교수

품질경영기사, 화학분석기사
화공기사, 위험물기능장
위험물산업기사, 위험물기능사

기계/정보통신
허원회, 김민지 교수

공조냉동기계기사·산업기사
에너지관리기사, 일반기계기사
빅데이터분석기사

건축/토목
**안병관, 심진규, 최승윤,
신민석, 정하정 교수**

건축기사, 건축설비기사
전산응용건축제도기능사

◆ 안전 · 산업위생 분야

강좌명	수강료	학습일	강사
산업위생관리기술사 1차 대비반	1,000,000원	365일	임대성
산업위생관리기사 필기+실기	330,000원	240일	서영민
산업위생관리산업기사 필기+실기	330,000원	240일	서영민
산업위생관리기사·산업기사 필기+실기[청춘패스]	278,000원	365일	서영민
[1차+2차] 산업보건지도사_산업위생분야	700,000원	240일	서영민
가스기사 필기+실기	290,000원	365일	양용석
가스산업기사 필기+실기	280,000원	365일	양용석
산업안전지도사 1차 마스터 패키지	545,000원	180일	김지나, 어원석 이상국, 이준원
연구실안전관리사 1차+2차 합격 패키지	280,000원	2차 시험일까지	강지영, 강병규 이홍주

◆ 전기 · 전자 분야

강좌명	수강료	학습일	강사
전기안전기술사 1차 대비반	750,000원	365일	양재학
전기기능장 필기+실기	420,000원	240일	김영복
전기기사 핀셋특강 합격보장 패키지	380,000원	180일	전수기, 정종연, 임한규
전기산업기사 핀셋특강 합격보장 패키지	360,000원	180일	전수기, 정종연, 임한규
전기기사·실전형 0원 환급 TRACK	350,000원	3차 시험일까지	오우진, 문영철
전기산업기사 실전형 0원 환급 TRACK	320,000원	3차 시험일까지	오우진, 문영철
[전기기사·공사기사] 쌍기사 평생연장반	490,000원	합격할 때까지	전수기, 정종연, 임한규
[전기산업기사·공사산업기사] 쌍산업기사 평생연장반	450,000원	합격할 때까지	전수기, 정종연, 임한규
참! 쉬움 전기기능사 필기+실기[프리패스]	230,000원	365일	류선희, 홍성욱 외

◆ 환경 분야

강좌명	수강료	학습일	강사
온실가스관리기사 필기+실기	280,000원	120일	박기학, 김서현

◆ 품질경영 분야

강좌명	수강료	학습일	강사
품질경영기사 필기+실기 Class[합격보장]	299,000원	180일	염경철 외
품질경영기사 필기 class	200,000원	180일	염경철 외
품질경영기사 실기 class	170,000원	120일	염경철
품질경영기사 필기+실기[프리패스]	280,000원	180일	임성래
품질경영산업기사 필기+실기[프리패스]	260,000원	180일	임성래

◆ 컴퓨터 · 정보통신 분야

강좌명	수강료	학습일	강사
후니가 알려주는 기초 시스코 네트워킹	280,000원	90일	진강훈
네트워크관리사 1,2급 필기+실기	168,000원	90일	허 준
[속성반] 빅데이터분석기사 필기+실기	270,000원	180일	김민지
[정규반] 빅데이터분석기사 필기+실기	370,000원	240일	김민지
CCNA	250,000원	60일	이중호
CAD 실무능력평가(CAT) 1급, 2급 실기	72,000원	90일	강민정, 홍성기
컴퓨터활용능력 2급 필기+실기	40,000원	180일	진광남
비범한 네트워크 구축하기	340,000원	60일	이중호
쉽게 배우는 시스코 랜 스위칭	102,000원	90일	이중호
인벤터 기초부터 3D CAD 모델링 실무까지	90,000원	90일	강민정, 홍성기
디지털트랜스포메이션	80,000원	30일	주호재
정보처리기사 필기+실기	146,000원	90일	권우석

성안당 e러닝 인기 동영상 강의 교재

" 국가기술자격 수험서는 50년 전통의 '성안당' 책이 좋습니다 "

소방설비기사 필기
공하성 지음

산업위생관리기사 필기
서영민 지음

공조냉동기계기사 필기
허원회 지음

전기기사 필기
문영철, 오우진 지음

전기자기학
전수기 지음

화학분석기사 필기
박수경 지음

품질경영기사 필기
염경철 지음

건축기사 필기
정하정 지음

일반기계기사 필기
허원회 지음

온실가스관리기사 필기
박기학, 김서현 지음

빅데이터분석기사 필기
김민지 지음

시스코네트워킹
진강훈 지음